Материалы VI международной научно-практической конференции

Академическая наука - проблемы и достижения

25-26 мая 2015 г.

North Charleston, USA

Том 2

УДК 4+37+51+53+54+55+57+91+61+159.9+316+62+101+330

ББК 72

ISBN: 978-1514186220

В сборнике опубликованы материалы докладов VI международной научно-практической конференции " Академическая наука - проблемы и достижения ".

Все статьи представлены в авторской редакции.

Содержание

Содержание

Найко Н.М. - канд. искусствоведения, доцент кафедры теории музыки и композиции КГАМиТ, г. Красноярск
Осипенко О.А. - старший преподаватель кафедры теории музыки и композиции КГАМиТ, г. Красноярск

О ДРАМАТУРГИЧЕСКОМ СВОЕОБРАЗИИ ЧЕТВЕРТОГО КВАРТЕТА ШОСТАКОВИЧА

На первый взгляд, Четвертый квартет Д.Д. Шостаковича, созданный в 1949 г., является типичным четырехчастным циклом. Но по своим внутренним параметрам его композиция значительно отличается от классической. Композитор переосмысливает функции некоторых частей, находит индивидуальные решения, что обусловлено логикой образного развития, воплощённого музыкальными средствами.

I часть (*Allegretto, D-dur)* играет в цикле очень важную роль. Именно в ней формируется основной интонационный комплекс, в том или ином виде проявляющийся во всех частях квартета. Все темы первой части максимально концентрированы и раскрывают разные грани лирики. Их последование выявляет динамику эмоциональных состояний Лирического героя, тесно связанную с ходом его мысли, умосозерцания.

Каждая часть двухчастной формы *Allegretto* строится на чередовании раздела с основным тематическим материалом[1] и раздела, который содержит темы, также принадлежащие образно-интонационной сфере Лирического героя, но представляющие другой интонационный тип – песенно-ариозный. Поскольку *Allegretto* в целом завершается *d-moll'*ной кодой, возвращающей основной музыкальный материал, возникает смена разделов, которая свидетельствует о действии принципа рондообразных форм. Особенность его претворения заключается в ведущей роли драматургического фактора: направленность образного развития обуславливает динамику формы и специфику композиции. Композиционный ритм во второй части формы способствует выявлению значимости драматургического плана Авторского осмысления, укрупненной подаче «комментария». Хоральная «вставка», краски «глубоких» минорных тональностей *b-moll* и *es-moll*, завершение мажорной части в одноименном минорном ладу, динамическое и фактурное «истаивание» – все это служит знаками скорбного отпевания, прощания.

Во второй части (*Andantino, f-moll)* продолжается развертывание образно-интонационной сферы Лирического героя. Концентрация «высказываний от первого лица», искренность и непосредственность их

---

[1] Основная тема соединяет жанровое и лирическое начало. Русская крестьянская песенность в произведениях Д. Шостаковича, как правило, заключает в себе семантику незыблемых устоев бытия. Светлая тональность первой части, чистота диатоники позволяют обозначить художественно-содержательный план ее основной темы как «идеальный образ Родины».

тона позволяют определить данную часть как «лирический центр» цикла. Свободно претворенный комплекс жанровых признаков «высоких» образцов старинной музыки (барочной арии, сарабанды) подчеркивает глубину переживаний и усугубляет трагический характер части, воплощающей скорбное и вместе с тем сдержанное размышление Лирического героя.

Каждый раздел трехчастной формы начинается с проведения основной темы в *f-moll*'е, что говорит о проявлении принципа строфической организации. При этом особенности драматургии – постепенное выдвижение на первый план функции осмысления – определяют включение в музыкальную ткань хоральных построений и фигур с трагедийной семантикой. В среднем разделе это мотив хроматического опевания, сходный по строению с фигурой креста (ц. 23, 1-я скрипка), фигура нисхождения *catabasis* в партиях альта и виолончели (тт. 73-77), а также 2-й скрипки и альта (тт. 89-97), интонация уменьшенной кварты в мелодической линии 2-й скрипки (т. 97). Реприза значительно сокращена (12 тактов вместо 35, не считая небольшого вступления), отличается приглушенным звучанием. Она плавно переходит в заключительный – кодовый – раздел формы, построенный на чередовании семантически различных тематических образований: хорала, мелодической фразы 1-й скрипки, основанной на обыгрывании мажорного трезвучия, кратких построений, содержащих сарабандную ритмическую формулу и мотивы, появляющиеся в процессе развертывания первой темы *Andantino*.

Таким образом, в направленности образного развития первых двух частей Четвертого квартета и в «прощальной» семантике их заключительных разделов есть определенное сходство.

Третья часть, выполняющая функцию скерцо, построена на темах, принадлежащих сфере Внешнего мира: рефрен представляет собой тип персонажных тем-«портретов», а тематизм первого и второго эпизодов относится к группе «праздничные марши». Кода построена по принципу зеркального отражения в уменьшенном виде всего рондо, где, чередуясь, сжато проводятся темы обоих эпизодов и рефрен. Учитывая это, можно сказать, что внешний мир представлен в бесконечном кружении образов, воплощенных посредством интонационных моделей, отнесенных нами к группе «Музыка массовых действ».

Вместе с тем, драматургический план Авторского комментария в третьей части не исчезает вовсе. Он обнаруживает себя в т. 90 ц. 47, где одновременно с маршево-галопными формулами у альта и виолончели в партиях обеих скрипок очерчивается фигура креста. Далее в тт.119-123 нисходящая линия альта, подчеркнутая за счет изложения крупными длительностями, образует фигуру *catabasis* – важнейшее средство выражения авторского видения событий. В коде эта же фигура введена в партию виолончели в тт.131-133. Одновременно с ней в мотивы 1 скрипки вписываются тоны монограммы. Яркое противопоставление двух планов обозначено в тт. 143-144, где мотивы рефрена с октавной дублировкой у трех нижних инструментов излагаются в контрапункте с мотивом креста. Как можно убедиться, концентрация и рельефность знаков усиливается на заключительном этапе развертывания музыкальной формы – перед кодой и собственно в кодовом разделе, из чего можно заключить, что образное развитие скерцо направлено от показа внешней праздничной действительности к её осмыслению и оценке.

В художественном пространстве последней части квартета, написанной в сонатной форме, противопоставление двух образных планов – Внешней реальности и мира Личности – выражено наиболее ярко. Во вступлении формула танцевального аккомпанемента, предвосхищающая главную партию, чередуется с сумрачно-печальными речитативными фразами альта. Этот музыкальный материал приобретает в финале сквозное значение, и, поскольку вводится на границе между разделами сонатного *allegro*, занимает особое положение. Он является объектом изображения, одним из феноменов преломленного художественным сознанием внешнего мира и, вместе с тем, способом оформления «Слова от Автора», выполняя функцию то «гневного монолога», то печального комментария, образующего смысловую и тематическую арку.

Темы главной и побочной партии являют собой тип персонажных тем-«портретов». В разработке они следуют в том же порядке, что и в экспозиции, обнаруживая и реализуя большой динамический потенциал. При этом в музыкальной ткани постепенно увеличивается концентрация маршевых «атрибутов»: ходообразных линий, сигнальных мотивов, остинатных ритмо-ударных фигур (ц. 81), усиливающих эффект механистичности, наступательности движения.

Реприза сокращена почти в два раза, при этом побочная партия приобретает синтезирующее значение – в нее вводятся не только мотивы главной темы, но и речитативные фразы вступления, в результате чего в разделах, обрамляющих сонатную форму, проявляет себя драматургическая функция осмысления. Она утверждается в коде, которую можно определить как своеобразный эпилог. Первый раздел коды образуется проведением *con sord.* на *pp* мотивов темы главной партии, воспринимающихся здесь как знак бесконечного кружения в опустошающем страдальческом танце.

Тематические образования второго раздела выводят за пределы финальной сонатной формы и имеют обобщающее значение для всего цикла. Это *es-moll*'ный хорал из II части (ц. 98), отмечающий трагический исход, восходящая «парящая» *Des-dur*'ная фраза первой скрипки, словно обозначающая путь за пределы бренного мира, её земной отголосок – сумрачно-вопросительная мелодия в партии виолончели и два, очерченных «пунктиром», варианта фигуры креста одновременно в партиях обеих скрипок (ц. 101). В последовательности кратких тем-символов зашифрован некий событийный ряд, потому ее можно интерпретировать как своеобразную метафору трагического сюжета.

В целом, оригинальность Четвертого квартета состоит в парном объединении частей (I-II, III-IV) на основе их образно-интонационной близости. Такая группировка способствует поляризации контрастных образных сфер: Лирического героя и Внешнего мира. Она подчеркнута за счет того, что двум первым частям, содержащим музыкальный материал с ярко выраженной вокальной природой, ориентированный на «высокие» жанрово-стилистические образцы (русская лирическая песня, инструментальная ария, сарабанда), противостоят две жанровые части, опирающиеся на бытовые танцевальные модели, в тематизме которых на первое место выдвигается моторное начало. Структура образно-интонационной сферы Лирического героя сложна, поскольку объемлет как область непосредственных чувствований, переживаний, так и моменты рефлексии. Это максимально сближает ее с драматургическим планом Авторского осмысления, комментария.

План Авторского осмысления абстрагирован от непосредственного действия или переживания и претворяется при помощи кратких тематических образований, выполняющих функцию знаков, представленных явно либо скрытых в музыкальной ткани. Кроме того, необходимо учитывать, что феномен «суперинтонационного» слоя, связанный с эффектами изображенности, вторичности в III и IV частях, с трансформацией жанровых моделей, также является способом выражения авторской позиции. Наряду с этим, каждая часть завершается кодой, отмеченной замедлением темпа, угасанием динамики, введением авторских знаков. Благодаря увеличению роли заключительных разделов, на первое место в цикле выдвигается функция подытоживания, Авторского комментария.

Еще одна особенность Четвертого квартета заключается в своеобразной «сюжетной» или драматургической инверсии: эмоциональная реакция Героя, осмысление им событий внешнего мира запечатлены в двух начальных частях, тогда как эпизоды, характеризующие этот мир, претворены в двух последующих частях.

Литература

1. Назайкинский Е.В. Звуковой мир музыки. – М.,1988. – 254 с.
2. Найко Н. М., Осипенко О.А. Монограмма D-Es-C-H и её варианты в струнных квартетах Д.Д. Шостаковича //Евразийский Союз Ученых. Ежемесячный научный журнал № 2 (11) / 2015, ч 5. – С. 126-129.
3. Найко Н.М., Осипенко О.А. Струнные квартеты 40-50 гг.: интонационные и драматургические особенности. – Красноярск, 2009. – 224 с.

Зелёный В.П.,
профессор кафедры народных инструментов ФГБОУ ВПО "Красноярская государственная академия музыки и театра" zelenyivp@list.ru
Никандрова Т.В.
ассистент-стажер кафедры народных инструментов ФБГОУ ВПО «Красноярская государственная академия музыки и театра» tatiana120690@mail.ru

К ВОПРОСУ ОБ ИСПОЛНЕНИИ НЕКОТОРЫХ МЕЛИЗМОВ НА ДОМРЕ. МОРДЕНТ

В современном музыковедении термином «мелизмы» принято обозначать все мелодические украшения в вокальной и инструментальной музыке, как устойчивой формы (форшлаг, трель, группетто, мордент), так и свободно-импровизационные (фиоритура, пассаж и другие). И в оригинальной домровой литературе, и в переложениях классических произведений, включаемых в учебный и концертный репертуар домристов, часто встречаются как свободные, так и устойчивые формы мелодических украшений. Их расшифровка, и исполнение требуют соответствующих знаний и навыков.

В предлагаемой статье речь пойдет об одном из украшений устойчивой формы: морденте. Почему именно на него пал выбор? В пьесах педагогического репертуара для домры именно это украшение встречаются чаще других, и чаще всего вызывает вопросы как по части расшифровки, так и по технике исполнения. И, хотя информацию о морденте можно почерпнуть в статьях из музыкальной энциклопедии, ясности это не прибавляет, так как сплошь и рядом в произведениях встречаются «нестандартные» ситуации, на которые энциклопедическая «обзорная» статья дать ответ не в силах!

Приведём примеры обозначения мордента:

Г. Шендерёв. «Концертино» для домры и фортепиано

Пример №1

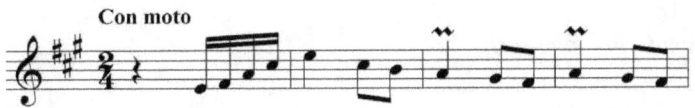

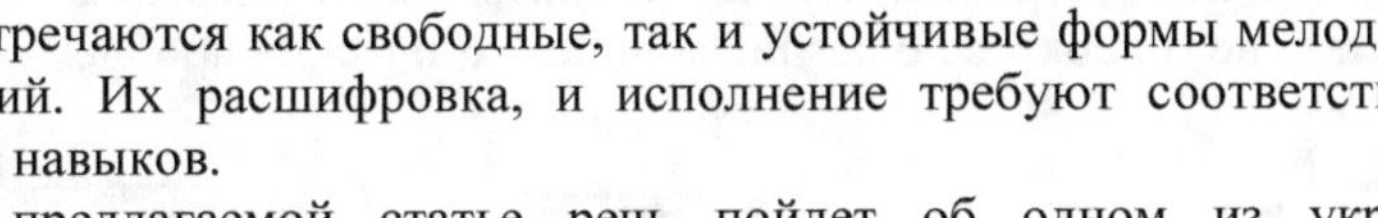

Пример №2

В обоих случаях украшаемые звуки отмечены графическим знаком «мордент», но совершенно очевидно, что расшифровка и исполнение в одном и другом случае будут различаться. Мордент, украшающий звук в 1-ом примере расшифровывается по классической схеме:

Пример №3

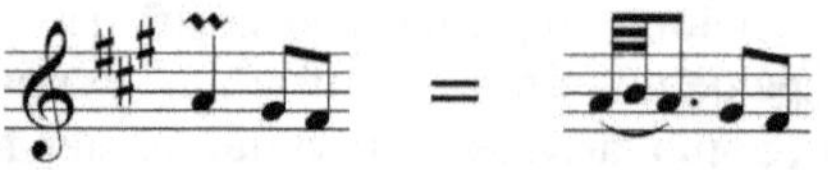

А вот мордент во 2-ом примере в эту схему уже не вписывается: время звучания обозначенной мордентом шестнадцатой длительности настолько коротко, что слух не фиксирует более длительное выдерживание 3-го по счету звука (не говоря уже о возникающих технических проблемах):

Пример №4

Очевидно, в этом случае мордент целесообразнее расшифровать как триоль, и исполнять единой группой, состоящей из 4-х звуков, включив в нее четвертым – длинным звуком – вторую, безударную шестнадцатую:

Пример №5

Ниже приведены несколько примеров локальных мордентов:

Пример №6

Г. Венявский. Вторая мазурка

Пример №7

Г. Венявский. Вторая мазурка

и групповых:

Пример №8
Й. Фиокко. Allegro

Пример №9
Д. Тартини. Соната соль минор, 2 ч.

Кроме указанного различия, при разучивании мордентов следует учитывать то, что эти украшения – так же, как трель и группетто - относятся к категории так называемых «зашифрованных»! Что это значит? При работе с нотным текстом глаза музыканта ориентируются на нотные знаки, указывающие на количество исполняемых звуков, их длительность, высоту. В нашем случае, вместо этого предлагается графическое обозначение в виде изогнутой ломаной линии. Начинающему домристу трудно, а порой и невозможно самостоятельно разобраться с тем, что именно он должен сыграть на своём инструменте. Для облегчения и ускорения процесса разучивания мордента следует обязательно «расшифровать» графическое обозначение, подробно выписав всю группу нотными знаками, точно указав длительность звуков, а также соответствующее направление движения правой руки домриста.

Список использованной литературы:

1. Брянцева В. Орнаментика // Музыкальная энциклопедия, т.4. М., 1978.
2. Вахромеев А. Мелизмы // Музыкальная энциклопедия, т.3. М., 1976.
3. Вахромеев А. Морденты // Музыкальная энциклопедия, т.3. М., 1976.

4. Зеленый В. "...И домры серебристый звук..." // Культура. Искусство. Образование: сборник научных и методических трудов. Вып. 12. Красноярск, 2013.

5. Зеленый В. О звукоизвлечении на домре. Классификация артикуляционных обозначений и приемов игры // Русские народные инструменты: история, теория, методика: сборник научных и методических статей. Вып. 1. Красноярск, 1993.

6. Зеленый В. Ежедневные упражнения домриста: методические рекомендации. Хабаровск, 1989.

7. Круглов В. Школа игры на домре. М., 2003.

Василиско Д.И.
доцент кафедры «МКиД» ИСОиП (филиал) ДГТУ
dasha_yrenko@mail.ru

ВЫСТАВЧНАЯ КУЛЬТУРА АВТОРСКОГО КОСТЮМА ЯПОНИИ

В Японии творческая деятельность художника подчиняется строгим закономерностям пространствопонимания, сложившимся еще в древности и остающимися актуальными до сих пор. Эстетические вкусы японцев и создаваемые ими художественные образы, как и категории эстетики, формировались на протяжении веков в общем контексте становления японского мировоззрения.[1,105] Многие произведения дизайна, в том числе и экспонирование авторского костюма если не прямо, то косвенно опираются на категории Японской эстетики.

Целью работы является рассмотрение авторского костюма в экспозиционной культуре Японии. Данное исследование является продолжением работ «Влияние традиционного костюма на развитие современного дизайна одежды на примере феномена японской моды», «Система декоративного оформления и колористические трактовки традиционного костюма. Взгляд японских дизайнеров», «Авторские концепции в творчестве японских дизайнеров» и др.. Вопрос, касаемый экспозиции авторского костюма Японии в отечественной литературе почти не освящен и требует изучения. Выставочная культура Японии в целом опирается на комбинацию таких категорий: «пустота», «промежуток», «тень», которые составляют основу пространственного восприятия в Японии [1,106] С их помощью в культуре сформировался и сохраняется по сей день, принцип гармонизации как ее важнейшее условие существования и функционирования. Совокупность предлагаемых пространственных категорий несет в себе символы и смыслы, составляющие сущность японской культуры. [1,105]

В основе эстетики концепции «пустот» лежат религиозные представления, в которых, слияние с пустотой человека, означает слияние с Буддой. Пустота определяет безграничное пространство, из которого возникают идеи и формы. В экспозициях выставок японского дизайна костюма не увидишь нагромождения вещей, как и в традиционном японском доме. Именно с помощью пустоты передается ощущение бесконечности пространства и его глубины, подчеркивается эстетика простоты и выразительности и дает поле для созерцания истинной красоты вещей.

Промежуток, в культуре Японии формирует поле, промежуток между внешним и внутренним пространством. Ярким символом осмысления пространства является понятие «*ма*». Философское назначение «ма» - «придать пространству ритм», создать паузу и пустоту. [1,108]

Промежуточная зона, прежде всего, характеризуется своей затемненностью. Тень является обязательным наполнением традиционного дома и основной качественной характеристикой галереи. [1,110] Емкий смысл несет в себе понятие «оку» – глубина, пространство, скрытое от всех. Существует и много других оттенков этого понятия, но все они отражают любовь японцев к «закутыванию предмета», отодвиганию его в тень.

В концептуальном Японском дизайне костюма философия «пустот», «пауз» и «теней» в наибольшей степени прозвучала в творчестве Ёдзи Ямамото, Иссэя Миякэ. У Ёдзи Ямамото, одежда, часто имеет больше общего с архитектурой, чем с одеждой. И большое значение при создании костюма уделяется концепции «пустот» и «промежутков», которая берет свое начало в эстетической категории «ма» и большей частью характеризует архитектуру Японии. [2,52] В понимании Иссэя Миякэ материал должен подчеркивать индивидуальные особенности пространства «ма» человека, что способствовало созданию необычных силуэтов авторской одежды. [2, 51]

Отражение этих эстетических признаков можно проследить в различных экспозициях и выставках, посвященных историческому наследию, или творчеству японских дизайнеров, демонстрациях авторских коллекций одежды и оформлении шоу-румов.

Одним из ярких примеров служит выставка «Красота будущего» «Future Beauty: 30 Years of Japanese Fashion» прошедшая в Музее искусств Сиэтла 2013 г. В ней продемонстрирован нетрадиционный принцип организации пространства, множество пустот между экспонатами, что предоставляет посетителям почти беспрецедентный доступ к экспонатам, возможность рассмотреть костюм с разных точек зрения. Появляется возможность рассмотреть костюмы до мельчайших подробностей. Выставка представляет собой 30летний опыт работы японских дизайнеров. Экспозиция разделена на пространства, объединенные одним автором. Эта экспозиция демонстрирует нечто среднее между музеем и торговым залом.

Выставки «Японизм в моде» (Japonism in Fashion), «Иссей Мияке: сотворение вещей» (Issey Miyake: Making Things) и «Двадцать первое небо: мода в Японии» (21eme Ciel: Mode in Japon). Первая, организованная специалистами Института костюма в Киото, представляла собой тщательно подготовленный исторический обзор, посвященный влиянию Японии на западную моду; вторая — монографическая выставка, организованная самим дизайнером; третья — разработанная для определенной площадки экспозиция-размышление о японской моде, подготовленная западными кураторами для французского музея. Выделяет эти выставки, то что её организаторами являлись специалистами, занимающимися проблемами моды. Эти экспозиции четко вписываются в рамки концепции музейной выставки. Их объединяет и то, что они учитывают контекст, в котором работы современных японских дизайнеров зачастую выставляются на родине.[3]

Ярким примером сочетания традиций и сверхновых технологий может служить проект Blue Environmental Design on behalf of ISSEY MIYAKE (Дизайн среды) 2014 г.. В котором соединяется экспозиция моделей и шоу-рум.

Еще одна выставка, о которой стоит упомянуть – «Преображение кимоно: искусство Итику Куботы». Эта экспозиция представляет шедевры авторского кимоно. В ней, представлены 29 работ. Поставленные рядом они образуют захватывающую композицию, на которой золотое сияния осени, дрожащие на ветру красные листья клена, туман в горах, отраженные в озере солнечные блики и пробивающиеся через облака лучи. Плавно переходя к 7-ми кимоно, где первый снег сменяется ледяной стужей, за которой следуют намеки, что после белого холода зимы обязательно будет весна. Каждое кимоно является как отдельным произведением искусства, так и частью панорамы, погружающей зрителя в пейзажи страны восходящего солнца.

Анализ экспозиционной культуры авторского костюма Японии позволил сделать следующие выводы:

1. Экспозиционная культура авторского костюма Японии если не прямо, то косвенно базируется на эстетических категориях и культурном наследии страны.
2. «Новая» философия костюма, предложенная японцами в 70-х годах, представление костюма в 3-х мерном пространстве, дала новый виток в демонстрации авторских моделей и в экспонировании авторского костюма.
3. Традиция, которая в сознании японцев не является чем-то устаревшим, лаконично вплетается в канву современной жизни невообразимо соединяющиеся с новейшие технологиями.

Список использованной литературы

1. Коновалова Н.А. «Триада»:пустота-промежуток-тень в современной архитектуре Японии //Япония.Ежегодник 2006.№ 35 С.105
2. Василиско Д.И. Авторские концепции в творчестве японских дизайнеров // Известия РГСУ 2015 №19 С.49-56
3. Патрисия Мирс Азия на выставке.Экспозиции японской моды в музеях и галереях и их международное влияние // Теория моды № 28 .URL http://www.intelros.ru/readroom/teoriya-mody/28-2013/20292-aziya-na-vystavke-ekspozicii-yaponskoy-mody-v-muzeyah-i-galereyah-i-ih-mezhdunarodnoe-vliyanie.htm ((дата обращения 24.05.2015)

Хабдулина М.К.
доцент, кандидат исторических наук,
Евразийский национальный университет имени Л.Н. Гумилева
Астана, Республика Казахстан

ПОГРЕБАЛЬНЫЕ ПАМЯТНИКИ ЦЕНТРАЛЬНОГО КАЗАХСТАНА ЭПОХИ ЗОЛОТОЙ ОРДЫ

В XIII-XIV вв. происходят сложные историко-культурные процессы, обусловившие трансформацию погребального обряда населения казахстанских степей. Меняется политическая и этнокультурная обстановка. Территория Казахстана входит в состав Улуса Джучи. На изменение погребального обряда главное влияние оказали два фактора: принятие ислама в качестве государственной религии и усложнение этнического состава в связи с монгольским нашествием.

Археологический материал золотоордынской эпохи Центрального Казахстана рисует картину одновременного существования языческого ритуала и обряда, совершенного по мусульманским правилам. Это наглядно демонстрируют материалы городища Бозок, расположенного на р. Ишим. Городище Бозок находится на южной окраине города Астаны, в левобережной пойме Ишима. Памятник исследуется археологической экспедицией Евразийского национального университета им. Л.Н. Гумилева с 1999 г. За 12 лет работ на памятнике выявлены культурные слои от VIII до XIV (XVI) вв. Исследованы культовые, жилые, производственные и фортификационные сооружения, появившиеся в разное время.

С XIII в. руины городища становятся местом погребения. Здесь начинает формироваться мусульманский некрополь. Мусульманские захоронения некрополя Бозок представлены могилами, имеющими наземную конструкцию и могилами, перекрытыми сверху небольшим земляным холмиком. К наземным конструкциям относятся: мавзолеи, прямоугольные оградки из сырцового кирпича, известные как *хазира* [1], круглые и овальные ровики, являющиеся остатками фундаментов каких-то невысоких ограждений, существовавших вокруг могилы. Одновременно в разных местах на территории городища раскопаны грунтовые погребения без наземных сооружений, совершенные по языческому обряду с вещами.

Всего на городище Бозок открыто 65 погребений. Из них 58 совершены по мусульманскому обряду, Среди них есть захоронения с вещами и ритуальной пищей, но преобладают погребения, совершенные по требованиям ислама [2, 44]. Семь погребений относятся к категории грунтовых. Сопроводительный инвентарь датирует их XIV вв.

Грунтовые погребения открыты случайно, на поверхности ничем не обозначены. В расположении их нет никакой системы. Они были впущены в развалы стен жилищ, расчищены с южной стороны за пределами руин древней части городища. Могилы подпрямоугольной формы, ориентированы в основном по линии запад-восток. Общим признаком является использование бересты во внутримогильном оформлении в виде подстилки, покрытия погребения, возможно, берестяного гробовища. В трех могилах обнаружены остатки деревянных гробовищ. Во всех могилах при наличии гроба есть и береста, которой прикрывали погребенного сверху. Объединяющим признаком грунтовых могил является ритуальная пища в виде трубчатой кости овцы с одним астрагалом. Как правило, кость поставлена вертикально – в головах или в районе бедра (справа). Обязательно под или рядом с тазовыми костями человека находятся два позвонка овцы. Грунтовые погребения датируются XIV в. по предметам вооружения и конского снаряжения.

Погребения, совершенные по мусульманскому обряду, локализованы в двух местах: с южной стороны за пределами руин городища и в центре укреплений городища. Площадка между валами городища была специально подсыпана и поднята в высоту до 2 м пахсовыми блоками. Получилась прямоугольная площадка размерами 60х17 м. На ее поверхности расположены мусульманские сооружения [3].

С точки зрения исламизации интересным является возведение на руинах городища Бозок пяти мавзолеев, что свидетельствует об особом духовном статусе и сакральности этого пространства. Судя по конструкции, строительному материалу, мавзолеи были построены не единовременно. Процесс этот растянулся на сотню лет.

Мавзолеи городища Бозок построены из жженого и сырцового кирпича, относятся к типу однокамерных, квадратных в плане. Стены воздвигнуты без фундамента, толщина стен 0,8-1,2 м. Вход с южной стороны. Могильные ямы кирпичных мавзолеев ограблены, кости человека выброшены. В перемешанном заполнении могильных ям найдены железные наконечники стрел, фрагменты поливной керамики. Наконечники стрел относятся к типам, распространенным в XIII-XIV вв. По ним можно утверждать, что мусульманский некрополь городища Бозок начал формироваться в конце XIII – начале XIV вв. Самые поздние мусульманские захоронения были сделаны в XVI (возможно, XVII в.) На городище представлены все типы надмогильных конструкций, которые характерны для мусульманских городских некрополей золотоордынского времени. Но, судя по ним, не все предписания ислама обязательно выполнялись.

На территории городища Бозок зафиксированы захоронения в подбоях, устья которых закрыты обожженным кирпичом, кирпичные склепы различной конструкции, ямы с заплечиками – щель (*шакк или хуфра*) [4, 76-78]. На заплечики уложены перекрытия из дерева. Зачастую умершие лежат в дощатых гробовищах. Встречаются ямы, сочетающие в оформлении стен и дерево и кирпич одновременно.

Некрополь городища Бозок формировался в течение нескольких столетий. Ранней и элитарной частью является центральная межквартальная площадка, на которой расположены два мавзолея и могилы с оградками. По архитектуре и конструкции погребальных сооружений первые мусульманские погребения появляются здесь в конце XIII в. Выбор руин городища под некрополь частая практика в эпоху средневековья. Таким способом поддерживалась связь времен и поколений. Возведение мавзолеев придавало окружающему пространству особую святость, избранность. Тем не менее, необходимо подчеркнуть, что ортодоксальный ислам не привился в степной зоне Дешт-и Кипчака. Языческие традиции совмещаются с некоторыми требованиями ислама. И это отмечают все исследователи мусульманских некрополей Улуса Жоши.

Таким образом, даже на территории одного памятника мы наблюдаем для XIII-XIV вв. синхронное существование двух способов захоронения: мусульманского и языческого. Принятие ислама как государственной религии независимо от этнической принадлежности постепенно приводило к унификации погребального ритуала. Среди характерных черт погребального обряда языческих погребений выделяются два признака, которые могут служить этноопределяющими для погребального обряда монголов. Это использование бересты и ритуальная пища в виде трубчатой кости овцы с двумя позвонками.

Литература

1. Маньковская Л.Ю., Хазира – комплексы Средней Азии // Культурные связи народов Средней Азии и Кавказа. Древность и средневековье. М.: Наука. 1990. С.115-124.
2. Халикова Е.А. Мусульманские некрополи Волжской Булгарии X – начала XIII вв. Казань: Изд-во Казанского университета. 1986. 160с.
3. Хабдулина М.К. Мавзолеи средневекового городища Бозок (р. Ишим) // Археология Нижнего Поволжья: проблемы, поиски, открытия. Материалы Ш Международной Нижневолжской археологической конференции 18-21 октября 2010 г. – Астрахань: Издательский дом «Астраханский ун-т». 2010. С. 384-391.
4. Васильев Д.В. Ислам в Золотой Орде. Историко-археологическое исследование. Астрахань: Издательский дом «Астраханский ун-т». 2007. 192 с.

Елистратова Е.А.
магистрант кафедры психологии Волгоградского государственного социально-педагогического университета
e-mail: flamefairy@mail.ru
Шипулина Н.Б.
кандидат философских наук, доцент кафедры философии Волгоградского государственного социально-педагогического университета
e-mail: nbship@mail.ru

КУКЛА РЕБОРН КАК АРТЕФАКТ, ХУДОЖЕСТВЕННОЕ ПРОИЗВЕДЕНИЕ И КУЛЬТУРНЫЙ СИМПТОМ СОВРЕМЕННОСТИ

Все мы с детства привыкли считать кукол игрушкам для детей. По В.И. Далю кукла – сделанное из тряпья, кожи, битой бумаги, дерева подобие человека, иногда животного [4, 354]. В Толковом словаре русского языка В.И. Даль выделяет три типа кукол: детская (игрушка), живая (автомат), анатомическая или повивальная (фантом, разборное подобие человека для обучения). Б. Мещеряков и В. Зинченко в Большом психологическом словаре определяют куклу как детскую игрушку в виде фигурки человека или животного, воспринимаемую анимистически (как живое существо). Предполагается, что наиболее древние детские куклы символизировали самих детей и использовались для воспитания у девочек материнских чувств и умений [3]. Однако Ю.М. Лотман, описывая куклу, отграничивает исходное представление «кукла как игрушка» от культурно-исторического – «кукла как модель» [7]. Нас будет интересовать модус куклы как модели, культурно-символической формы в контексте авторского кукольного искусства на примере создания кукол реборн и выявления культурной симптоматики конца XX – начала XXI вв.

Целью нашего исследования является изучение социокультурных и антропологических причин появления, распространения и популяризации реборнов как нового типа кукол, значимости их для современного человека и всей культурной реальности как культурного симптома настоящего времени, как проявления антропологического кризиса. Для этого необходимо установить культурно-исторические аналоги кукол реборн, выявить и концептуализировать потребности, удовлетворяемые людьми, изготавливающими или приобретающими кукол реборнов, проанализировать статус куклы реборн как художественного произведения.

Название куклы реборн в переводе с английского означает «получивший новую жизнь, перерожденный». Реборны появились как авторская переделка фабричных виниловых кукол. Процесс переделки называется реборнинг, а мастера – реборнисты. Самыми известными среди мастеров являются куклы компании Berenger.

В начале 90-ых гг. XX века в США реборны выделились в отдельное направление авторского кукольного искусства. Несмотря на то, что это направление достаточно молодое, реборнинг стал популярен в среде художников и коллекционеров всего мира очень быстро. В 2002 году была продана первая кукла на всемирном аукционе e-bay. Средства массовой информации способствовали развитию этого искусства в других странах.

В Россию реборны пришли недавно – примерно в 2007-2008 гг. и только сейчас начинают появляться в редких специализированных магазинах и на профессиональных выставках различного уровня. Самым популярным и доступным местом для обсуждения или приобретения подобной куклы является интернет, где отечественные художники составляют сообщество по изготовлению и реализации таких кукол.

Кукла как явление культуры известна с самых ранних этапов культурной истории, она ровесница культуры. Не углубляясь в историю, отметим только тот факт, что антропоморфные фигурки не всегда были предназначены для детей. Очевидно, что девочки всех народов всегда играли с куклами с целью принятия материнской сущности женщины и инструментальной отработки техник и практик ухода за младенцем. Но в сакральном и повседневном мире взрослых кукла также занимала весьма значительное место, выступая в модусах магического объекта, эстетической ценности, вещественного маркера социального статуса и престижа, позднее показателя экономической состоятельности и др. Особое место занимает культурный феномен коллекционирования кукол, которое складывается примерно в XVII веке, когда представления о кукле освободились от религиозного содержания и стали полностью светскими [8].

Когда в XIX веке во Франции кукол стали выпускать фабричным способом, внешний вид и назначение кукол стали существенно меняться. Если до середины XIX века антропоморфные фигурки обычно изображали взрослыми женщинами, то французы изменили эту традицию, выпустив куклу-девочку «Bebe». Уже в XX веке игрушки поражали своим разнообразием. Тогда же появились пупсы, которые изображали в детской игре младенцев, выступая в роли своеобразного объекта-тренажера для отработки материнских навыков для девочек. С развитием технологий появилась американская кукла-робот «My Real Baby» в виде младенца (рост 45 см, вес 1,5 кг), который плачет, смеётся (личико может передавать 15 эмоций) и даже учится говорить. В этом контексте реборнов можно рассматривать как современный этап эволюции кукол-младенцев.

Одной из существенных особенностей кукол реборнов является то, что выглядят они настолько реалистично (и даже гиперреалистично), что могут восприниматься хозяевами и окружающими их людей как настоящие младенцы. Например, в 2008 г. в одном из городов Австралии произошел случай, когда полицейскому пришлось разбить окно машины, чтобы вызволить неподвижного, как казалось сотруднику правопорядка потерявшего сознание, ребенка. Но когда малыш был «спасен», оказалось, что это всего лишь кукла реборн. Аналогичные случаи были задокументированы и в США [10].

Полагаем, что такая реалистичность реборнов (и у создателей и у обладателей) имеет под собой серьезные социально-психологические и культурные основания. Чтобы выяснить эти основания, необходимо установить причины популярности таких кукол и основные мотивы, которые движут современными людьми при изготовлении реборнов, их покупке, владении, коллекционировании? Для этого обратимся к историям людей, которые уже не мыслят своей жизни без кукольных малышей [1].

Линда (49 лет). Ей очень нравится гулять с реборнами, и когда они рядом, она ощущает почти тот же комфорт, как если бы они были настоящие. «Очень похожее чувство», – признает она. Линда замужем, но своих детей у нее нет. Она компенсирует потребность в маленьких детях, покупая себе кукол реборнов. «Мы ходим в парк, я беру их с собой, выгуливая собаку, вожу их в коляске или ношу в слинге, или баюкаю в одеяльце, и людям кажется, что мои малыши настоящие». Линда покупает куклам детскую одежду для грудничков. Женщина признает, что ее любовь к реборнам – сублимация, а также признает и то, что ей очень нравится, когда посторонние люди принимают куклу за живого малыша. «Наверное, это составляющая материнского инстинкта. Ты такая гордая и счастливая, а другие умиляются твоим крошкой». Когда ее спрашивают, как насчет усыновления живого ребенка, Линда говорит, что это не для нее. «Это сложно, и расходов больше, чем на кукол».

Ив Ньюсом, реборнист. «Создание кукол реборн доставляет мне удовольствие. К счастью, не только мне» – радуется Ньюсом. – «И даже не сотням, а тысячам других женщин». Женщина посредством реборнинга справляется с собственной бедой. У нее было несколько выкидышей и теперь она не может иметь детей. «Я и усыновить не могу, не хватает средств на воспитание. А материнство – мое призвание, дети – моя страсть… Мои реборны дают мне успокоение и счастье». И хотя она с грустью отмечает, что взаимности от кукол не дождешься, реборны в какой-то степени примиряют ее с действительностью.

Лашель Мур, коллекционер. Несмотря на то, что в ее семье уже и дети выросли, и внуки подрастают, Лашель все равно нужны дети, такие, которые никогда не повзрослеют. «Это мне и нравится в реборнах: они вечные груднички, они не причиняют беспокойства, не надо менять им памперсы, вести в колледж… С ними видишь только солнечные стороны материнства». На выставке Лашель купила куклу, уже тридцать седьмую в своей коллекции.

В школе для будущих мам (США, штат Иллинойс), беременные учатся обращаться с детьми. Многие будущие мамочки никогда не видели новорожденного младенца вблизи, и на примере кукол реборнов сотрудники школы вполне доходчиво рассказывают будущим мамам о детях, объясняют принципы ухода, учат держать, пеленать, надевать подгузники. Женщины подтверждают, что после таких уроков они чувствуют себя гораздо увереннее. Беременные признаются, что им очень нравилось «играть в куклы», они представляли, что это их уже рожденный ребенок, и материнский инстинкт начинал «работать» заранее.

Анна, мать, потерявшая сына. В ее семье произошла трагедия: в автокатастрофе погиб ее маленький сынок. Анна не могла простить себе этого, никак не могла пережить, целый год лечения в клинике ничего не дал. Врачи советовали родить еще одного ребенка, но их пациентка не была способна справиться со своим страхом и болью потери. Тогда ей посоветовали купить реборна. Девушка последовала совету, и мастера сделали куклу – точную копию погибшего малыша. Игрушка должна была стать лекарством, смягчением переходного этапа между осознанием трагедии и дальнейшей жизнью. Анна начала понемногу приходить в себя, занимаясь «уходом» за игрушечным младенцем. Депрессия закончилась, и пришло время для нового этапа – для подготовки к рождению настоящего ребенка. Однако время шло, а Анна и не думала оставлять куклу, девушка перенесла на нее всю любовь к своему сыну. «Я уже не смогу родить ребенка, – говорит она, – я постоянно буду бояться потерять его, с куклой же это не страшно, мне нравится ухаживать за ней, гулять с малышом, мне кажется, что на улице его щечки розовеют» [11].

Из приведенных примеров следует, что куклы реборны способны помогать женщинам удовлетворять материнские потребности. Чаще всего их изображают больными, недоношенными или спящими, что создает впечатление умершего ребенка или вызывает страх и беспокойство. Поэтому многие люди, взявшие кукол на руки, испытывают неприятные чувства, в то время как другие, особенно женщины, узнавшие материнство или, наоборот, не реализовавшиеся как матери по каким-либо причинам, испытывают целый спектр приятных эмоций. Чувство потребности в заботе, исходящее от куклы, вызывает желание прижать реборна к себе. Из-за этого женщины могут вновь и вновь испытывать чувство единения и радости от общения с грудничком.

Однако психотерапевты и психологи серьезно обеспокоены олицетворением кукол как детей в представлении некоторых женщин. Специалисты говорят, что подобные игры – не что иное, как сублимация и эскапизм, уход от реальности. В самих куклах и плангонологии (коллекционировании кукол) нет ничего предосудительного, они действительно могут благотворно влиять на психику, но погружение в их жизнь, замена живого человека игрушкой, невротическая привязанность приводят к тому, что любительницы младенцев-кукол становятся пациентами психологов, а иногда и психиатров.

С момента своего появления куклы реборн имеют статус художественного произведения, созданного автором, единичного и принципиально не тиражируемого. Процесс их изготовления сложен и трудоемок, обычно занимает от двух недель до нескольких месяцев в зависимости от размера куклы и желаемого результата. Каждая кукла уникальна, даже если мастер работает с фабричными скульптурными заготовками. В этом отношении можно говорить о реборнах как специфическом, не вполне типичном явлении современности, не вписывающемся в привычные схемы массового производства и потребления, характеризующие современность, поскольку «в эпоху технической воспроизводимости произведение искусства лишается своей ауры. Этот процесс симптоматичен, его значение выходит за пределы области искусства. Репродукционная техника, так можно было бы выразить это в общем виде, выводит репродуцируемый предмет из сферы традиции. Тиражируя репродукцию, она заменяет его уникальное проявление массовым» [2, 70].

Особенность реборнинга заключается еще и в том, что реборнисты могут предложить изготовление куклы на заказ по фотографии или с конкретными пожеланиями заказчика. Подбор материалов осуществляется с главной целью – максимальная реалистичность готового продукта. На ощупь кожа кукольного младенца мягкая и бархатистая, волосы и ресницы вживляются в голову реборна по одному волоску из натуральных материалов. Роспись тела, ручек и ножек тоже максимально приближена к младенческой: рисуются складочки, кровеносные подтеки, сосудики, царапинки. Куклы последних лет оснащены техническими приборами, имитирующими дыхание и сердечные сокращения. Весь процесс изготовления куклы состоит исключительно из ручной работы. Затрачиваемые материалы и время художника оценивается от сотен до тысяч долларов, в зависимости от сложности работы и известности мастера. Несмотря на такую высокую стоимость, куклы реборны остаются популярными на протяжении последних 20 лет.

Эксклюзивные авторские куклы, имеющиеся всегда в одном экземпляре, с сертификатом об аутентичности, находят свой дом в частных коллекциях по всему миру. Самый простой способ приобрести куклу реборна – заказать на сайтах мастеров в Интернете или купить готовых кукол на аукционе e-bay. Однако несколько раз в год в России проводятся ярмарки и выставки кукол, где художники демонстрируют готовые работы и желающие могут приобрести кукол на месте. Место проведения ежегодных ярмарок и выставок, вошедших в культурные массовые мероприятия, – Москва и Санкт-Петербург. Самые популярные из них «Московская международная выставка-ярмарка кукол и медведей Тедди» и

«Международная выставка кукол и мишек Тедди “Время кукол”». Коллекционеры кукол, в том числе и реборнов, также участвуют в выставках, демонстрируя друг другу свои коллекции, общаясь, обмениваются информацией по приобретению, хранению, уходу за куклами. Самые известные художницы-реборнисты в России - Татьяна Цорн, Елена Киприянова, Дарья Панова. Работы этих мастеров неоднократно выставлялись на выставках и ярмарках, ведутся продажи с официальных сайтов художниц [5; 6; 9].

Как показало исследование форума Ведущего всероссийского кукольного портала, посвященного в частности теме реборнов, женщины-коллекционеры (мужчин не было выявлено) достигли 50-летнего и более возраста. В среде кукольников-коллекционеров частое явление перепродажи кукол своей коллекции очень редко встречается именно среди коллекционеров реборнов, что может свидетельствовать о сильной внутренней связи хозяйки и куклы, о такой привязанности, которая сродни настоящим родственным материнским чувствам.

Таким образом, культурологическое исследование нового артефакта – куклы реборна – позволяет сформулировать такие симптоматичные для современного человека и общества культурные значения и функции натуралистичных кукол-младенцев:

1) прагматическая (тренинг и отработка специфических человеческих социально-культурных практик, в рассматриваемом нами примере – уход за младенцем);

2) социально-экономическая (обладание, материальная ценность, коллекционирование реборнов как показатель престижа и предмет гордости);

3) эмоционально-психологическая (потребность заботиться о ком-то воплощается при помощи новой вещи, детально похожей на настоящего младенца);

4) функция сублимации или замещения (компенсация утраты младенца или невозможности родить ребенка);

5) имитативно-симулятивная (подмена подлинного материнства суррогатом и даже симулякром, удовлетворяющим материнские потребности);

6) людологическая (возможность «поиграть» в материнство, примерить на себя статус, которым не обладаешь в реальности, тем самым вписавшись в пределы культурной нормы, предписываемого и поощряемого социумом поведения);

7) эстетико-гедонистическая (стремление не к реальной заботе о младенце, требующей серьезных усилий, а наслаждением взрослого человека определенной безответственностью в любовании «вечным грудничком», умилении его бессмертием).

Важным выводом проведенного исследования является то, что выявленные нами культурные модусы и функциональные особенности кукол реборнов по сути выступают значимыми приметами современной эпохи, которую можно охарактеризовать как период анропологического кризиса, когда статус человека и всего человеческого ставится под сомнение, а субъект современной культуры тщетно пытается найти свое место в мире андроидов и киберреальности, в бесконечном скопище своих технических, органических, художественных копий и двойников.

Список литературы

1. Not Child's Play: 'I Feel Like I Have a Real Baby'. Материалы онлайн газеты ABC NEWS // Сайт о куклах реборн [Электронный ресурс]: база данных. – режим доступа : http://acie.spb.ru/sajt-o-kuklah-reborn
2. Беньямин В. Произведение искусства в эпоху его технической воспроизводимости // Беньямин В. Избранные эссе. М.: «Медиум»., 1996. С. 66-91.
3. Большой психологический словарь. Сост. Мещеряков Б., Зинченко В. Олма-пресс. 2004. [Электронный ресурс] : база данных. – режим доступа : http://vocabulary.ru/dictionary/30/word/kukla
4. Даль В.И. Толковый словарь русского языка. Современная версия. – М.: Изд-во Эксмо, 2006. – 736 с.
5. Зарубежный коллекционер [Электронный ресурс]: база данных. – режим доступа : http://www.inoantiqpressa.com/index.php/dolls?start=21
6. Комсомольская правда [Электронный ресурс]: база данных. – режим доступа : http://www.kp.ru/daily/24535.4/679377
7. Лотман Ю.М. Избранные статьи в трех томах.- T.I. Статьи по семиотике и типологии культуры. – Таллинн: Александра, 1992. - С.377-380.
8. Морозов И.А. Феномен куклы в традиционной и современной культуре (Кросс-культурное исследование идеологии антропоморфизма). — М.: «Индрик», 2011. — 352 с.
9. Панова Дарья. Реборн-мастерская [Электронный ресурс]: база данных. – режим доступа : http://www.rebornkukla.ru
10. Самые реалистичные куклы реборн [Электронный ресурс]: база данных. – режим доступа : http://reborn-doll.livejournal.com/387.html
11. Тайны XX века [Электронный ресурс] : база данных. – режим доступа : http://tainy.info/panopticum/reborn-pochti-zhivye

Рослякова А.А.
студентка 6 курса Лечебного факультета, Первый МГМУ им. И.М.Сеченова, Москва
aroslyakova@yandex.ru

ИРИСИН: АДАПТИВНАЯ РЕАКЦИЯ ИЛИ МАРКЕР ДИСФУНКЦИИ ЖИРОВОЙ ТКАНИ ПРИ ОЖИРЕНИИ?

Ирисин – новый гормоноподобный цитокин, который регулирует энергетический метаболизм, впервые был обнаружен и описан Bostrom и коллегами в 2012 году. [1,2]

Bostrom и соавт. сообщили, что физические упражнения стимулируют выработку белка PGC-1α (PPAR-γ co-activator-1α, коактиватор-1α рецепторов PPAR-γ), важнейшего регулятора энергетического баланса мышц, который затем усиливает продукцию другого белка – трансмембранного протеина FNDC5 (fibronectin type III domain containing protein 5, белок 5, содержащий домен фибронектина III типа). Ирисин, в свою очередь, представляет собой белок, состоящий из 112 аминокислотных остатков, который отщепляется от предшественника, мембранного белка FNDC5. [1,3]

Авторы исследования обнаружили наличие ирисина в плазме мышей и человека, а также повышение экспрессии мРНК FNDC5 и уровня циркулирующего ирисина после физической нагрузки. Таким образом, было показано, что физическая нагрузка стимулирует продукцию ирисина мышцами. [1,5]

Bostrom и соавт. продемонстрировали, что ирисин способствует изменению фенотипа белых адипоцитов (browing, побурение), которые приобретают структурные и функциональные особенности бурой жировой ткани. Он, прежде всего, усиливает синтез разобщающего белка термогенина (или UCP1) в митохондриях адипоцитов и тем самым стимулирует несократительный термогенез жировой ткани, а значит, повышенное расходование энергии. [1,4]

Авторы также сообщили, что секреция ирисина улучшает толерантность к глюкозе, снижает инсулинорезистентность, способствует значительной потере массы тела. Следует отметить, что эти результаты были получены у экспериментальных животных. [1,6]

Таким образом, ирисин стали рассматривать как потенциальное средство, полезное в борьбе с ожирением и ассоциированными заболеваниями. Bostrom и соавт. сообщали, что умеренное повышение ирисина в плазме может препятствовать увлечению массы тела, защищая от алиментарного ожирения. [1,7] Поэтому многие исследования, последовавшие за открытием ирисина, были направлены на определения взаимосвязи между его уровнем, с одной стороны, и ожирением, ИМТ, а также другими маркерами избыточной массы тела и ожирения, с другой стороны. Обобщая имеющиеся на сегодняшний день данные, можно с уверенностью сказать, что единого мнения по данной проблеме пока не существует. В ходе многочисленных научных исследований получены противоречивые результаты, которые можно разделить на три группы.

1. Отрицательная корреляция между продукций ирисина и массой тела

В пользу протективного значения ирисина относительно развития ожирения говорят результаты нескольких исследований [Aydin et al. 2013, Choi et al. 2013, Moreno-Navarrete et al. 2013, Polyzos et al. 2014], в ходе которых была продемонстрирована отрицательная корреляция между уровнем циркулирующего ирисина и ИМТ человека. Moreno-Navarrete и соавт. [2,8] изучали группу из 125 человек, ИМТ 20-58 кг/м2, и сообщили, что уровень ирисина в плазме крови снижен у лиц с ожирением пропорционально степени увеличения массы. Они показали, что с увеличением ИМТ, массы жировой такни и отношения окружности талии к окружности бёдер уменьшается продукция (мРНК FNDC5) и секреция ирисина (уровень в плазме крови).

Choi и коллеги [3,100] обнаружили, что уровень ирисина в плазме отрицательно коррелирует с ИМТ в исследовании с участием 104 здоровых человек и 104 человек с впервые выявленным СД 2 типа.

2. Отсутствие корреляции между продукций ирисина и массой тела

В отдельных исследованиях (Huh et al. 2012, Gouni-Berthold et al. 2013, Kurdiova et al. 2014, и др.) показано отсутствие какой-либо взаимосвязи между продукцией ирисина и массой тела. Sanchis-Gomar и соавт. [4,2] не обнаружили положительную или отрицательную корреляцию между уровнем циркулирующего в крови ирисина и ИМТ. В работе Pekkala S. и коллег [5,5397] также не удалось выявить ассоциацию между избыточной массой тела и ирисином.

Интересно, что зафиксированные в исследованиях уровни ирисина чрезвычайно разнились. Так ряде исследований, показавших отрицательную корреляцию между продукций ирисина и массой тела или ее отсутствие (Moreno-Navarrete et al. 2013, Polyzos et al. 2014, Zhang et al. и др.), в аналогичных условиях получили уровни циркулирующего ирисина от 24 нг/л до 2 мг/л у сходных выборок. В основе этого значимого расхождения (1 мг = 1000000 нг) может лежать несколько причин: методологические различия проведения анализа, наличие у участников исследования неучтенных заболеваний, которые могут влиять на секрецию ирисина и др.

3. Положительная корреляция между продукций ирисина и массой тела

Большинство исследований, посвященных обозначенной проблеме, продемонстрировали положительную корреляцию между продукцией ирисина и рядом параметров, ассоциированных с избыточной массой тела или ожирением. Эти данные ставят под сомнение первоначальные представления о его протективном значении в отношении метаболического здоровья.

В исследовании Huh и соавт. [6,1729] приняли участие 14 пациентов с морбидным ожирением, ИМТ 50.2 ± 10.6 кг/м2, которым выполнили бандажирование или шунтирование желудка. Образцы крови получили до хирургического вмешательства и через 6 мес. после его проведения. Авторы сообщили, что уменьшение массы тела после бариатрических операций сопровождается значимым снижением как экспресии мРНК FNDC5, так и циркулирующего ирисина в плазме, вне зависимости от физической активности.

Кроме того, Huh и соавт. [6,1732] провели одномоментное исследование, в котором приняли участие 117 женщин, ИМТ от 20,0 до 47,7 кг/м2, и сообщили аналогичные результаты: уровень ирисина в плазме положительно взаимосвязан с ИМТ, а также тощей массой тела.

Stengel и соавт. [7,127] проанализировали секрецию ирисина у лиц со значительными нарушениями массы тела. В исследование включили 40 пациентов с нервной анорексией (ИМТ 12,6 ± 0,7 кг/м2) и ожирением (ИМТ в среднем от 36,9 ± 1,2 кг/м2 до 70,1 ± 2,7 кг/м2), группу контроля составляли лица с нормальной массой тела (22,6 ± 0,9 кг/м2). У больных ожирением обнаружили более высокие уровни циркулирующего ирисина, по сравнению с больными анорексией и группой контроля. Выявлена значимая положительная корреляция между концентрацией ирисина в плазме и ИМТ, жировой и тощей массой тела.

Аналогичные данные были получены в работе Pardo и коллег [8,4]. В исследование были включены 145 женщин, из них 66 страдали ожирением (42.8 ± 6.7 кг/м2), 30 – нервной анорексией (17.3 ± 1.8 кг/м2), 49 - здоровы, имели нормальную массу тела (21.7 ± 1.6 кг/м2). Результаты говорят о том, что уровень ирисина плазмы достоверно выше у лиц с ожирением, по сравнению с нормальной массой или анорексией. уровень ирисина прямо пропорционален массе тела, ИМТ, массе жировой ткани и обратно пропорционален уровню физической активности, обратная корреляция между уровнем ирисина и тощей массой тела.

Помимо ИМТ, жировой и тощей массы тела, важными параметрами метаболического здоровья являются окружность талии и отношение окружности талии к окружности бёдер. было показано, что уровень ирисина также положительно коррелирует с этими параметрами. В двух независимых работах Crujeiras и соавт. [9,200], а также Park и соавт. [10,236] обнаружена положительная взаимосвязь между уровнем циркулирующего ирисина и ИМТ, окружностью талии, массой жировой ткани.

Приведенные выше факты указывают, что масса и/или функциональная активность жировой ткани может быть ассоциирована с секрецией ирисина.

Изначально было показано, что ирисин секретируется мышцами после аэробных физических упражнений, и возможно, усиление секреции ирисина индуцируется сигналами из жировой ткани. Это предположение согласуется с увеличением уровня ирисина в крови при ожирении. Кроме того, уровни ирисина в плазме, наблюдаемые у пациентов с ожирением, могут быть объяснены высокими энергетическим затратами, которые связанны с повышенной массой тела. Однако, существует и другая точка зрения: вероятно, что повышение ирисина при ожирении можно объяснить продукцией непосредственно в жировой ткани. В свете этой гипотезы научный интерес представляют следующие работы.

В исследовании De la Iglesia и соавт. [11,308] участвовали 83 пациента с метаболическим синдромом. Они в течение 8 недель придерживались гипокалорийной диеты, что привело к уменьшению массы тела. Пропорционально и значимо снизился уровень ирисина в плазме.

Схожее исследование Crujeiras et al. [9,202] включало 94 человека с ожирением (BMI 35,66 ± 4,5 кг/м2), которые в течение 8 недель придерживались гипокалорийной диеты и значительно похудели. Затем в течение последующих 16 недель, после возвращения к обычному режиму питания, масса тела большинства участников вновь возросла. Авторы сообщили, что уровень ирисина в плазме крови снижался параллельно уменьшению массы тела, а к 24 неделе эксперимента вернулся к исходному уровню у тех лиц, которые набрали массу.

Таким образом, очевидно, что существует непосредственная и значимая корреляция между продукцией ирисина и массой жировой ткани. В пользу этого положения свидетельствуют и результаты исследования Roca-Rivada и соавт. [12,3] Они обнаружили, что секреция ирисина белой жировой тканью достоверно выше у мышей с алиментарным ожирением, по сравнению с тощими мышами. Этот факт наводит на мысль о том, что жировая ткань может быть влиять на продукцию ирисина и/или быть значимым его источником, особенно в условиях ожирения.

Кроме того, было продемонстрировано, что жировая ткань человека непосредственно может экспрессировать и секретировать FNDC5/ирисин [2,7;6,1728]. Авторы полагают, что жировая ткань может играть роль в продукции ирисина совместно с мышцами, и ее значение может изменяться в зависимости от физиологического или патологического состояния организма. Следовательно, вклад жировой ткани в суммарный уровень ирисина может существенно возрастать при ожирении. Эта гипотеза во многом объясняет приведенные выше результаты клинических исследований.

Учитывая и суммируя противоречивые данные относительно взаимосвязи между уровнем ирисина и ожирением, можно предположить, что ирисин является физиологическим протективным фактором, направленным против формирования избыточных жировых отложений. В состоянии ожирения, вероятно, «обычная» интенсивность его продукции не может поддерживать энергетический баланс, что, в свою очередь, требует усиления секреции ирисина склетными мышцами, а также вероятно, и самой жировой тканью. С этой точки зрения повышение уровня ирисина плазмы у лиц с избыточной массой тела и ожирением можно рассматривать как компенсаторную реакцию организма, направленную на предотвращение дальнейшего увеличения жировых отложений.

Список литературы

1. Boström P, Wu J, Jedrychowski MP, et al. A pgc1-α-dependent myokine that drives brown-fat-like development of white fat and thermogenesis. Nature. 2012;481(7382):463-468. doi: 10.1038/nature10777
2. Moreno-Navarrete JM, Ortega F, et al. Irisin is expressed and produced by human muscle and adipose tissuein association with obesity and insulin resistance. J Clin Endocrinol Metab. 2013;98:E769–78
3. Choi YK, Kim MK, et al. Serum irisin levels in new-onset type 2 diabetes. Diabetes Res Clin Pract. 2013;100(1):96–101.
4. Sanchis-Gomar F, Alis R, et al. Circulating irisin levels are not correlated with BMI, age, and other biological parameters in obese and diabetic patients. Endocrine. 2014;46(3):674–7.
5. Pekkala S, Wiklund PK, et al. Are skeletal muscle FNDC5 gene expression and irisin release regulatedby exercise and related to health. J Physiol 2013;591:5393–400.
6. Huh JY, Panagiotou G, et al. FNDC5 and irisin in humans: I. Predictors of circulating concentrations in serum and plasma and II. mRNA expression and circulating concentrations in response to weight loss and exercise. Metabolism. 2012;61(12):1725–38.
7. Stengel A, Hofmann T, at al. Circulating levels of irisin in patients with anorexia nervosa and different stages of obesity–correlation with body mass index. Peptides. 2013;39:125–30.
8. Pardo M, Crujeiras AB, et al. Association of irisin with fat mass, resting energy expenditure, and daily activity in conditions of extreme body mass index. Int J Endocrinol. 2014;2014:857270.
9. Crujeiras AB, Pardo M, et al. Longitudinal variation of circulating irisin after an energy restrictioninduced weight loss and following weight regain in obese men and women. Am J Hum Biol. 2014;26(2):198–207

10. Park KH, Zaichenko L, at al. Diet quality is associated with circulating C-reactive protein but not irisin levels in humans. Metabolism. 2014;63(2):233–41

11. De la Iglesia R, Lopez-Legarrea P, et al. Plasma irisin depletion under energy restriction is associated with improvements in lipid profile in metabolic syndrome patients. Clin Endocrinol (Oxf). 2014;81(2):306–11.

12. Roca-Rivada A, Castelao C, et al. FNDC5/irisin is not only a myokine but also an adipokine. PLoS One. 2013;8(4):e60563.

Сарсембаева А.А.
доцент, к.п.н., Восточно-Казахстанский государственный технический университет им.Д.Серикбаева

ФОРМИРОВАНИЕ ПРОФЕССИОНАЛЬНОЙ МЕЖКУЛЬТУРНОЙ КОМПЕТЕНЦИИ В КОНТЕКСТЕ ПРОФЕССИОНАЛЬНО-ОРИЕНТИРОВАННОГО ОБУЧЕНИЯ ИНОСТРАННОМУ ЯЗЫКУ

Формирование межкультурной компетенции в контексте обучения профессиональному общению способствует развитию исключительно ценного и востребованного в настоящее время умения общаться. Следовательно, в контексте профессионально-ориентированного обучения иностранному языку межкультурная компетенция определяется как способность личности, позволяющая успешно осуществлять профессиональное общение с партнерами из других культур, структурными компонентами которой являются знания, умения, а также личностные установки и стратегии [2, 10].

Согласно мнению ведущих ученых-лингвистов ПМК должна обеспечивать овладение не только языковыми, коммуникативными и культурологическими знаниями и умениями, но и культурно-специфическими прагматическими элементами общения и практическим опытом решения профессиональных задач на иностранном языке. Поэтому предлагаемая нами структура ПМК включает в себя следующие компоненты: 1) знаниевый компонент (овладение языковыми знаниями, умениями и навыками профессиональной направленности, культурно-специфическими знаниями о родной культуре и культуре страны изучаемого языка, профессиональными знаниями в рамках рассматриваемых на иностранном языке тем по специальности); 2) функционально-прагматический компонент (овладение иноязычными коммуникативно-речевыми умениями и прагматическими элементами профессионального общения, обусловленными культурно специфическими характеристиками коммуникантов); 3) эмоциональный компонент (включает умение регулировать свое психическое состояние, понимать эмоциональное состояние собеседника, преодолевать культурные барьеры, справляться со стрессовыми ситуациями и «культурным шоком», умение приспособиться к жизни в иноязычной среде); 4) практический компонент (опыт осуществления межкультурного профессионального общения, применение профессиональных коммуникативных стратегий в реальной коммуникации).

Знаниевый компонент предполагает овладение:

1. Языковыми знаниями, умениями и навыками: специальной профессиональной лексикой и языковыми структурами, лексико грамматическими единицами в рамках изучаемых тем экономической

направленности. Культура профессиональной речи на иностранном языке включает: - владение терминологией данной специальности; - умение строить выступление на профессиональную тему; - умение организовать профессиональный диалог и управлять им; - умение общаться с неспециалистами по вопросам профессиональной деятельности.

2. Культурно-специфическими знаниями о родной культуре и культуре страны изучаемого языка, о культурных универсалиях и типах культур, что включает в себя представления о стереотипах и способах их преодоления; способы достижения взаимопонимания в диалоге культур путем активной и открытой позиции в общении, способности видеть чужеродность партнера и пр.

3. Профессиональными знаниями в сфере горно-добывающей и перерабатывающей промышленности.

Функционально-прагматический компонент обеспечивает формирование прагматической компетенции, интегрированной в процесс формирования ПМК в рамках лингвопрагматического подхода. Здесь происходит овладение иноязычными коммуникативно-речевыми умениями, прагматическими элементами профессионального общения, обусловленными культурно-специфическими характеристиками коммуникантов, профессиональными коммуникативными стратегиями, а также диагностическими умениями.

В современной лингводидактике иноязычная коммуникативная компетенция представляет собой сумму знаний и умений, позволяющих осуществлять коммуникативную деятельность с использованием собственно языковых средств, и включает в себя ряд других компетенций. В настоящее время в отечественной методике преподавания иностранных языков существует несколько классификации компонентов коммуникативной компетенции. Для реализации целей данного исследования мы остановимся на классификации, предложенной в Общеевропейских компетенциях владения иностранным языком, где коммуникативная компетенция состоит из: лингвистической, социолингвистической, прагматической компетенций [5, 108]. В Общеевропейских компетенциях прагматическая компетенция определяется как совокупность знаний, правил построения высказываний, их объединения в текст (дискурс), умения использовать высказывания для различных коммуникативных функций, умения строить высказывания на иностранном языке в соответствии с особенностями взаимодействия коммуникантов [1]. Соответственно, прагматическая компетенция обеспечивает обучаемых умениями реализовывать высказывания в соответствии с коммуникативными намерениями, ситуациями и другими условиями речевого общения и включает (в соответствии с Общеевропейскими компетенциями):

- компетенцию дискурса - владение правилами и умениями построения высказываний, их объединения в текст (различие между текстом и дискурсом, то под дискурсом – тексты, порождаемые в результате общения [4, 141]); к правилам относятся, к примеру, максимы - принципы взаимодействия;

- функциональную компетенцию - совокупность умений, связанных с использованием высказывания для выполнения различных коммуникативных функций: поиска и сообщения фактической информации, выражения собственного мнения и выяснения мнения других (согласия, вероятности, уверенности, интереса и т.д.), привлечения внимания, выражения совета, побуждения. С этой целью общающиеся используют разные функционально-семантические темы устных и письменных текстов: описание событий, повествование о фактах или их комментирование; рассуждение, объяснение, наставление, аргументация, убеждение и др.;
- компетенция схематического построения речи представляет собой умение последовательно строить высказывание в соответствии со схемами взаимодействия. Коммуникативная деятельность предполагает четко организованную последовательность действий ее участников, а любой процесс общения можно представить схематично. В контексте обучения профессиональному общению на иностранном языке Р.С. Дорохов определяет прагматическую компетенцию как способность говорящего оказывать воздействие на собеседника в процессе профессионального общения. Он рассматривает прагматическую компетенцию специалиста как многоаспектное явление, основанное на реализации в процессе педагогического общения следующих составляющих: коммуникативного намерения, эмоционально-оценочного отношения к высказыванию, ситуативной отнесенности и профессиональной ориентированности высказывания в определенном коммуникативном контексте [3].

Функциональный аспект прагматической компетенции, описанный выше, является одним из важнейших в условиях обучения иноязычному профессиональному общению. Именно он предполагает овладение коммуникативно-речевыми умениями, связанными с построением высказывания на иностранном языке для выполнения различных коммуникативных функций: поиска и сообщения фактической информации, выражения собственного мнения и выяснения мнения других, привлечения внимания, выражения совета, побуждения и пр.

Коммуникативно-речевое умение в лингводидактике определяется как «способность человека осуществлять то или иное речевое действие в условиях решения коммуникативных задач и на основе выработанных навыков и приобретенных знаний» [1, 254].

Прагматическая компетенция рассматривает использование устного и письменного дискурса с точки зрения выполнения определенных функций коммуникации. Данная компетенция подразумевает не только владение определенными функциями (микрофункциями) общения и языковыми средствами, с помощью которых они выражаются, но и осознанным использованием коммуникативно-речевых умений. Участники общения, взаимодействуя между собой, совершают последовательность речевых действий, предполагающую ответную реакцию собеседника и соответствующее продолжение процесса коммуникации, что, в конечном итоге, приводит к достижению целей коммуникации. Макрофункции общения характеризуются определенной интеракциональной структурой. Более сложные коммуникативные ситуации состоят из последовательности макрофункций, которые во многих случаях зависят от формальных и неформальных моделей социального взаимодействия [5, 125-127].

В процессе формирования ПМК у студентов по профилю «Горное дело и металлургия» мы выделяем четыре ключевые профессиональные коммуникативные функции, выполняемые специалистом на иностранном языке с целью реализации профессиональных целей: 1. Работа с информацией: поиск, анализ и представление (устное и письменное). 2. Составление отчетных и маркетинговых материалов: графики/ диаграммы/таблицы, протоколы встреч, отчеты по проекту, письменная концепция и пресс-релиз проекта/продукта/услуги. 3. Устная презентация продукта: краткое описание проекта, участие в круглых столах, брифингах и телеконференциях, составление компьютерной презентации производимого продукта/услуги и ее устное представление перед коллегами/комиссией/потенциальными инвесторами. 4. Ведение переговоров с иностранными партнерами: предварительный анализ международных рынков, освоение культурно-специфических прагматических элементов общения, типичных для представителей деловой культуры.

С учетом данных функций производится отбор языкового материала; лексико-грамматических единиц; специальных терминов, понятий и фраз, типичных для деловой коммуникации; приемов и стратегий коммуникации, принятых в международной предпринимательской среде. Таким образом, функционально-прагматический компонент профессиональной межкультурной компетенции обусловливает обучение иностранному языку для профессиональных целей в тесной взаимосвязи с основами межкультурной и профессиональной коммуникации.

Сформированная прагматическая компетенция предполагает, что человек в процессе общения осознает культурно-специфические особенности коммуникантов, владеет иноязычными коммуникативно-речевыми умениями на иностранном языке и использует соответствующие ситуации прагматические элементы общения и стратегии профессиональной коммуникации.

В рамках лингвопрагматической модели обучения иноязычному профессиональному общению студентов по профилю «Горное дело и металлургия» мы выделяем четыре основные коммуникативные функции: работа с информацией, составление отчетных материалов, устная презентация продукта или услуги, ведение переговоров с иностранными партнерами. Для осуществления данных функций обучаемым необходимо овладеть соответствующими коммуникативными стратегиям и тактиками на иностранном языке. К данным стратегиям относятся: стратегия констатации фактов, стратегия побуждения слушателя к совершению действия, стратегия принятия говорящим обязательств совершить какой-либо поступок или следовать определенной линии поведения, стратегия эмоционального воздействия на слушателя, реализуемая через различные коммуникативные тактики, стратегия изменения действительного положения дел.

Таким образом, профессиональная межкультурная компетенция, как цель и результат обучения языку специальности, основана на единстве межличностной, межкультурной и профессиональной коммуникации. Предложенная структура ПМК обусловливает лингвопрагматическую организацию обучения иноязычному профессиональному общению и обеспечивает овладение специальными умениями профессионального общения на иностранном языке, а также прагматическими элементами общения, учитывающими культурно-специфические особенности и функциональные цели участников общения. Результатом формирования ПМК в рамках данной структуры выступают профессиональные коммуникативные стратегии на иностранном языке.

Литература

1. Азимов Э. Г., Щукин А. Н. Новый словарь методических терминов и понятий (теория и практика обучения языкам). М.: Издательство ИКАР, 2009. 448 с.
2. Герасимова И.Г. Формирование межкультурной компетенции студентов геологических специальностей в процессе обучения профессиональному общению на английском языке: Автореф. дисс. … канд. пед. наук. СПб., 2010. - 21 с.
3. Дорохов Р.С. Формирование прагматической компетенции студента-переводчика // Знание. Понимание. Умение [Электронный ресурс]. 2008, №3.С.
4. Щукин А.Н. Методика обучения речевому общению на иностранном языке. М.: ИКАР, 2011. 254 с.
5. Common European Framework of Reference for Languages: learning, teaching, assessment. Language policy unit, Strasbourg [Internet resource]. 2003. URL: http://www.coe.int/t/dg4/linguistic /Source/Framework_EN.pdf.

Мильке Е. А.
соискатель кафедры клинической и специальной психологии
ГБОУ ВПО «Московский городской педагогический университет»
г. Москва
e-mail: personal-em@mail.ru

КАЧЕСТВО ЖИЗНИ МЛАДШИХ И СТАРШИХ ПОДРОСТКОВ С ИЗБЫТОЧНЫМ ВЕСОМ

В настоящее время «качество жизни» употребляется как нормативный эталон благосостояния, включающий не только материальные, но и социальные, экологические, политические и нравственные аспекты жизнедеятельности человека. Также данное понятие включает в себя и психологические характеристики качества жизни, которые выражаются в уровне удовлетворенности (неудовлетворенности) человека условиями своего существования, факторами нематериального порядка – здоровьем, условиями труда, уровнем образования, состоянием окружающей среды [4].

Особый интерес представляет изучение качества жизни подростков. Подростковый период развития характеризуется существенными изменениями в физиологии и психологии ребенка, появлением у него новых интересов, привязанностей, формированием собственных взглядов, повышением личной ответственности, адаптацией к учебе в школе [3].

В последнее время среди подростков наблюдается увеличение частоты встречаемости функциональных расстройств и заболеваний с хроническим течением. Одним из таких хронических соматических заболеваний является ожирение. По оценкам экспертов, количество детей с избыточным весом в мире превышает 45 млн., из них до 80% детей сохраняют его и во взрослом возрасте. Отмечается увеличение количества тучных детей и подростков и в России. По данным проводимых исследований распространенность ожирения среди детского населения в нашей стране колеблется от 5-7 до 18-20% [1].

Негативное восприятие своей наружности, которое присуще большинству подростков с избыточной массой тела, может оказать выраженное дезадаптирующее влияние на качество жизни подростков данной категории [2].

Целью нашего исследования явилось изучение особенностей качества жизни младших и старших подростков с избыточным весом.

Для изучения качества жизни подростков данной категории мы использовали русскую версию общего детского опросника Качества жизни Pediatric Quality of Life Questionnaire (PedsQL 4.0) и «Неоконченные предложения» (модификация Е.В. Свистуновой).

В соответствии с периодизацией психического развития Д. Б. Эльконина, выборка испытуемых была разделена на две возрастные группы: младший подростковый возраст (11-13 лет, 59 человек) и старший подростковый возраст (14-17 лет, 67 человек).

Статистическая обработка материалов была выполнена с использованием пакета программ Statistica 7.0. При анализе данных мы использовали непараметрический метод Манна-Уитни. За уровень статистической достоверности принимали $p<0,05$.

При рассмотрении итоговых результатов по субшкалам опросников, полученных в ходе анкетировании подростков с избыточным весом двух возрастных групп, мы отметили, что статистические различия (при $p<0,05$) наблюдаются только по шкале «Физическое функционирование». В норме степень удовлетворенности качеством жизни стремиться к 100 баллам: чем выше итоговая величина, тем лучше качество жизни подростка.

Для более детального изучения результатов исследования мы проанализировали каждую субшкалу по отдельности. При изучении *физического функционирования* статистические различия отмечались по вопросу «Мне было трудно пройти пешком более 100 м»: младшие подростки в среднем набрали 95 баллов, старшие – 81 балл. При ответе на вопрос «Мне было трудно играть в спортивные игры или делать физические упражнения» подростки с избыточным весом набрали 78 баллов и 62 балла соответственно. Вопрос «Меня беспокоили боли» набрал 75 баллов у подростков 11-13лет и 52 балла у подростков 14-17лет и вопрос «У меня было мало сил» – 69 баллов и 48 баллов соответственно. Особое беспокойство вызвали ответы на последние два вопроса, так как здесь наблюдались и общее снижение показателей, и большой разрыв между данными экспериментальных групп. Это может свидетельствовать о том, что у старших подростков с избыточным весом более отчетливо проявляются физиологические изменения, нарушается работа сердечнососудистой системы и опорно-двигательного аппарата.

Оценка *эмоционального функционирования* не выявило статистически значимых отличий. При этом следует обратить внимание на общие низкие показатели этой субшкалы, они не достигают 70 баллов. Депрессивное состояние, характерное для большинства подростков с избыточным весом, оказывает значительное негативное влияние на степень удовлетворенности жизни подростков данной категории.

При оценивании *социального функционирования* у старших подростков с избыточным весом достоверно ниже были показатели при ответах на вопрос «Бывало так, что у меня не получалось делать что-то, что получалось у моих ровесников» (52 балла против 65 баллов у младших подростков) и на вопрос «Мне было трудно чувствовать себя наравне с моими ровесниками» (38 и 54 балла соответственно). Это связано, вероятно, с тем, что старшие подростки с избыточной массой тела довольно болезненно относятся к критическим замечаниям со стороны сверстников и предпочитают выполнять работу в одиночку, а не в коллективе, чтобы избежать сравнения. В то же время подростки 14-17 лет набрали в среднем больше баллов (73балла) при ответе на вопрос «Мои ровесники дразнили меня», тогда как подростки 11-13 лет набрали в среднем 60 баллов. Скорее всего, у старших подростков срабатывает психологическая защита вытеснения, когда не хочется вспоминать плохое из прошлого.

Наибольшее количество статистически достоверных различий было выявлено при оценке подростками с избыточным весом *школьной жизни*. Старшие подростки с избыточной массой тела были более внимательны на уроках (78 баллов), чем младшие подростки (66 баллов), меньше забывали о выполнении заданий (69 баллов и 54 балла соответственно), им не сложно было справляться со школьными заданиями (75 баллов и 62 балла). Можно предположить, что старшеклассники больше сосредоточены на учебе в связи с дальнейшим жизненным самоопределением, прикладывали при этом много физических и умственных усилий. Скорее всего, это привело к более частому пропуску школы (62 бала) и посещениям врача (73 балла). У младших школьников с избыточным весом показатели по последним двум вопросам были гораздо выше – 73 и 85 баллов соответственно.

Выводы:

1) Качество жизни старших подростков (14-17лет) с избыточным весом ниже, чем у младших подростков (11-13 лет) данной категории, что преимущественно связано со снижением физической активности.

2) Наиболее выраженные нарушения показателей качества жизни отмечены у старших подростков в социальной сфере и учебной деятельности.

3) Полученные результаты позволят в дальнейшем подготовить коррекционные мероприятия по повышению социальной адаптации подростков с избыточным весом.

Литература:

1. Аверьянов А.П., Болотова И.В., Зотова С.А. Ожирение в детском возрасте. // Лечащий врач. М., 2010. – №2. – С. 13-15.

2. Исследование «Поведение детей школьного возраста в отношении здоровья» (HBSC): международный отчет по результатам обследования 2009/2010 гг. Электронный ресурс: http://www.euro.who.int/__data/assets/pdf_file/0010/181972/E96444-Rus-full.pdf?ua=1

3. Рифф К., Зараковский Г.М. Качество жизни населения России. – М.: Смысл, 2009.

4. Савченко Т. Н., Головина Г. М. Субъективное качество жизни. Подходы, методы оценки, прикладные исследования. – М.: Институт психологии РАН, 2006.

Петров Ю.А.
доцент каф. менеджмента, канд. хим. наук, Российский государственный профессионально-педагогический университет, г. Екатеринбург
youri1054@gmail.com
Петрова Г.И.
доцент каф. менеджмента, канд. филос. наук, Российский государственный профессионально-педагогический университет, г. Екатеринбург

КАЧЕСТВО ЖИЗНИ: О ВЗАИМОСВЯЗИ НЕКОТОРЫХ ИЗ ОСНОВНЫХ ПОКАЗАТЕЛЕЙ

В современном постиндустриальном обществе вопросы качества жизни и повышения его уровня становятся более приоритетными по сравнению с уровнем материального благосостояния (уровнем жизни). Существует достаточно много различных подходов к оценке как уровня жизни, так и качества жизни. Поскольку первый показатель имеет в основном экономическую природу, то в его определении чаще всего используются фундаментальные критерии уровня экономического развития, такие как, например, показатель валового внутреннего продукта в расчёте на душу населения как в номинальном исчислении, так и в паритете покупательской способности (ВВП на душу населения, ППС). По сравнению с этим оценка уровня качества жизни представляет собой более сложную задачу, поскольку эта категория не может определяться какой-то одной величиной, являясь комплексной характеристикой, отражающей довольно широкий спектр значимых социально-экономических, социо-культурных, этно-культурных, географических, геополитических и ряда других показателей.

Выбрав за основу какой-либо один из наиболее значимых показателей как уровня жизни, так и уровня качества жизни можно определённым образом структурировать общество, объединив отдельные страны, а также регионы или территории в группы с близким уровнем жизни или в группы с близким уровнем качества жизни. В частности, по уровню жизни выделяют 3 группы стран: страны с высоким уровнем среднедушевого дохода, со средним уровнем и с низким уровнем. Кроме того, принимают в рассмотрение и промежуточные уровни – выше среднего, ниже среднего, а также отдельно выделяют группу стран с самым низким уровнем дохода. Такая, общепринятая, классификация является тем не менее одномерной, так как в основе её лежит лишь один показатель. По умолчанию считается, что в странах с высоким уровнем жизни также высокий и уровень качества жизни. В большинстве случаев это так, особенно в так называемых развитых странах. Тем не менее во многих странах уровень жизни и уровень качества жизни не находятся в такой простой и очевидной взаимосвязи. В особенности это относится к странам, переживающим этап быстрого экономического развития, темпы которого заметно опережают темпы роста показателей качества жизни.

Более продуктивным, на наш взгляд, мог бы стать такой поход, в котором показатели уровня жизни и показатели качества жизни рассматриваются не по отдельности, а в совокупности. Используя представления, изложенные нами ранее [1, 449-453; 2, 39-42; 3, 65-70], для структурирования и классификации стран с различными уровнями жизни и уровнями качества жизни предлагается матрица размера 3×3, в которой для каждого из двух показателей – «уровень жизни» и «качество жизни» - условно определены по 3 степени их выраженности. Такая матрица представлена на рис. 1.

Рис. 1 – Матрица «Уровень жизни» - «Качество жизни»

Как видно из рис. 1, всю совокупность стран можно структурировать в несколько групп по сходным степеням выраженности искомых признаков – уровня жизни и качества жизни, причём по этим двум показателям одновременно. Группы 1, 5 и 9 образованы странами с одновременно низким (не высоким) уровнем жизни и низким качеством жизни, средним уровнем жизни и средним уровнем качества жизни, а также странами с высоким уровнем жизни и с высоким уровнем качества жизни соответственно. Группы 4, 7 и 8 образованы странами, в которых уровень экономического развития опережает уровень качества жизни населения этих стран. Напротив, группы 2, 3 и 6 образованы странами с достаточно высокими показателями качества жизни, но не соответствующими им экономическими показателями уровня жизни.

Апробация предлагаемой модели была проведена нами на основе анализа большой совокупности индикаторов, представленных в статистических базах данных Департамента экономического развития и Департамента здравоохранения и народонаселения Всемирного банка [4].

Для оценки уровня жизни использовался показатель среднедушевого валового дохода в паритетной стоимости (GDP per capita, PPP). В качестве интегрального показателя, отражающего уровень качества жизни, был выбран показатель ожидаемой продолжительности жизни (Life expectancy at birth). В свою очередь этот показатель исследовался в его взаимосвязи с другим существенно важным показателем качества жизни – уровнем дожития до возраста 65 лет (Survival to age 65). Для определения средних значений материального уровня жизни и уровня качества жизни были использованы среднемировые показателя душевого валового дохода и средней ожидаемой продолжительности жизни по всей совокупности стран. На рис. 2 показана зависимость средней (для мужчин и женщин) ожидаемой продолжительности жизни от валового дохода на душу населения в паритетной стоимости.

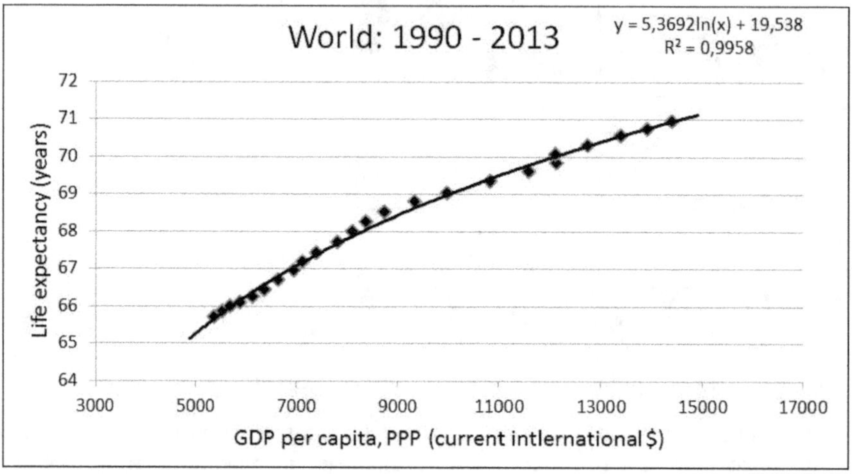

Рис. 2 – Зависимость продолжительности жизни от валового дохода

Как видно из рис. 2, между основными показателями уровня жизни и качества жизни существует явно выраженная взаимосвязь – продолжительность жизни растёт с ростом уровня материального развития. Зависимость эта не является прямо пропорциональной, но в первом приближении вполне адекватно может быть аппроксимирована простой логарифмической функцией. Уравнение такой функции, полученное по методу наименьших квадратов, приведено на рисунке.

Взаимосвязь двух основных показателей качества жизни – ожидаемой продолжительности жизни и уровня дожития до возраста 65 лет для мужчин и женщин – показана на рис. 3.

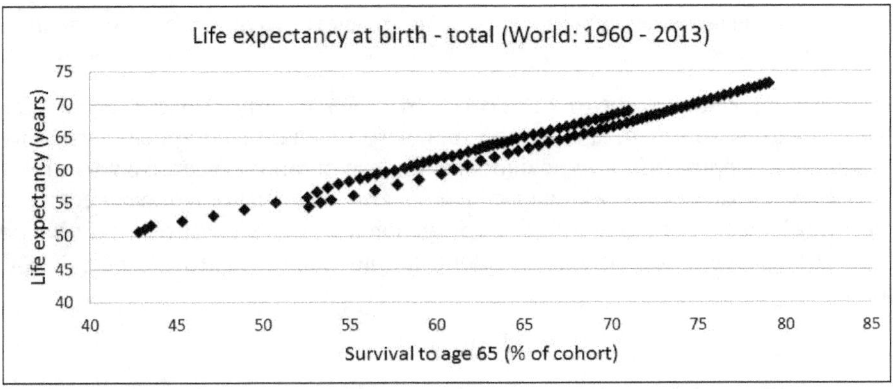

Рис. 3 – Взаимосвязь продолжительности жизни мужчин (верхняя зависимость) и женщин (нижняя зависимость) от уровня дожития до возраста 65 лет

Как видно из рис. 3, между этими двумя основными показателями качества жизни существует отчётливо выраженная линейная зависимость. Небольшое отличие в этих зависимостях для мужчин и женщин заключается лишь в том, что они имеют немного отличающийся наклон, отражающий тот факт, что продолжительность жизни женщин в большей степени растёт на каждый % увеличения степени дожития до 65 лет по сравнению с ростом продолжительности жизни мужчин.

Анализ таких зависимостей для отдельных стран показывает, что они практических идентичны среднемировым по форме, но отличаются по динамическим изменениям обсуждаемых параметров, что обусловлено специфическими особенностями социально-экономического развития каждой из стран.

Так, например, Российская Федерация в настоящее время по материальному показателю уровня жизни может быть отнесена к группе стран с уровнем дохода выше среднего: ВВП на душу населения (ППС) за 2013 год - $25 тыс., тогда как среднемировой показатель – $14 тыс., а по странам Евросоюза – $35 тыс. Однако по средней продолжительности жизни – 71 год – Россия занимает лишь 118 место в мире (из 200 стран) и почти в точности соответствует среднемировому показателю. Поэтому с учётом двух показателей – уровня жизни и качества жизни – с некоторой натяжкой Россию можно всё-таки отнести к группе 8. В сравнении с этим, в Китае средняя продолжительность жизни даже немного выше, чем в России (75 лет и 69 место в мире) , но как по этому показателю, так и по уровню доходов (около $12 тыс.) Китай почти в точности соответствует среднемировым значениям и соответствует группе 5 по нашей классификации.

В заключение следует отметить, что предлагаемая модель позволяет не только несколько иначе структурировать и классифицировать страны, регионы и территории по уровню жизни в его связи с качеством жизни, но и даёт возможности для анализа и прогноза социально-экономических и демографических тенденций, что, безусловно, может оказаться полезным при разработке и реализации различных социально значимых программ и проектов.

Литература

1. Петров Ю.А., Петрова Г.И. Матричная модель уровней компетентности /В книге: Новые информационные технологии в образовании. Материалы VII международной научно-практической конференции. Российский государственный профессионально-педагогический университет. Екатеринбург, 2014. С. 449-453

2. Петров Ю.А., Петрова Г.И., Фадеева Т.И. Уровни компетентности в аспекте феномена социально-профессиональной мобильности / В сборнике: Социально-профессиональная мобильность в XXI веке. сборник материалов и докладов Международной конференции. Под редакцией Г. М. Романцева, В. А. Копнова. Екатеринбург, 2014. С. 39-42

3. Петров Ю.А., Петрова Г.И. Уровни компетентности: модель, классификация, иерархия // Образовательные технологии (г. Москва). 2014. № 4. С. 65-70

4. http://databank.worldbank.org/data

Карташова Л.Э.
кандидат философских наук, доцент
заведующая кафедрой общегуманитарных и естественно-научных дисциплин Одинцовского (г. Одинцово Московской области) филиала Образовательного частного учреждения Высшего профессионального образования «Международный юридический институт»
E-mail: glasha5@yandex.ru

АКТУАЛЬНЫЕ ПРОБЛЕМЫ ГРАЖДАНСКОЙ СОЦИАЛИЗАЦИИ СОВРЕМЕННОЙ МОЛОДЕЖИ И ПОВЫШЕНИЕ РОЛИ ГОСУДАРСТВА В ЕЕ РАЗВИТИИ

Молодежь – это особая социальна группа[1], члены которой согласно социологической классификации еще не имеют полного статуса взрослых в общественной или личной сфере, однако, уже не могут быть отнесены и к детям, в связи с чем их положение является в определенной степени маргинализованным, неопределенным в обществе, что обуславливает множество проблем молодежного характера.

Важнейшей проблемой современной российской молодежи является ее интеграция в общества путем усвоения общепринятых норм и правил, а также установление собственных, межличностных связей и отношений посредством активной деятельности [1]. Проблема социализации, таким образом, особенно актуализируется в условиях переходного этапа развития страны: радикально меняющихся общественных отношений и социальных институтов, изменений социально-экономических и духовно-нравственных приоритетов ее развития.

Главная задача человека в этом процессе – стать частью социума, оставаясь при этом целостной личностью. Философское осмысление особенностей социализации молодежи сегодня становится наиболее востребованной исследовательской проблемой, привлекающей внимание ученых и практических работников разного уровня - от политиков до преподавателей и родителей поскольку молодежь, будучи перспективной социально-демографической группой российского общества, значительно пополняющее экономически активное население страны, определит жизнь российского государства в последующие десятилетия, с одной стороны. С другой, именно социализация связывает разные поколения, через нее осуществляется передача социального и культурного опыта.

---

[1] В российской действительности приняты возрастные границы социальной группы молодежи: 15-29 лет, предусматривающие следующие временные этапы, которым соответствуют определенные типы молодежи: подростки — до 18 лет, собственно молодежь — 18-24 лет и молодые взрослые — 25-29 лет. – Прим. автора.

Вместе с тем, следует отметить, что актуальность социализации молодежи определяется и сложностью времени, в котором она оказалась: распались ранее созданные молодежные объединения и организации, молодые люди оказались предоставлены самим себе, начался процесс десоциализации, приведший к значительному росту числа молодежи с девиантным поведением [2]. Сегодня ситуация жизненного самоопределения молодежи неоднозначна. С одной стороны, представители молодого поколения составляют значительную долю в составе новых социальных слоев - предпринимателей, менеджеров, банковских работников. Увеличилось число молодых людей, возглавляющих общественные движения и политические партии. С другой стороны, молодежь оказалась одной из самых незащищенных социальных групп, значительно ухудшилось ее материальное положение, замедлилось социальное продвижение, наблюдается глубокое противоречие, вызванное несоответствием новых социально-экономических требований и качеств личности молодого человека, традиционно формируемых социальными институтами российского общества.

Понятие «гражданская социализация» характеризует процесс усвоения каждым индивидом определенной системы знаний, норм, ценностей и традиций в трудовой, политической и правовой сферах жизнедеятельности, позволяющих ему функционировать в качестве полноправного члена общества, обладающего устойчивой гражданской позицией. Его содержание определяют три элемента: *профессиональная социализация*, позволяющая молодому человеку приобрести знания, освоить трудовые навыки и профессиональный опыт; *правовая социализация*, направленная на устранения среди молодежи правового нигилизма, уяснение каждым молодым гражданином своих прав и обязанностей; *политическая социализация*, способствующая повышению активности каждого индивида в защите своих прав и свобод, в управлении государственными и общественными делами [1].

Основными факторами развития гражданской социализации современной молодежи, в том числе учащейся, являются следующие. Во-первых, современное мировое сообщество вступило в информационную цивилизацию в лице наиболее развитых стран мира, другие же государства находятся на пороге к ней. В этих условиях особую власть приобретают знания в различных видах: информация, наука, этика, искусство, формирующие нравственные качества молодого человека, его гражданскую позицию [2]. Молодежь оказывается в эпицентре информационного воздействия разного назначения и направления. Во-вторых, в постсоветское время начался процесс формирования основ гражданского общества, обеспечивающего многообразие форм собственности, общественно-политических организаций и движений, словом, различные формы общественной активности граждан, являющихся фундаментом свободы личности, удовлетворения ее интересов и потребностей. Институты гражданского общества способствуют защите естественных прав и свобод граждан, соблюдению демократических принципов жизнедеятельности общества, существующих в нем традиций, правил поведения и норм морали. В духовной сфере - содействуют плюрализму мнений, возможности публично выказывать свои суждения по тем или иным общественным проблемам.

Реформирование российского общества, начавшееся в 90-е годы XX в., определило, в первую очередь, направления переоценки людьми социальных ценностей, их стремление построить правовое государство. Современное поколение молодежи – это поколение постсоветского времени, поэтому их сознание никак не связано с теми социальными ценностями, которые определяли жизнь их родителей. У молодого человека формируется иной уровень сознания, иные модели поведения, основу которой деловитость, инициатива, предприимчивость, стремление к инновациям и поиск возможности реализовать собственный творческий потенциал.

Очевидно, что в успехе гражданской социализации молодежи велика ответственность всех социальных институтов общества, которые призваны создать для молодых людей возможности реализации способностей, удовлетворения их материальных и духовных потребностей, и особенно - образовательных учреждений всех рангов и уровней, как важнейших агентов социализации личности. Активизация деятельности общества и государства по социализации молодежи, воспитания ее гражданских качеств, которые утверждают в человеке общественное сознание, честь, гордость, являются «главным источником моральной чистоты» заключается в том, чтобы выстроить диалог с молодежью, рассматривая ее не как объект воздействия, а как равноправный субъект деятельности. Формирование массового сознания нынешнего молодого поколения требует в корне иных подходов, чем в советский период идеологического монополизма. И чтобы выработать результативную концепцию воздействия государства на массовое сознание нынешнего поколения российской молодежи, требуется детальное изучение современной молодежи, ее потребностей и интересов.

Научно-социологические исследования последних двух-трех десятилетий показывают [4], что современная российская молодежь имеет отличные по сравнению с молодежью 80-х-90-х годов прошлого столетия интересы и предлагает свои варианты удовлетворения собственных потребностей. Так, в сознании молодых превалирует принцип индивидуального планирования собственной жизни в отличие от старшего поколения, по сути, их учителей и воспитателей. Для нынешней молодежи социализирующее значение имеют как материальные, так и духовные процессы, формирующие социальное пространство и время, в котором, обретая определенные социальные характеристики, она интегрирует в общество. Именно индивидуализм и рефлексивность, свойственные современной молодежи, определяют ее отношение к условиям жизнедеятельности, установки и ценности молодого поколения. Каждый выбирает свою биографию из широкого спектра возможностей, включая социальную группу или субкультуру, с которой он хотел бы себя идентифицировать. При этом выбор собственной социальной идентичности влечет за собой и личную ответственность за подобный риск.

Вместе с тем, такие ценности, как семья, образование, работа - традиционно занимают высокие позиции в ранге ценностей молодежи [4].

Следует отметить, что в настоящее время к трем постоянным китам социализации - семье, «улице-друзьям», школе - добавился новый институт - государственная молодежная политика. В Российской Федерации утверждены концептуальные основы государственной молодежной политики (далее - ГМП). Выделение работы с молодежью в специальную социально-политическую сферу свидетельствует о значении данного вопроса. При этом важно понять, какова сегодня степень зрелости и готовности этого института к решению возлагаемых на него задач.

ГМП определяется как «деятельностью государства, направленная на создание правовых, социально-экономических условий и гарантий для воспитания, социального становления, развития и самореализации молодежи в общественной жизни, для защиты ее прав и законных интересов» [5]. А целями ГМП являются:

- воспитание, социальное становление, духовное и физическое развитие молодежи, создание правовых, социально-экономических условий для выбора молодыми гражданами своего жизненного пути, для достижения личного успеха, для реализации выдвигаемых ими общественно полезных инициатив, программ и проектов;
- обеспечение активного участия молодежи в социально-экономической, политической и культурной жизни страны.

Таким образом, государственная молодежная политика с позиций социализации должна быть направлена на:

- усиление воспитывающего характера обучения и образовательного эффекта в воспитании через их взаимосвязь и взаимодополнение;
- поиск пути решения проблемы интеграции молодежи в общественную жизнь и разработки новых способов и механизмов социализации адекватной условиям современного общества.

Литература:

1. Социология. Основы общей теории. Академ. учебно-науч.центр РАН-МГУ им. М.В.Ломоносова Изд-е второе, исправ. и дополн. «Норма». – М. 2009.
2. См.: материалы официального сайта Генеральной прокуратору РФ: портал правовой статистики: http://crimestat.ru/social_portrait (последнее обращение 23 мая 2015 г.).
3.См.:Постиндустриального общества теории: Новая философская энциклопедия,2003: http://www.terme.ru/dictionary/879/word/postindustrialnogo-obschestva-teori (последнее обращение 23 мая 2015г.).
4. См.: материалы опросов молодежи по актуальным вопросам современной жизни: Левада-Центр:http://www.levada.ru/ (последнее обращение 24 мая 2015г.).
5. См.: материалы на официальном сайте Правительства РФ - «Об основах государственной молодежной политики в Российской Федерации до 2025 года» распоряжения Правительства РФ от 29.11.2014г. №2304-р http://government.ru/media/files/ (последнее обращение 24 мая 2015г.).

Шаронов М.А.
к.т.н., профессор и заведующий кафедрой технологии и сервиса, АНОО ВО ЦС РФ Российский университет кооперации
Шаронова В.П.
к.э.н., доцент кафедры технологии и сервиса, АНОО ВО ЦС РФ Российский университет кооперации

ТЕНДЕНЦИИ РАЗВИТИЯ СФЕРЫ УСЛУГ ДЛЯ МАЛОНАСЕЛЕННЫХ ТЕРРИТОРИЙ

В статье подчеркивается специфичность ассортимента услуг для сельских жителей и тенденции развития их в связи с условиями проживания потребителей, с одной стороны, и возникновение целого спектра новых услуг, сформированных на основе компьютеризации, информатизации процессов, развития телекоммуникаций, с другой стороны.

Ключевые слова: жизнедеятельность ,комфортность , обслуживание неосязаемость, сезонность, потребительская кооперация

Построение высокоэффективной экономической системы России невозможно без создания в определенной степени специфических и, одновременно, адекватных современному уровню экономического развития институтов, которые могли бы учитывать исторически сложившиеся традиции и закономерности экономической деятельности. Переход к рыночной экономике привел к распаду и сокращению централизованно управляемого сельскохозяйственного производства и, одновременно, к росту доли мелкотоварного сектора крестьянских (фермерских) и личных подсобных хозяйств. Экономическое и социальное развитие сельских территорий невозможно без восстановления сферы услуг, обеспечивающей население социально-бытовыми и производственно-технологическими услугами, что особенно актуально в условиях кризиса. Исследование особенностей текущей макроэкономической ситуации в России позволяет утверждать, что для решения непростых социально-экономических проблем, имеющих место на значительных сельских территориях, система потребительской кооперации, ее руководящий орган – Центросоюз РФ являются действующей силой, способной в определенной степени минимизировать последствия кризиса для сельского населения. Современная научно-техническая революция радикально меняет основные характеристики и бытовавшие ранее в обществе традиционные представления о сфере услуг, то есть о сервисе. Само понятие услуги уже не ассоциируется, как прежде, с достаточно ограниченным ассортиментом, в основном, бытовых услуг. Стремительно утверждается целый спектр новых услуг, сформированный на основе компьютеризации, информационных технологий, новых средств коммуникации и т.д.

Для расширения и интенсификации деятельности системы потребительской кооперации, приобретения влияния на социально-ориентированном рынке, была подготовлена Концепция развития потребительской кооперации до 2010 г., ориентированная на формирование самостоятельной отрасли деятельности – сферы услуг. Современная концепция развития платных услуг в потребительской кооперации нашла дальнейшее отражение в Концепции развития потребительской кооперации до 2015 г. В этой концепции в качестве основной цели определено развитие экономически оправданной системы доступного и качественного сервисного и, в том числе, бытового обслуживания населения. Были намечены основные задачи развития системы обслуживания, основанные на принципах маркетинга:

- оптимизация перечня предоставляемых населению услуг по критериям комплексности, востребованности, эксклюзивности, рентабельности и конкурентоспособности; приближение услуг к населению и налаживание обратной связи с населением, организация мониторинга потребностей;
- развитие сети домов быта, комплексных приемных пунктов, стационарных предприятий с учетом конкурентной среды;
- внедрение выездной формы обслуживания населения в отдаленных и труднодоступных населенных пунктах, прием заказов на оказание услуг в розничной сети, организация обслуживания на дому заказчика;
- организация сезонного обслуживания населения;
- развитие и совершенствование материально-технической базы;
- формирование и реализация единой маркетинговой стратегии, включающей закрепление сегментов рынка по основным услугам.

Успешная реализация поставленных задач позволит потребкооперации занять достойное место в ряду конкурирующих организаций.

В настоящее время наблюдается усиление социальной и экономической значимости сферы услуг, что подразумевает активизацию внимания к ней со стороны государственных структур, органов регионального управления, а также общественных, коммерческих и некоммерческих организаций. Особенно остро ощущается недостаточность обеспечения сервисными услугами среди сельского населения, в широком современном понимании этой проблемы. В двухтысячных годах началась реализация государственного приоритетного национального проекта «Развитие аграрно-промышленного комплекса».

Развитие сельскохозяйственного производства, особенно в аспекте предложенного историческими реалиями импортозамещения будет продолжаться, так как в современных условиях продовольственная безопасность государства является одной из приоритетных.

Восстанавливать сельскохозяйственное производство, создавать приемлемые социальные условия жизни для сельского населения помогает в первую очередь потребительская кооперация во главе с Советом Центросоюза Российской Федерации. Ведь именно потребительская кооперация России в трудные девяностые годы выполняла и выполняет сегодня социальную миссию на селе и в российской глубинке – борьбу с общим запустением и бедностью, обеспечением товарами первой необходимости мелких населенных пунктов (менее 50 жителей), развивает сферу услуг – хотя эта деятельность зачастую достаточно убыточна. В системе потребительской кооперации расходуются значительные средства на социальную поддержку малоимущего сельского населения, инвалидов, оказание жизненно необходимых бесплатных услуг (доставка, дров, вспашка огородов и т.д.). Уже сейчас оказываются услуги 146 видов, значительная часть заработанных от хозяйственной деятельности средств потребительская кооперация расходует на решение социальных проблем, в том числе на развитие пока мало эффективной сферы услуг[3,70].

На основе проведенных, одним из авторов исследований и учитывая, что основополагающим признаком и неотъемлемым атрибутом любой услуги является процесс выполнения (производства) с учетом персонального субъективного потребления, авторы считают возможным предложить, на их взгляд, уточненное определение услуги - как результата непосредственного или опосредованного персонифицированного взаимодействия исполнителя (исполнителей) и потребителя - клиента (потребителей), представляемого (выражаемого) в качестве собственной деятельности исполнителя (исполнителей), деятельности третьих лиц, взаимной деятельности исполнителя (исполнителей) и потребителя-клиента (потребителей) в форме их труда, являющегося полноправным объектом купли-продажи.[2, 45] Таким образом, целесообразно было бы «использование потенциала потребительской кооперации в интересах сельского населения Российской Федерации» - это зафиксировано на заседании Комитета Совета Федерации по АПК. Важно, что потребительская кооперация ведет многоотраслевую деятельность в сельской местности по закупке и переработке, торговле, общественному питанию и бытовому обслуживанию населения. Являясь апробированным исторически инструментом вовлечения населения в экономическую жизнь, потребительская кооперация обеспечивает занятость населения, в том числе альтернативную – несельскохозяйственную, например, в сфере услуг. Одним из основных приоритетов потребительская кооперация считает улучшение демографической ситуации на селе за счет создания рабочих мест именно несельскохозяйственной направленности, что в свою очередь позволит заинтересовать и привлечь сельскую молодежь к работе по основному месту жительства. Причем в определенной степени это позволит ослабить напряженность в сфере обеспечения жильем молодых семей. Хотелось бы отметить, что в национальном проекте «Развитие АПК», в качестве одного из направлений развития, предлагается создание сельскохозяйственных потребительских кооперативов, к которым Федеральный закон «О сельскохозяйственной кооперации» от 8 декабря 1995 г. относит граждан и юридических лиц, являющихся сельскохозяйственными товаропроизводителями, признающими устав потребительского кооператива и принимающими участие в его хозяйственной деятельности. Указанным законом дано определение сельскохозяйственного производителя - это физическое или юридическое лицо, осуществляющее производство сельскохозяйственной продукции, которое составляет в стоимостном выражении более 50% общего объема производимой продукции, в том числе рыболовецкий артель (колхоз), производство сельскохозяйственной (рыбной) продукции и объем вылова водных биоресурсов, который составляет в стоимостном выражении более 70% общего объема производимой продукции, (ст. 1 закона). Кроме, того, в соответствии с п. 2 ст. 13 Федерального закона «О сельскохозяйственной кооперации» Уставом потребительского кооператива могут устанавливаться право и порядок приема в члены потребительского кооператива наряду с сельскохозяйственными товаропроизводителями (гражданами и юридическими лицами иных граждан и юридических лиц, которые оказывают услуги потребительским кооперативам или сельскохозяйственным товаропроизводителям. Число таких членов кооператива не должно превышать 20 % от суммарного числа членов кооператива - сельскохозяйственных товаропроизводителей и членов кооператива-граждан, ведущих личное подсобное хозяйство. Потребительские общества и их союзы, не выступая учредителями сельскохозяйственных потребительских кооперативов, могут быть приняты в члены указанных кооперативов, так как они оказывают услуги сельскохозяйственным потребительским кооперативам или сельскохозяйственным товаропроизводителям (например, реализация сельскохозяйственной продукции, ее хранение).

Возросшие возможности ведения экономической деятельности на предприятиях потребительской кооперации уже в качестве полноправных участников национального проекта «Развитие АПК» в значительной мере способствует развитию и расширению сферы услуг на селе. Ведь с развитием производственной и сельскохозяйственной деятельностей естественно возрастает востребованность в услугах, как платных, так и социально значимых.

Предприятия сферы услуг предполагают обслуживание больших групп населения, имеющих различные уровни дохода, относящихся к различным половозрастным категориями и т.д.

Поэтому необходимо, учитывать при организации процесса оказания услуг значительное количество факторов. Отметим, что для анализа влияния этих специфических факторов услуг на результат их предоставления вполне логично применять современные информационные технологии. Одним из основных факторов, влияющих непосредственно на уровень и качество обслуживания, является квалификация специалистов по сервису, которые способны грамотно и на современном технологическом уровне проводить маркетинговые исследования, организовывать предприятия сервиса и претворять в жизнь новые достижения сферы услуг. Подготовку высококвалифицированных специалистов по сервису обеспечивают учебные заведения потребительской кооперации. Контингент обучающихся и слушателей включает, в том числе, работников различных уровней системы потребительской кооперации.

Литература:

1. Материаловедение. Технология композиционных материалов: Учебник/ Кобелев А.Г., Шаронов М.А., Кобелев О.А., Шаронова В.П. - М.: КНОРУС, 2014-385с.
2. Шаронова В.П. Некоторые особенности развития индустрии гостеприимства на современном этапе // «Фундаментальные и прикладные исследования кооперативного сектора экономики» – 2010. – №3 – с.43-48. – 0,3 п.л.
3. Шаронов М.А. Формирование сферы услуг в системе потребительской кооперации - возможность восстановления благосостояния жителей сельских территорий//Проблемы и перспективы социально-экономического реформирования современного государства и общества. Сб матер. Международной научно-практической конференции, Россия, Уфа-2015.- с. 67-72-0.3 п.л.

Ogandzhanian G.S.
Candidate of technical sciences, CEO LLC “LAD Systems”, Moscow, Russia
Ogandzhanian D.G.
Student at «MATI - Russian State Technological University named after K.E.Tsiolkovsky», Moscow

INNOVATIVE SOLUTIONS OF PROBLEMS OF MULTILAYER OUTER BRICK WALLS WITH TILE EFFICIENT INSULATION IN MASS LOW BUDGET HOUSING CONSTRUCTION IN RUSSIA

The article summarizes the main structural problems of multi-layer outer brick-clad walls with efficient insulation in low budget low / high-rise residential buildings in Russia, provides rationalization for developing scientific and technological basis for production of innovative composite wall foamthermoblock systems and using them when constructing multilayer outer walls. Rigid polyurethane foam, being used as high performance insulation material as well as material to form blocks, allows to make long-life building facades with the modest thicknesses and weigh with high thermotechnical, insulating and strength characteristics.

Key words: multi-layer wall, efficient insulant, rigid polyurethane, high adhesive property, composite wall foamthermoblock.

Today about 25% of all facade structures of low / high-rise residential buildings in Russia have multilayer outer walls of hollow brick-work (face brick + insulant + reinforced concrete, lightweight concrete or ceramic block, etc.) With introduction of new constructive solutions and optimization of energy consumption regulations for residential areas, the legal and regulatory basis, developed for precast large-panel house building, rapidly growing since mid-20th century, as well as for buildings with stone (brick) walls does not correlate to requirements of modern construction technologies.

Nevertheless, the volume of construction of residential low/high-rise buildings with similar brick-clad wall structures has been growing since late 90s in all Russian regions, on account of being in demand and relatively cheap. Each year about 80 mln sq m is being built in Russia, with 2 billion sq m being required in the coming decades. Tightening of energy consumption regulations for residential areas [5] indispensably leads to use of efficient insulation in constructive layers of outer walls. The use of efficient insulation in outer walls allows to significantly lower heat loss, also thinning the wall thickness in general. Thus, while brick outer walls without efficient insulant in Central Russia shall be as thick as 2000mm out of heat saving requirements, 200mm is enough when using the efficient insulant.

Picture 1. Demonstration of problems with multi-layer brick facades. [6]

This fact determined the designers' choice of multilayer constructive solutions with application of efficient insulant for outer walls of buildings that have been massively constructed in the last 2 decades. The so-called "layered" or hollow brick-work, for example, three-layered, is based on use of heat saving insulant as a middle layer between the outer nonbearing layer (decorative protective, made of brick or other small piece material) and the inner bearing layer of the wall. However, lately, collapse of walls due to split or fall of parts of brick facing of different size has been happening in the buildings constructed using the three layer outer wall method. (pic.1.) [6]. Even taking into the account the unconditional advantages of multi-layer constructive solutions with efficient insulation over one-layered, the lack of necessary scientific and technological basis leaves open the main problem of their use in construction.

The lack of adequate vapor barrier between the efficient tile insulation and adjacent wall layers typical of such wall structures means that the dew point is situated in the inner face brick layer of the wall, leading to freezing of moisture, accumulated in the "body" of the face brick, which is numerously prone to freezing and defrosting throughout a year. Taking into account the fact that face brick is a rather long-life material, its collapse in the outer wall is mostly attributed to the proximity and interaction with efficient insulation [1,3,4].

Thus, mechanical and physical, chemical and other features of the efficient tile insulation as well as terms of interaction with adjacent materials, determines the quality of outer walls. It requires experimental research and development of new production technologies, aimed at introduction in mass housing construction of innovative high-efficient (energy saving and long-life) materials in outer walls.

It is sad to note that nowadays the lack of low budget constructive solutions for multi-layered walls with application of efficient insulation backed by the necessary legal and regulatory basis and in demand by the market suitable for the Russian climate is a major problem for the construction community. Moreover, the destructive processes going in these structures led to them being forbidden. [2] In view of the above, since the year 2014, LLC "LAD Systems" has developed in its laboratory the pilot production and is making research of innovative system of composite wall bock - foamthermoblocks for outer and inner walls, including all structural wall layers – effective insulations, brick facade and inner layer (Pic. 2). Production of composite structural wall foamthermoblocks is based solely on high adhesive quality of rigid polyurethane towards different materials during foam forming, while grouting interstructure space of polyurethane.

The use of rigid polyurethane as an insulation and binding material for getting geometrically perfect wall blocks of the lowest weight, higher thermo technical and strength characteristics as well as high strength-density ratio in special press-forms (matrices) solves many problems, emerging in outer walls.

The innovative quality of the composite structural wall foamthermoblocks for outer walls is its usage of ingenious combination of heat insulating (thermal conduction coefficient, λ =0,025 W/m·°C), vapor insulating (vapor transmission coefficient μ =0,018 mg/m·hr·Pa) and high adhesive qualities of rigid polyurethane towards different materials for getting composite structural wall foam blocks, providing the in-demand façades of face brickwork of minimal thinness.

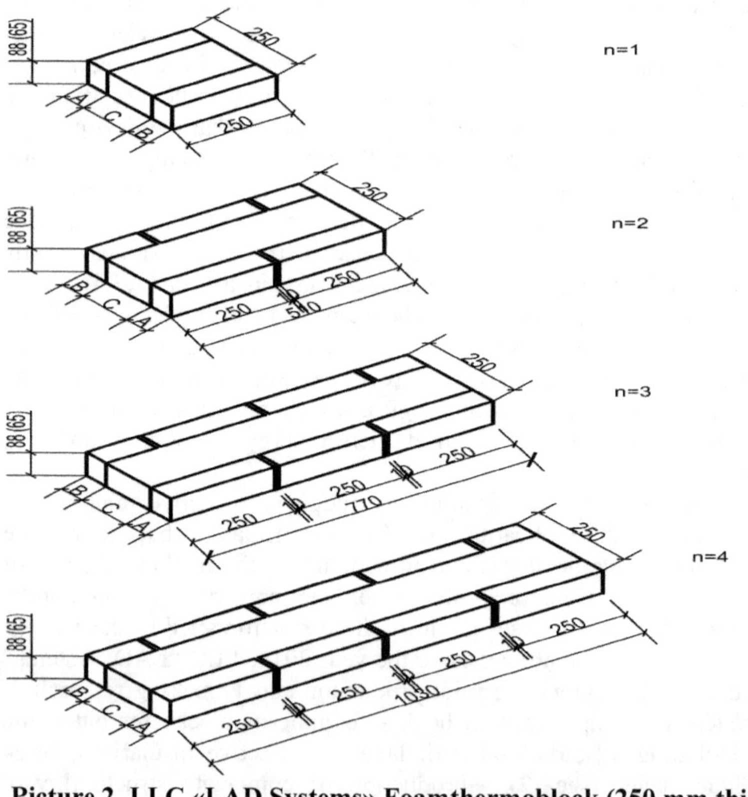

Picture 2. LLC «LAD Systems» Foamthermoblock (250 mm thick version)

(n – number of bricks in the block; A – thickness of outer layer made of face brick, B - thickness of inner layer made of ceramic stone, silicate, concrete or other material; C – thickness of the layer of poured efficient insulation made of rigid polyurethane; 88(65) – height of standard face brick in Russia, mm; 10 – thickness of vertical masonry joint, mm).

The use of rigid polyurethane as a blocking material allows to build wall blocks of the lowest weight, higher thermo technical and strength characteristics as well as high strength-density ratio. Commercial production for a short period can be organized due to the fact that no wet processes are involved. Composite wall foamthermoblock production technology allows to launch production in any region and even at the construction, if the volumes are sufficient, with application of local construction materials (brick, foam-, gas-, foam polystyrene-, concrete-, silicate blocks, etc). The most in-demand are composite foamthemroblocks for outer bearing walls of low-rise building, as well self-supporting walls of high-rise frame buildings.

Composite foamthemroblocks for outer walls, which have no counterparts, may be categorized as innovative material in construction area of energy efficient outer walls. As an option, composite foamthermoblocks may have the structure where the inner heat-insulating layer of rigid polyurethane connects into a whole monolith the face part of the face brick and foamconcrete block of the same height or a part of standard perforated brick sawn across at a distance, determined by thermotechnical calculations. At that, the length of foamthermoblocks may vary from the length of one brick (250 mm) to the length of 4 bricks (1000mm) (pic.2).

The thickness of composite foamthermoblocks for self-supporting walls of the coldest Russian region, The Sakha Yakutia Republic, may be no more than 350 mm, and the volume weight of the wall will not exceed 1100 kg/cu m, with specific weight of the wall less than 350 kg/sq m. The preliminary research showed that compressing strength of a wall made of such foamthermoblocks with brick mortar M100 -150 shall make 40-50% of the strength the brick, forming the block with the strength of foamthermoblocks being no less than 80% of strength of the brick, forming the block. Thermotechnical calculations of the outer wall of such blocks show that with the wall thickness of 250mm (brick+rigid polyurethane+brick+plaster), thermal resistance Rc equals:

$Rc = 1/\alpha_в + R_1 + R_2 + R_3 + R_4 + 1/\alpha_н = 1/\alpha_в + Rc + 1/\alpha_н =$
$1/8{,}7 + 0{,}09375 + 5{,}2 + 0{,}09375 + 0{,}023 + 1/23 = 5{,}57$(Вт/кв.м С),

Which, even with minimal thermal uniformity coefficient of the wall K equaling 0,65, provides thermal resistance Rc equaling 3,5 W/sq m C. At that, low vapor transmission of rigid polyurethane makes it unnecessary to use extra vapor insulating layer. Composite wall foamthermoblocks with due structural parameters may be used also for inner bearing and self-supporting walls and partitions. The fundamental difference of composite wall foamthermoblocks for inner walls and partitions from façade foamthermoblocks is lesser thickness of rigid polyurethane (10-50mm), due to moderate heat saving requirements to inner walls and partitions. If thickness of inner bearing wall, as a rule, due to calculation of strength, stableness and deformability of the wall may be no less than 250 mm, then the thickness of partitions is mainly conditioned by requirements to strength, stableness and acoustic isolation and may equal 60 mm and more.

The use of rigid polyurethane as a blocking material allows to significantly lower the weight of inner walls and partitions as compared to common materials. Thereat, tiles of different thickness (from 15 mm to 105 mm), produced by sawing face and course perforated bricks lengthwise may be used as outer structural layer of the blocks.

As an option, composite wall foamthermoblock for inner walls may consist of 3 layers – structural layer of the face and course perforated bricks sawn lengthwise (ordinary, sesquialter or other format), inner structural layer made of the other part of the sawn brick and middle layer made of rigid polyurethane of 20-50 mm thickness, connecting them into a whole monolith. Thereat, to get the fit-out surface of the inner walls of face brick, inner surface of fac bricks may be used as inner layers, making unnecessary the expenses for fit-out of inner walls (for ex.,) inner walls of public places in residential high-rise buildings). The height of such foamthermoblock is regulated by the format of the brick, forming the block.

The researches are planned to be held to design algorithms of thermotechnical and strength calculations of wall structures and, as a whole, to develop scientific and technological basis for introduction of an innovative product with exaplanation of the following main technical parameters:

- universality principle of foamthermoblocks;
- Optimization of geometric formats of composite wall foamthermoblock systems for various climates depending on its strength and heat-saving requirements;
- Pilot design of the building with outer and inner wall out of foamthermoblocks;
- Within cooperation with strategic partners, introduction during construction of pilot residential building with outer and inner walls made of foamthermoblocks and further increase of its volume in construction of low/high-rise buildings.

Whereby, among the key expected competitive advantages of the innovative product under development are:

- availability of legal and regulatory basis and scientific and technological basis for production and introduction of an innovative wall energy-efficient foamthermoblocks, providing the outer and inner wall construction with the necessary operational qualities;
- lasting quality of outer walls;
- optimization (minimization) of outer and inner walls thickness, allowing to enlarge usable floor area;
- optimization (minimization) of outer and inner wall weight, resulting from minimal thickness, leads to less load on the bearing structure;
- low cost (cost effective) due to low material consumption and high technological effectiveness of composite foamthermoblocks production and

brickwork process (preliminary, introduction of composite foamthermoblocks will cut cost of facades by 170%);

- high technological effectiveness of working process and, as a result, good performance while building outer and inner walls is reached by low material consumption of structures and realization of low productive brickwork in workshops, using enlarged formats of composite foamthermoblocks for outer and inner walls. Thereat, prime cost of certain composite wall foamthermoblocks, consisting of the cost of elements making the block and expenses for its production, and, consequently, cost of the ready wall, may vary greatly depending on the budget requirements.

Список литературы:

1.Ищук М.К., Зуев А.В. Исследование напряженно-деформированного состояния лицевого слоя из кирпичной кладки при температурно-влажностных воздействиях. // ПГС №3,2007 г.,с. 40-43.
2. Журнал "Технология строительства №1 2009 г.
3.Новиков А.В. Дефекты в облегченной кирпичной кладке. //Кровля.Фасады.Изоляция. №6,2007 г
4.Новиков А.В. Причины возникновения дефектов в облегченной кладке. /Технология строительства №4(52),2007 г.
5.Федеральный закон от 23 ноября 2009 г. № 261- фз "Об энергосбережении и о повышении энергетической эффективности и о внесении изменений в отдельные законодательные акты Российской Федерации". 6. http://parthenon-house.ru/content/articles/index.php?SECTION_ID=265 (дата обращения: 03.02.2014)

УДК 621.3

Пугачев Е.В. профессор, д.т.н, **Кипервассер М.В.** доцент, к.т.н, **Аниканов Д.С.** аспирант, **Гуламов Ш.Р.** аспирант, ФГБОУ ВПО СибГИУ

ОСОБЕННОСТИ МАТЕМАТИЧЕСКОГО МОДЕЛИРОВАНИЯ ЭЛЕКТРОТЕХНИЧЕСКИХ КОМПЛЕКСОВ, ИМЕЮЩИХ В СОСТАВЕ ТЕХНОЛОГИЧЕСКИЙ АГРЕГАТ И ЭЛЕКТРИЧЕСКУЮ МАШИНУ

Большинство современных технологических процессов в качестве основного энергоносителя использует электроэнергию, а в качестве привода – электрический двигатель. С энергетической точки зрения, работа электродвигателя сопровождается непрерывным процессом преобразования электрической энергии в механическую. Сама электрическая энергия, как продукт, практически полностью в настоящее время является результатом обратного преобразования механической энергии в электрическую в электрогенераторе. Источником механической энергии для электрической машины – генератора являются разного рода двигатели. В целом можно отметить, что преобразование видов энергии в электрической машине, сопряженной с механизмом, является характерной чертой работы большинства технологических агрегатов.

В общем случае агрегаты имеющие в своем составе технологическую машину и приводной электродвигатель обозначается термином «электротехнический комплекс». Работа узлов и деталей электротехнических комплексов сопровождается интенсивным воздействием механических нагрузок, что с течением времени неизбежно приводит их в неработоспособное состояние. Степень внезапности и сложности повреждения определяет продолжительность простоя оборудования, затраты на ремонт, размер ущерба. В этой связи рациональным образом организованная диагностика состояния эксплуатируемого оборудования является одним из условий бесперебойной работы агрегатов и предприятия в целом. [1].

Для своевременной и качественной косвенной оценки механических повреждений и диагностики работающего электротехнического комплекса важно знать диапазоны изменения его рабочих параметров в нормальных и возможных аварийных режимах работы.

Получение подобной информации возможно путем натурных исследований реальных объектов или при помощи изучения характеристик технологических комплексов на адекватных математических моделях. В этой связи построение алгоритмических моделей электротехнических комплексов, пригодных для исследования с применением специализированных программных сред с подходящим математическим аппаратом, является актуальной задачей.

В работе представлены алгоритмические модели следующих электротехнических комплексов: ленточный конвейер с приводным асинхронным электродвигателем предназначенный для транспортировки угольной массы; гидротурбина с сопряженным с ней синхронным генератором работающей с сеть бесконечной мощностью.

Функциональная структуры для ленточного конвейера изображена на рисунке 1:

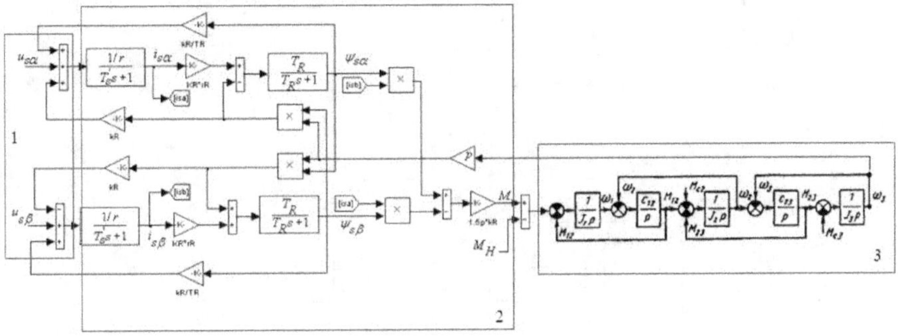

Рисунок. 1-Структурная схема ленточного конвейера

Полученная в процессе моделирования система уравнений решена в среде программирования Matlab [2]. Для этого составлена функциональная структура процесса расчета (рисунок.1), включающая источник питания (1) представленный блоком, подающим на вход асинхронного двигателя переменное напряжение U=380 В и частотой f=50 Гц; блок асинхронного двигателя (2) составленный при помощи звеньев из библиотеки Simulink и механическую трехмассовую часть ленточного конвейера, (3), характеризующую моменты инерции и жесткость связей описанную функциями Integrator. Связь между блоками осуществляется сумматорами. Полученные данные в результате моделирования аварийного режима свидетельствуют о том, что механические повреждения конвейера типа заклинивания грузонесущих роликов вызывают увеличение потребляемой конвейером энергии, что проявляется в увеличении параметров потребляемой из сети электрической мощности. При этом переходный процесс в цепи статора длится 0,024 с. Скорость двигателя при этом снижается на 0,04 %, а ток статора электродвигателя возрастает на 0,45-0,52 % от текущих значений в нормальном режиме. [3]

Таким образом постоянное отслеживание моментов изменения тока статора и сопоставления их со скоростными условиями работы привода может быть использовано в качестве косвенного диагностического сигнала, предупреждающего о возникновении аварийной ситуации на транспортном участке конвейера.

Другим вариантом рассматриваемого комплекса электрооборудования является гидротурбина с синхронным генератором, функциональная структура которой представлена на рисунке 2.

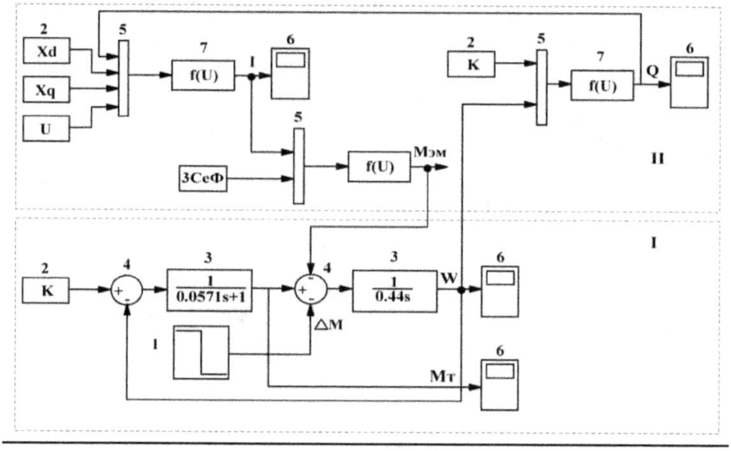

Рисунок 2. Функциональная схема агрегата, имеющего в своём составе гидротурбину и синхронный генератор: (механическая часть – I); (электрическая часть –II)

На приведенной схеме приняты следующие обозначения: 1- блок задания с выдержкой времени, 2- блок задания постоянной величины, 3-блок перехода с одной системы координат в другую [выходной сигнал блока моделирует момент турбины], 4- блок суммирования, 5- блок ввода заданных постоянных величин, 6- блок измерения исследуемых параметров, 7- блок задания математического выражения [блоки моделирование величин тока, момента и угла θ]. [4]

Основными видами неисправностей гидравлической турбины являются: разрушение поверхностей рабочих лопаток, вызванное попаданием в рабочую камеру посторонних предметов и другими причинами (кавитацией); нарушение центровки и балансировки вращающихся частей; дефекты скользящей поверхности опорного подшипника турбины; повышенная вибрация вызванная резонансными и другими явлениями. В ходе эксперимента моделировалось аварийная ситуация с заклиниванием и разрушением опорного подшипника ротора гидравлической турбины. В качестве эталонного принято отклонение момента на валу турбины, вызванное аварийным событием, не выше 15% от номинального.

Из полученных в ходе моделирования величин электрических параметров при работе синхронного генератора параллельно с сетью следует, что: переходные процессы носят апериодический характер, время протекания переходных процессов и постоянные времени составляют соответственно 0,8 с. и 0,2 с, отклонение величины тока статора синхронного генератора составляет около 45%.

Полученные в ходе моделирования оценки параметров синхронного генератора, работающего параллельно с сетью и сопряженного с гидравлической турбиной, позволяют установить наличие устойчивой связи между происходящими аварийными событиями механической части и электрическими параметрами агрегата. В свою очередь наличие такой связи даёт возможность использовать отклонения электрических параметров в аварийных режимах для защиты гидроагрегата от механических повреждений.

Таким образом, установлена возможность косвенной оценки механических повреждений различных агрегатов по изменению хорошо измеряемых электрических параметров электротехнических комплексов.

Список литературы

1. Бигер И.А. Техническая диагностика. –М.: «Машиностроение», 1978.-240 с.
2. С.Г. Герман-Галкин. Компьютерное моделирование полупроводниковых систем. -Санкт-Петербург. "КОРОНА принт", 2001.
3. Об использовании метода контроля состояния машин технологических агрегатов по энергетическим параметрам привода. Изв. вузов. Чер. металлургия. – 2013. - № 12. – С. 31 – 33 Савельев А.Н., Кипервассер М.В., Аниканов Д.С. Реморов В.Е.
4. Пугачев Е.В. Кипервассер М.В. Гуламов Ш.Р. Динамические характеристики системы гидротурбина – синхронный генератор работающей на автономную нагрузку в аварийных режимах. / Вестник Таджикского национального университета, 2014, № 1/2 (130).с. 117-124.

Ерохин А.П.
Московский авиационный институт
(национальный исследовательский университет)
г. Москва, РФ
A-Erokhin@yandex.ru
Денискин Ю.И.
профессор, д. т.н., Московский авиационный институт
(национальный исследовательский университет)
г. Москва, РФ
Yury.Deniskin@mai.ru

ВОПРОСЫ СГЛАЖИВАНИЯ УЧАСТКА АЭРОДИНАМИЧЕСКОГО ПРОФИЛЯ, ИМЕЮЩЕГО НЕРЕГЛАМЕНТИРОВАННУЮ ВОГНУТОСТЬ С УЧЕТОМ ОГРАНИЧЕНИЯ НА ОТКЛОНЕНИЕ ОТ ИСХОДНЫХ КООРДИНАТ

Исходной информацией при проектировании крыла летательного аппарата является аэродинамический профиль. Требование выдерживания его формы в процессе конструирования и изготовления крыла является первоочередным, по сравнению с требованиями компоновки, технологичности и т.д. В настоящее время информация об обводах профилей обычно представляется в виде упорядоченного дискретного точечного базиса. Координаты точек профиля получают путем замера экспериментальной модели. При этом возможны погрешности, обусловленные как точностью изготовления модели, так и точностью измерений. Вследствие больших погрешностей, сплайн, интерполирующий обвод профиля, а также графики его производных могут иметь резко выраженные осцилляции. В этих случаях возникает необходимость сглаживания обвода путем отклонения от некоторых заданных точек.

Для решения данной задачи весьма эффективен разработанный А. Д. Тузовым метод интерполяции со сглаживанием, основанный на использовании параметрических сплайнов [3, 61]. Особенностью метода является то, что в нем предложен четкий итерационный процесс сглаживания и доказано, что этот процесс является сходящимся. В данном методе весовые коэффициенты определяются на основе погрешности задания i -й точки обвода δ_i.

Как показали проведенные исследования, в некоторых случаях применение сглаживания кубическими сплайнами не позволяет устранить имеющиеся нерегламентированные (непредусмотренные) изменения знака кривизны в узлах сплайна.

Пример такого обвода показан на рис. 1. На рисунке представлена верхняя половина симметричного выпуклого профиля вертикального оперения среднемагистрального пассажирского самолета. У данного профиля можно выделить два участка с разным характером нерегламентированных изменений знака кривизны.

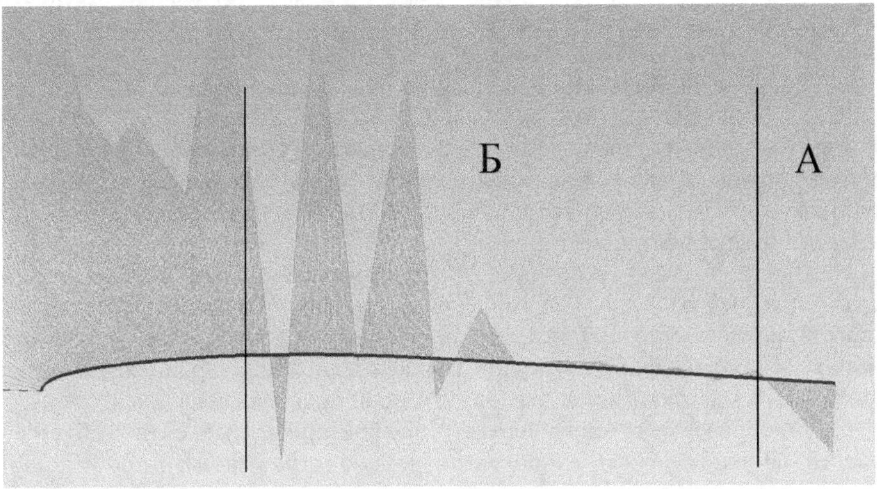

Рис. 1 График кривизны участков профиля, не сглаживаемых методом кубических сплайнов

В данной работе рассматривается сглаживание участка «А». Его составляют несколько точек хвостовой части, на которых имеет место вогнутость обвода. Как видно из рис. 1, кривизна обвода на данном участке имеет знак, противоположный требуемому, и её график монотонно убывает на всем протяжении участка. Проведенные расчеты показали невозможность устранения имеющейся вогнутости по методу А. Д. Тузова вследствие весьма малых ($10^{-8}…10^{-6}$ мм) значений погрешности задания точек участка.

Таким образом, погрешность δ_i, геометрически интерпретируемая как половина величины отклонения упругой рейки в точке i при ее освобождении, в данном случае является недостаточно эффективным критерием гладкости обвода. Следовательно, для разработки методики сглаживания рассматриваемого типа обводов требуется определить более эффективные критерии гладкости, чем предложенный в методе сглаживающих сплайнов.

Для нахождения критериев гладкости кривой авторами был рассмотрен разработанный Э. В. Егоровым метод нахождения уравнения базовой интегральной кривой для описания линий-параметроносителей поверхностей самолетов, описанный в [2, 88]. Отличительной особенностью метода является то, что уравнение кривой ищется исходя из условия её выпуклости. Данный метод позволяет находить уравнение выпуклой кривой $S(x) \in C^2$, проходящей через две точки a и b, имеющие второй порядок фиксации, т.е. если в этих точках определены значения функции, её первые и вторые производные. Уравнение базовой интегральной кривой представляет собой полином 8-й степени вида:

$$S(x) = a_8x^8 + a_7x^7 + \cdots + a_2x^2 + a_1x + a_0. \quad (1)$$

Ввиду четной степени используемого полинома кривые линии такого типа при определённых краевых условиях не всегда существуют. Поэтому, помимо методики определения коэффициентов уравнения (1) в данном методе определены необходимые и достаточные условия существования базовой интегральной кривой, используемые для проверки и изменения координат исходных точек.

Ввиду особых требований, предъявляемых к координатам точек, служащих исходными данными для построения базовой интегральной кривой, на основе необходимых и достаточных условий её существования, авторами разработаны критерии гладкости кривой, проходящей через какие-либо две точки a и b, имеющие второй порядок фиксации.

Для проверки точек на соответствие критериям гладкости требуется ввести функцию $S(x)$, аппроксимирующую сглаживаемый обвод. Для обеспечения второго порядка фиксации точек a и b по какому-либо методу рассчитываются значения первой и второй производных аппроксимирующей функции в этих точках. После этого проводится нормирование отрезка $[x_a, x_b]$ и проверяется выполнение неравенств, соответствующих необходимым и достаточным условиям существования базовой интегральной кривой.

Разработанная авторами процедура сглаживания участка «А» заключается в проверке выполнения критериев гладкости обвода на отрезке $[x_a, x_b]$ и изменении значения y_b при их невыполнении.

В качестве точки a выбирается такая точка, лежащая в носовой части обвода (не принадлежащая участку «Б»), в которой значение второй производной аппроксимирующей функции существенно меньше нуля.

В качестве точки b последовательно подставляются точки сглаживаемого участка. В точках a и b рассчитываются первая и вторая производные аппроксимирующей функции, и проверяется выполнение критериев гладкости обвода. При невыполнении критериев производится корректировка y_b до значения, при котором они будут выполняться.

Во избежание возможного ухудшения аэродинамических свойств сглаживаемого обвода в процедуру сглаживания включена проверка условия выдерживания заданной величины отклонения от исходных координат, равной 3%.

На рис. 2 показан обвод, сглаженный по разработанной процедуре, и график его кривизны.

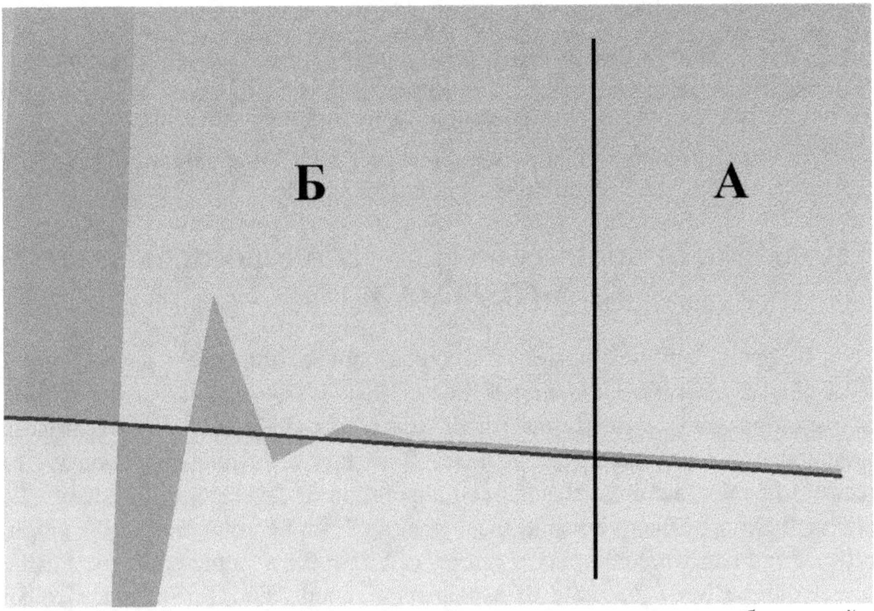

Рис.2 График кривизны участка «А», сглаженного по разработанной процедуре

Применение разработанной процедуры, как видно из графика кривизны сглаженного обвода, позволило устранить имевшуюся нерегламентированную вогнутость обвода. Таким образом, проведенные исследования подтверждают обоснованность предложенных критериев гладкости обвода, а также эффективность применения разработанной процедуры для сглаживания обводов, имеющих участки с протяженной нерегламентированной вогнутостью, при соблюдении заданных ограничений на отклонение от исходных координат.

Литература:

1. Давыдов Ю.В., Злыгарев В.А. Геометрия крыла. М.: Машиностроение, 1987. 136 с.
2. Прикладная геометрия. Научные основания и применение в технике / Ю.И. Денискин, Э.В. Егоров, Л.Г. Нартова, М.Ю. Куприков; Под ред. Л.Г. Нартовой и Э.В. Егорова. М.: Изд-во МАИ-ПРИНТ, 2010. 388 с.: ил.
3. Тузов А.Д. Сглаживание функций, заданных таблицами // Методы сплайн функций. Вычислительные системы. Вып. №68. Новосибирск: 1976. С. 61-66.

Volkova E.A.
Senior lecturer of Department of Computer Science, Ural State Mining University
Druzhinin A.V.
Head of Department of Computer Science, Ph.D., Associate Professor, Ural State Mining University

MODELING OF MINING COMPLEX TECHNOLOGICAL STATE WITH PETRI NETS

Technical facilities must meet the requirements of business processes at a lower cost of operation and maintenance. Nowadays, referring to the mining complex and transport systems, there are two promising areas of process automation, which help to achieve this task – timely diagnosis of electromechanical equipment units and adaptation of drive control systems. To achieve the most effective result, these solutions can be combined into a single software and hardware complex (Figure 1). Within the a single complex, for the correct diagnosis of the state of system components and for selection of an effective method of drive control at a particular time we have to receive complete and unambiguous information about the current state of the object.[1,335]

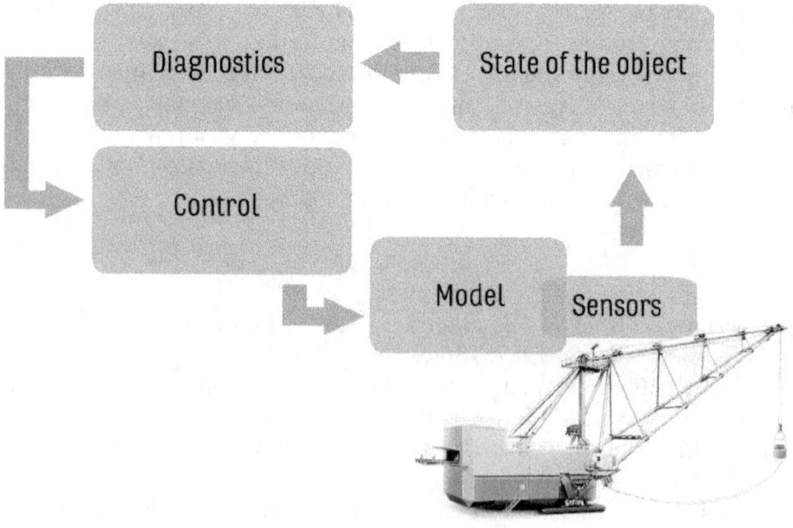

Figure 1. The structure of software & hardware complex

In order to determine the state of an object, it is necessary to assess the significance of each particular state parameters, as well as make a list of states, in which the object can be located. The most appropriate mathematical apparatus to describe the states of the units of mining complex are the Petri nets.

For example, let us make a model of excavator states. In the simplest case, the relocation process of excavator can be represented as a sequence of states, and can be described using a temporal Petri net (Figure 2).

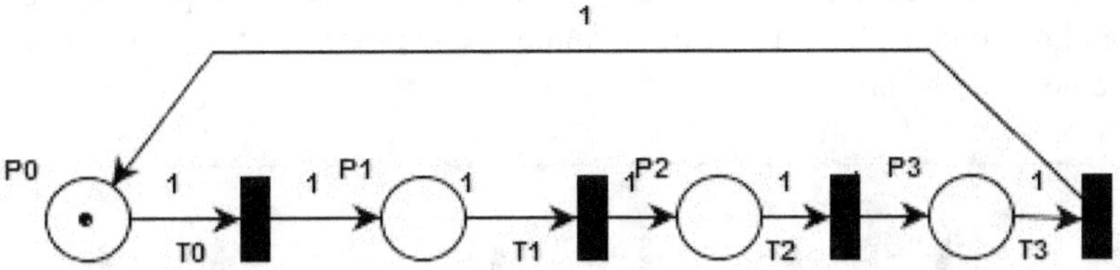

Figure 2. Petri net for the relocation cycle of excavator

On Figure 2, state P_0 – acceleration, P_1 – steady motion, P_2 – braking, P_3 – stop. In this net, every state have only one transition to another state. But this net descries only relocation, as the excavator also has the operation cycle, secondary cycle and standing mode.

The operation cycle consists of twelve states (Figure 3).

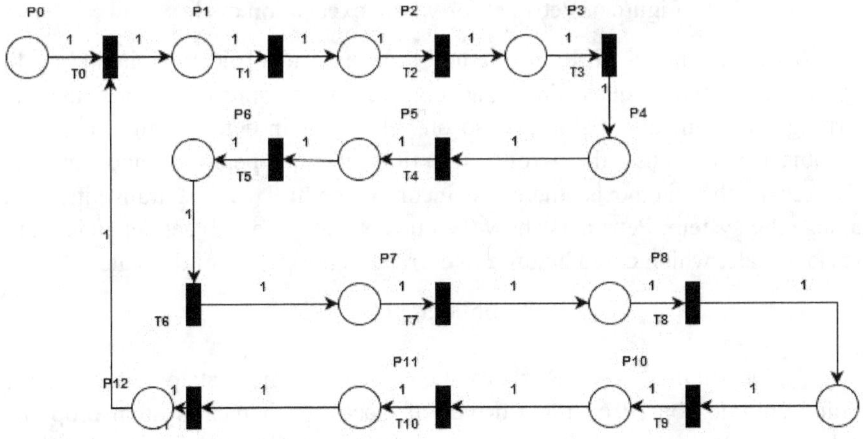

Figure 3. Operation cycle of excavator

On Figure 3, P_0 – standing mode, P_1 – rotating of the platform, P_2 – lowering of empty scoop, P_3 – opening empty scoop, P_4 – excavation, P_5 – closing of full scoop, P_6 – lifting of full scoop, P_7 – rotating of the platform back, P_8 – lowering of full scoop, P_9 – opening the full scoop, P_{10} – removing the rock, P_{11} – closing of empty scoop, P_{12} – lifting of empty scoop. State changes sequentially, from P_1 to P_{12}.

The whole cycle is rather complicated and can be represented as the Petri net on Figure 4. The transition to the standing mode can be caused by a breakdown of the unit or by external factors, so every state can probably go into the standing mode. There also can be some secondary operations, which are not represented in this model.

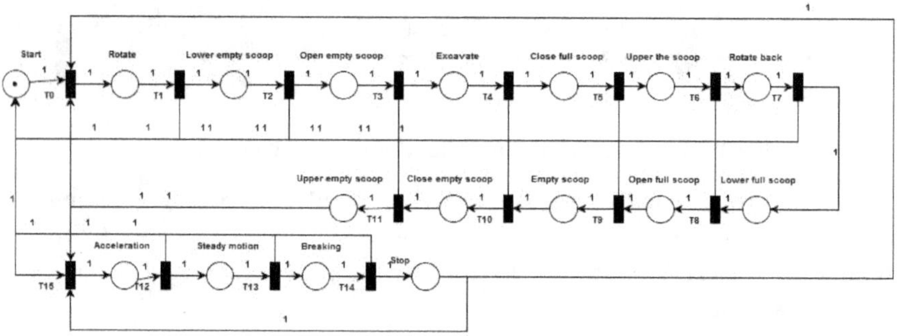

Figure 4. Petri net for whole excavation cycle

There are many different methods for state identification, including the regression method, quasi-linearization, stochastic approximation, machine learning, invariant immersion and so on. The error in determining the state of the object may cause the wrong selection of the operation mode and the mistakes in the diagnosis, therefore incorrect control can be transmitted and damage the system. Petri nets show the current state of an object depends on the previous state, which could be used to correct identification of the state.

Bibliography:

1. Druzhinina E.A., Ryzhkov D.S. Technological state recognition of mining complex based on main drives of electromechanical system properties analyses. // International Scientific and Practical Conference "Ural Mining School for the Regions", Ekaterinburg: URSMU, 2012. – P.335-336.

Быкова И.С. - аспирант кафедры летательных аппаратов аэрокосмического института ФГБОУ ВПО «Оренбургский государственный университет»

Рипадчев А.Д. - д.т.н., доцент, заведующий кафедрой летательных аппаратов аэрокосмического института ФГБОУ ВПО «Оренбургский государственный университет»

Горбунов А.А. - к.т.н., старший преподаватель кафедры летательных аппаратов аэрокосмического института ФГБОУ ВПО «Оренбургский государственный университет»

МЕТОД АВТОМАТИЗИРОВАННОГО ПРОЕКТИРОВАНИЯ ФЮЗЕЛЯЖА ВОЗДУШНОГО СУДНА

Как объект проектирования современное воздушное судно (ВС) представляет собой сложную техническую систему, имеющую множество взаимосвязанных элементов, иерархическую структуру. Для изучения и анализа ВС его разделяют на функциональные подсистемы, которые в свою очередь, состоят из различных элементов и более мелких подсистем. Например, фюзеляж выделяют как подсистему обеспечения целевой функции, которая может состоять в транспортировке грузов, пассажиров, выполнения спасательных операций и т.д., в зависимости от назначения ВС[1].

Отмеченные выше особенности ВС обуславливают необходимость применения системного подхода к его проектированию, что подразумевает решение комплексных задач и четкую организацию в исследовании, определении необходимых параметров ВС и планировании.

При современных ускоряющихся темпах научно- технического прогресса сроки на исследования, составление ТЗ, собственно проектирование ВС должны быть максимально сжатыми, чтобы не утратить новизну и оригинальность решений. Поэтому принятие технических и организационных решений, проектировочные расчеты, управление некоторыми этапами жизненного цикла изделия осуществляется на сегодняшний день автоматизированно.

В процессе определения основных параметров ВС и синтеза его облика связываются воедино различные аспекты проектирования, касающиеся исследования геометрических, весовых, аэродинамических и других характеристик, находят компромисс между противоречивыми требованиями о наибольшей грузоподъемности и наименьшей возможной взлетной массе, об обеспечении наилучших аэродинамических характеристик и технологичности. Автоматизация проектных работ призвана избежать критических ошибок, допущенных человеком и влияющих на результат проектирования, достичь выполнения поставленных целей проектирования при определенных ограничениях, принятых в техническом задании и установить четкие критерии оценки результатов проектирования[2].

Одним из самых сложных агрегатов ВС, по назначению и функциональным признакам является фюзеляж (подсистема обеспечения целевой функции). Определение его основных параметров и характеристик, в том числе и автоматизированное, производят совместно с параметрическими расчетами других частей ВС. Из условия назначения ВС и его размещения его содержимого выявляются основные размеры и конструктивно-геометрические параметры фюзеляжа, форма его поперечного сечения и т.д. Автоматизация расчета различных групп характеристик фюзеляжа (конструктивно- геометрических, массовых, прочностных, аэродинамических), позволяет сократить сроки проектирования и вынести решение об эффективности проектируемого ВС с учетом его значимых характеристик. Таким образом, метод проектирования фюзеляжа ВС должен включать автоматизацию процедур проектирования, информационное, программное, алгоритмическое обеспечение. Общая последовательность и схема метода автоматизированного проектирования фюзеляжа ВС представлена на рисунке 1 и включает в себя несколько программных модулей:

– для расчета различных групп характеристик фюзеляжа (конструктивно– геометрических, массовых, энергетических, прочностных, аэродинамических, эргономических)[3];

– для исследования аэродинамических характеристик ВС, полученных на предыдущем этапе (на базе CAE решателя OPEN FOAM)$

– для построения трехмерной модели ВС (САПР КОМПАС).

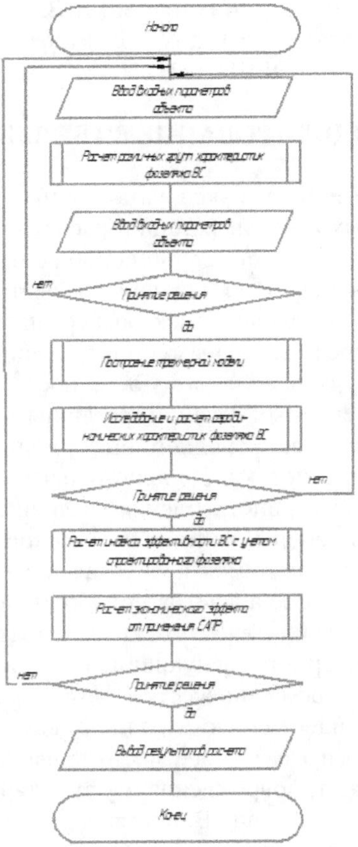

Рисунок 1 — Общая последовательность и схема метода автоматизированного проектирования фюзеляжа ВС

Список литературы

1. Федеральная целевая программа «Развитие гражданской авиационной техники России на 2002-2012 годы и на период до 2015 года». – СПС «Консультант +».

2. Припадчев, А.Д. Программа для расчета конструктивно–геометрических параметров ЛА. Свидетельство о государственной регистрации программы для ЭВМ № 2010611603. Зарегистрировано в Реестре программ для ЭВМ 26 февраля 2010 г./ А.Д. Припадчев, А.В. Чеховский. – М.: Федеральная служба по интеллектуальной собственности, патентам и товарным знакам, 2010. – 1 с.

3. Припадчев А.Д. Определение оптимального парка воздушных судов. – М.: Академия Естествознания, 2009. – 240 с. ISBN 978-5-7410-0954-3.

Каминский А.В.
старший преподаватель кафедры «Электроэнергетические системы»
филиала ФГБУ ВПО «НИУ «МЭИ» в г. Смоленске

АНАЛИЗ И МОДЕЛИРОВАНИЕ КАБЕЛЬНЫХ ЛИНИЙ 6-10 КВ

Исследование и анализ эксплуатационных показателей и характеристик высоковольтных кабельных линий распределительных электрических сетей с применением методов теории подобия позволяет увеличить достоверность получаемых оценок и улучшить качество прогнозов по надежности передачи и распределению электроэнергии потребителям. Исследование кабельных распределительных сетей традиционными методами не всегда позволяет получить приемлемую точность и достоверность, так как многообразие применяемых сечений, различия в условиях прокладки, неоднородность и качество исходной информации не позволяют собрать представительную статистику. Дополнительные сложности создает отличие характеристик электропотребления различных объектов, получающих электроэнергию по кабельным линиям высокого напряжения. При таком положении каждая исследуемая кабельная линия имеет индивидуальные особенности и полных ее аналогов подобрать не представляется возможным. Исследование таких линий могут выполняться только индивидуально, что затрудняет сбор и последующий анализ информации об эксплуатации линии. В то же время множество электрические кабели имеют сходную конструкцию, идентичную изоляцию, возможен подбор аналогов по условиям прокладки и т.д. Особое место в анализе эксплуатационных характеристик занимают повреждения муфт, старые механические повреждения и старение изоляции. В нормальном эксплуатационном режиме при протекании токов в жилах кабелей выделяется достаточно много тепла. Неравномерность суточных графиков приводит повышению температуры кабеля в определенные часы суток максимумов нагрузки и понижению температуры в часы снижения нагрузочных токов. При наличии микротрещин в оболочке кабеля (старые механические повреждения) через такие поры внутрь оболочки может проникать влага, накопление которой может привести к снижению уровня изоляции и провоцирует ее пробой. Ускорение старения изоляции вследствие выделения тепла и повышения температуры при протекании электрического тока по жилам кабеля является общим фактором для кабельных линий. Общее количество тепла, выделяемое в кабельной линии, работающей в сети –является интегральной характеристикой. С этой точки зрения все кабельные линии являются интегральными аналогами.

Одной из задач моделирования представляется установление степени подобия модели и оригинала - т.е. подобия. Количественная оценка π_i такого соответствия называется критерием подобия [1]. Классический подход к решению задачи моделирования - построение модели с сохранением соответствующих оригиналу количественных значений критериев подобия π_i в модели. В реальной практике, вследствие случайных факторов, например, отличия в величине протекающих токов, условиях прокладки кабелей, температуры окружающей среды и т.д., кабельные линии одного сечения, марки, назначения, являясь интегральными аналогами, будут иметь отличия в одноименных критериях подобия, будут изменяться в пределах от $\pi_{\max}$ до $\pi_{\min}$ и сами критерии подобия π_i могут быть представлены как случайные величины. Таким образом, рассматривая различные по тем или иным условиям группы кабелей, можно говорить о вероятностном или стохастическом подобии внутри группы объектов [2, 3].

Если рассмотреть тепловые характеристики электрического кабеля, то интегральный критерий подобия, отражающий относительное выделение тепла по отношению к номинальному режиму будет иметь вид:

$$\pi_{\int} = K\int_{t_0}^{t_k} R * I^2(t)dt \,/\, K\int_{t_0}^{t_k} R * I_{н}^{t_k}\, dt = idem$$

где $\pi_{\int}$ - интегральный критерий подобия; $I_н$ – номинальный ток кабеля; I(t) – нагрузочный ток кабеля в рассматриваемый период времени; *К* - константа, R – сопротивление участка линии. Если рассматривать удельное сопротивление линии на единицу длины, получим обобщенный интегральный критерий, по которому удобно оценивать относительный износ изоляции высоковольтных кабелей.

Учитывая неравномерность нагрузки кабельных линий по разным часам суток, целесообразно ввести критерий подобия по признаку суточной неравномерности нагрузки $\pi_{\Delta} = I_{max}/I_{min}$, где наибольшее значение тока нагрузки кабеля за характерные сутки равно I_{max}, а наименьшее значение тока нагрузки за сутки равно I_{min} . График токовой нагрузки приведен на рис.1.

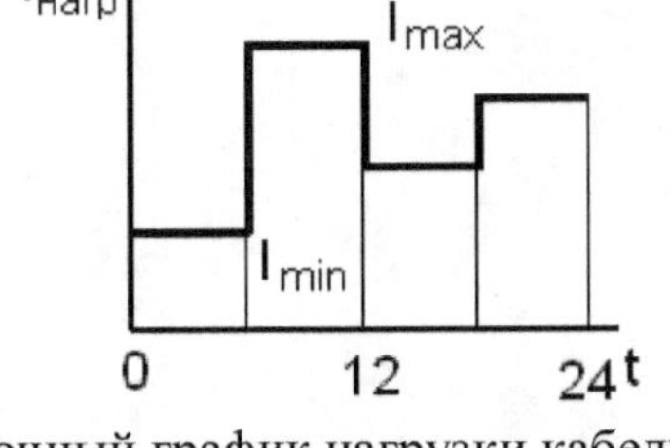

Рис.1. Суточный график нагрузки кабельной линии

Для заданного интервала времени $t_1 - t_2$ по данным эксплуатации определяются значения критериев $\pi_{\int}$ и π_{Δ}. Различия в значениях приведенных критериев для различных объектов имеют случайный характер и о степени подобия можно судить, приняв некоторый интервал их изменений.

Определение группы подобных объектов позволяет объединить информацию по эксплуатационным характеристикам и расширить базу исследований.

Литература:

1. Веников В.А. Теория подобия и моделирования. -М.: Высш. школа, 1976 -480 с.
2. Гордиевский И.Г., Кавченков В.П., Основы моделирования систем электроснабжения. М.: МЭИ, -1983. 88 с.
3. Кавченков В.П.. Солопов Р.В. Алгоритм комплексной оптимизации режимов электроэнергетической системы с использованием обобщенных критериев подобия. Международный журнал «Программные продукты и системы». –№1, 2013.

Нарежная Т.К.
к.э.н.
Ященко А.А.
студент ИГЭС 4-2
ФГБОУ ВПО “Московский государственный строительный университет”

ПРИМЕНЕНИЕ 4D МОДЕЛИРОВАНИЯ В КАЛЕНДАРНОМ ПЛАНИРОВАНИИ НА БАЗЕ ТЕХНОЛОГИЧЕСКОЙ ПЛАТФОРМЫ BIM В ГБПОУ МГСУ

Что же такое BIM - технологии в современной интерпретации?

BIM (Building Information Modeling или Building Information Model) — информационное моделирование здания или информационная модель здания.

Информационное моделирование здания — решение, предоставляющее подход к возведению, оснащению, обеспечению эксплуатации и ремонту здания (к управлению жизненным циклом объекта), который предполагает сбор и комплексную обработку в процессе проектирования всей архитектурно-конструкторской, технологической, экономической и иной информации о здании со всеми её взаимосвязями и зависимостями, когда здание и все, что имеет к нему отношение, рассматриваются как единый объект.

Информационная модель существует в течение всего жизненного цикла здания, и даже дольше. Содержащаяся в модели информация может изменяться, дополняться, заменяться, отражая текущее состояние здания.

Если рассматривать традиционное проектирование как 2D проектирование, работу с объёмными моделями как 3D проектирование, то применение BIM технологии открывает новые измерения в области проектирования и реализации проектов. Рассмотрим подробнее, как и где может быть полезно применение BIM модели за пределами проектирования.

4D BIM - это такой подход в проектировании, когда объект рассматривается не только в пространстве, но и во времени, то есть «3D плюс время».

5D BIM –это информационная модель, включающая в себя, помимо прочего, стоимость проекта или любой другой исчисляемой характеристики.

На рис.1 “Устройство колонн гражданских зданий в металлической опалубке” наглядно показаны измерения BIM.

Рис.1

Синтез календарного графика и модели здания позволяет проверить визуально и с помощью специальных инструментов, насколько верно прошел процесс возведения здания. С помощью классификатора можно привязать каждый конструктивный элемент, оборудование и т.п. к временному этапу и сформировать календарный график работ (как подробный, так и в укрупнённых показателях). Далее можно просмотреть весь процесс возведения в динамике, выявлять нестыковки или позиции для оптимизации общего процесса.

Специфика процесса такова, что мы имеем возможность вносить достаточно широкий спектр данных, которые напрямую могут и не касаться самой модели здания, но значительно влияют на процесс стройки. Это и расположение крана, и количество машин, которые могут проехать через стройплощадку в сутки, и многое другое. Дополнительным бонусом использования программ по управлению стройкой является возможность проверить модель будущего здания на коллизии - незапланированные пересечения или ненормированное расположение сетей и конструктивных элементов. Всё вместе позволяет выявить возможные недочёты в логистике и исправить их на этапе, когда сам процесс стройки ещё не начался.

В области применения новых решений в строительстве, как считают эксперты, Россия отстает от мирового сообщества на 5-6 лет. Западные строители уже давно осваивают технологии виртуального проектирования и используют комплексный подход при проектировании зданий и сооружений, так называемое BIM. Уровень внедрения BIM в США, к примеру, достигает 70% от всех реализуемых в 2012 году проектов (McGraw — HillConstruction), в Великобритании -40%.

Однако осознание необходимости BIM в российской строительной индустрии происходит очень медленно. На настоящий момент данная концепция лишь начинает набирать обороты и затрагивает только проектные компании. Можно сказать, что на сегодняшний день информационное проектирование в рамках проектных организаций сводится к созданию трехмерной модели в пределах одной-двух дисциплин (обычно это архитектура и инженерные сети) и в редчайших случаях – в пределах всех основных дисциплин состава проектно-сметной документации.

Какие же проблемы стоят на пути внедрения BIM технологии в России?

- Отсутствуют стандарты
- Отсутствуют необходимая инфраструктура и регламенты, обеспечивающие проведение экспертизы проектной документации с применением BIM и государственного строительного надзора.
- Процесс перехода весьма дорогостоящий и требует много времени

Последний пункт можно решить путем создания необходимых условий для обучения студентов BIM технологии на базе МГСУ, чтобы на выходе с учебного заведения, они имели базовые или даже углубленные знания.

Кроме того, говоря о BIM сейчас обычно подразумевают зарубежное ПО, которое является дорогостоящим, отмечают в компании. В связи с этим встает также вопрос, кто профинансирует массовый переход проектировщиков на эти системы. По мнению представителей компании, разработать механизм, призванный «повысить конкурентоспособность российского строительного комплекса на мировом рынке», возможно только тогда, когда технологии станут доступны массам.

На занятиях междисциплинарного кружка “ИНТЭГРОСС” мы задались целью освоить работу в 4D моделировании. Для этого были выбран ряд программ для создания 4D моделей и их дальнейшего анализа:

- MS Project+Turbo Planner
- Primavera
- Adept
- Spider Project

На рис.2 предоставлены результаты анализа, выбранных программ

Все программные обеспечение используется для управления и контроля проектов, отслеживания ресурсов, материалов и оборудования, используемого в проекте. Как показывает график, все программы целесообразно использовать для работы в 4D моделировании. Но помимо стоимости зарубежного ПО и времени на обучении, есть проблема решить, которую невозможно. Дело в том, что построение графиков в данных программах никак не связаны с трудоемкостью и физическими объемами проектируемого здания, а что самое главное, они не способны решить задачу организационно-технологического проектирования.

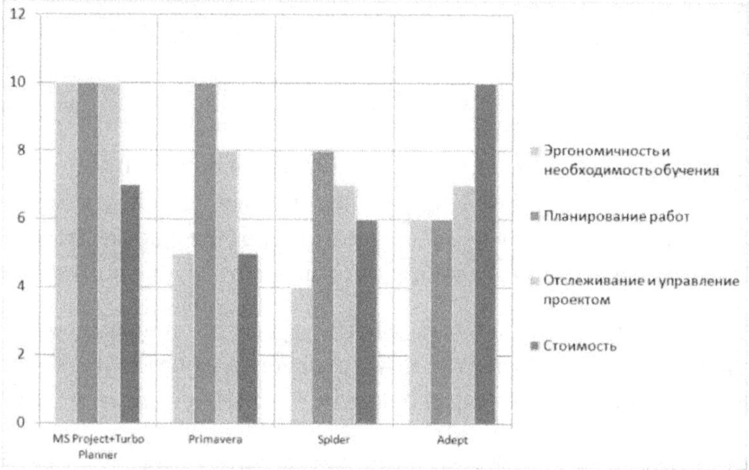

Рис.2

Выход из данной ситуации не заставил себя долго ждать, мы приступили к созданию российского ПО “ИНТЭГРОСС”, которое предоставит нам возможность не только связать календарный план, сетевой график и стройгенплан, ну а также произвести расчет сметной стоимости строительства, составить ведомость используемых материалов, машин и механизмов.

Как показывает практика, расчет стандартного варианта курсового проекта по дисциплине «Организация, планирование и управление строительством» при использовании данной программы занимает всего лишь 30 минут, что говорит об эффективности работы ПО.

Использование “ИНТЭГРОСС” не только на базе института, но и в различных строительных организациях поможет выйти России на передовые места в BIM моделировании.

Но массовое внедрение технологии информационного моделирования зданий требует создания условий для возможности применения различных BIM-программ в едином комплексе, либо для перехода пользователя с одной программы на другую. Все это предполагает существования единого стандарта для проектов (моделей), выполняемых по технологии BIM.

Как и всякое новое дело, массовое внедрение технологии информационного моделирования зданий в проектно-строительную практику – процесс длительный, сложный и противоречивый. Поэтому он в основном проходит по общим для таких процессов законам. И обречен на победу. Вопрос только во времени. А времени с начала внедрения информационного моделирования прошло сравнительно немного – ведь еще десять лет назад широкие массы проектировщиков даже не слышали термина BIM.

БИБЛИОГРАФИЧЕСКИЙ СПИСОК

1. Козлов И. М. Оценка экономической эффективности внедрения информационного моделирования зданий // Архитектура и современные информационные технологии // AMIT: электрон. журн. 2010. 1(10).
2. Журнал "САПР и графика", Revit Architecture 2009 — простое решение сложных задач.
3. Журнал "САПР и графика", Что влияет на внедрение BIM в России
4. Журнал "САПР и графика", Внедрение BIM — опыт, сценарии, ошибки, выводы
5. https://infars.ru/bim

Крукович М.Г.
д.т.н. профессор, МГТУ им. Н.Э. Баумана, МИИТ,ya.bormag@yandex.ru
Бадерко Е.А.
д.ф-м.н. профессор, МГУ им. М.В. Ломоносова, baderko.ea@yandex.ru
Савельева А.С.
аспирантка, МИИТ

ТЕРМОДИНАМИЧЕСКИЕ АСПЕКТЫ МАССОПЕРЕНОСА В ИОННЫХ НАСЫЩАЮЩИХ СРЕДАХ ДЛЯ АЗОТИРОВАНИЯ

Общность процессов химико-термической обработки, в том числе и азотирования, состоит в том, что любая насыщающая среда в соответствии с термодинамической теорией структуры, устойчивости и флуктуаций находится в некотором химическом и термодинамическом равновесии [1, с. 17]. Эти системы относятся к классу открытых термодинамических систем, в которых обмен энергией и веществом с внешней средой находится в соответствии с I и II началом термодинамики. В подобных системах при определенных условиях взаимодействия потоков энергии и вещества происходят процессы упорядочения материи, соответствующие уменьшению энтропии.

В любой системе, находящейся в химическом равновесии, при изменении одного из факторов управления этим равновесием возникают компенсирующие процессы, стремящиеся ослабить влияние этого изменения. Такая организация системы представляет основу принципа "демпфирования" Ле-Шателье-Брауна. Этот принцип описывает реакцию системы на спонтанные флуктуации. При некотором стационарном (вдали от равновесия) состоянии системы, характеризующимся минимумом производства энтропии, флуктуации убывают точно так же, как при термодинамическом равновесии. В этом случае принцип демпфирования также выполняется, что и имеет место в насыщающих средах при химико-термической обработке.

При изменении одного из факторов (температуры, скорости движения среды, электрофизических явлений) воздействия на такое стационарное равновесие либо во всем объеме, либо в отдельной части системы (изменение концентрационных условий, изменение условий обмена с внешней средой и т.п.) возникают компенсирующие реакции на спонтанные флуктуации, стремящиеся ослабить влияние этих изменений. Эта компенсация осуществляется при химико-термической обработке возникающими временными диссипативными структурами (соединениями), обеспечивающими устойчивость процесса массопереноса в неравновесных условиях. Такие диссипативные соединения соответствуют низкому значению энтропии.

Диссипативные соединения возникают и сохраняются некоторое время благодаря обмену энергией и веществом с внешней средой в неравновесных условиях. Они являются временным и пространственным упорядочением материи в открытых системах за пределами термодинамической устойчивости. При химико-термической обработке диссипативными соединениями (структурами) являются соединения с низшей валентностью насыщающего элемента (субсоединения). Они обеспечивают, за счет окислительно-восстановительных реакций, циркуляционный массоперенос от среды к насыщаемой поверхности, на которой они переходят в соединения высшей валентности (продукты реакции), и их перенос от насыщаемой поверхности в окружающую насыщающую среду с образованием новых субсоединений.

В качестве диссипативных соединений самоорганизации массопереноса азота выступают субионы азота N^{-}, N^{2-}, N^{+}, N^{2+}. Существование ионов различной валентности в газовых средах многократно доказано в различных работах [2, 24; 3, 78; 4, 34-36 и др.]. При каталитическом газовом азотировании в результате образования в насыщающей среде различных соединений азота (HCN, N_2O и др.) повышается скорость массопереноса [5, 34]. Это лишний раз доказывает роль субсоединений в процессе химико-термической обработки.

В жидкой ионной среде образование субионов обусловлено строением самого расплава, существованием отрицательных и положительных ионов азота и крайней неустойчивостью комплексных соединений, которые быстро видоизменяются при нарушении условий равновесия под воздействием внешних факторов. На наличие положительных и отрицательных ионов в расплаве указывает факт образования азотированного слоя одновременно на стальном аноде и катоде. Следует заметить, что в соответствии с законами электрохимии при введении в азотсодержащий расплав веществ, содержащих насыщающий элемент (азот) в атомарном или молекулярном состоянии, в нем образуются ионы низших валентностей (субионы). Следовательно, в образовании субионов азота и самопроизвольном поддержании их количества в расплаве на некотором уровне, важную роль играет молекулярный азот. При жидкостном насыщении эту роль выполняет составляющая аэрационного воздуха. В частности, при жидкостном насыщении в расплаве на основе NaCNO и KCNO, при продувке ванны O_2, CO_2 или проведении обработки без продувки происходит резкое уменьшение скорости образования азотированного слоя и снижение его качества [6, 124 ;7, 143].

Массоперенос азота в расплаве может протекать по следующим реакциям:

1. На поверхности соляной ванны и воздушных пузырях при аэрации

$$N^{2-} + N_2 \rightarrow 2N^{1-} + N$$
$$N^{3-} + N_2 \rightarrow 3N^{1-} + N$$

$$N^{3-} + 2N \rightarrow 3N^{1-}$$
$$N^{2-} + N \rightarrow 2N^{1-}$$

2. На поверхности обрабатываемого материала -

$$2N^{1-} \rightarrow N + N^{2-}$$
$$2N^{1-} \rightarrow 2N + N^{3-}$$
$$3N^{2-} \rightarrow N + 2N^{3-}$$

3. В объеме соляной ванны -

$$N^{2-} + N^{4-} \rightarrow 2N^{3-}$$
$$N^{1-} + N^{3-} \rightarrow 2N^{2-}$$
$$N^{3-} + N^{5-} \rightarrow 2N^{4-}$$
$$2N^{1-} + N^{4-} \rightarrow 3N^{2-}$$
$$N^{1-} + 2N^{4-} \rightarrow 3N^{3-}$$
$$N^{1-} + N^{4-} \rightarrow N^{2-} + N^{3-}$$

В твердой среде или газовой среде в закрытых контейнерах образование субионов обусловлено той же неустойчивостью солевой составляющей и присутствием азота и кислорода воздуха в насыщающем объеме. Это проводит к образованию в насыщающем пространстве субионов азота, которые и обеспечивают массоперенос в таких средах.

Вероятность образования субсоединений азота в насыщающем пространстве оценивалась по величине изобарно-изотермического потенциала и по величине истинного значения энергии Гиббса (ΔG), учитывающего реальные давления участников реакции.

$$\Delta G_T = -RTln\left(\prod_{i=1}^{n} p_i'^{y_i'} \Big/ \prod_{i=1}^{n} p_i^{y_i}\right)_{\text{равн.}} + RTln\left(\prod_{i=1}^{n} p_i'^{y_i'} \Big/ \prod_{i=1}^{n} p_i^{y_i}\right)_{\text{нач.}} =$$
$$= \Delta G_T^0 + RTln\left(\prod_{i=1}^{n} p_i'^{y_i'} \Big/ \prod_{i=1}^{n} p_i^{y_i}\right)_{\text{нач.}}$$

где p_i'- парциальные давления продуктов реакции;

p_i - парциальные давления реагентов.

Положительные значения $\boldsymbol{\Delta G^0}$ указывают на малую вероятность прохождения реакции при стандартных условиях. Второе слагаемое в правой части уравнения изотермы свидетельствует о том, что значительного выхода продуктов можно достигнуть даже при положительных значениях $\boldsymbol{\Delta G^0}$ за счет создания в системе определенного соотношения между давлениями участников реакции. Наличие кинетических затруднений, связанных с затруднением обмена с окружающей средой и снижением скорости отвода продуктов реакции от обрабатываемой поверхности, может стать препятствием к прохождению реакций с необходимой скоростью. Последнее утверждение больше относится к ионным газовым средам, получаемым в результате разложения солевых составляющих исходных насыщающих смесей.

Таким образом, управление процессом азотирования в закрытых контейнерах проводилось путем установления оптимального количества солевой составляющей, обеспечивающей максимальную скорость формирования диффузионных слоев.

Восстановление субионов происходит как самопроизвольно по реакциям диспропорционирования в режиме самоорганизации, так и принудительно за счет работы микрогальванических элементов на обрабатываемой поверхности или включения обрабатываемой детали в цепь электрического тока. В первом случае скорость восстановления определяется разностью электродных потенциалов анодных и катодных участков поверхности, во втором – плотностью электрического тока на обрабатываемой поверхности.

Список литературы

1. Гленсдорф П, Пригожин И. Термодинамическая теория структуры устойчивости и флуктуаций. – М.: 1973. – 280 с.
2. Лахтин Ю.М., Коган Я.Д., Шпис Х. –Й., Бемер З. Теория и технология азотирования. М.: Металлургия, 1991. 320 с.
3. Лахтин Ю.М., Арзамасов Б.Н. Химико-термическая обработка металлов. М.: Металлургия, 1985 256с.
4. Арзамасов Б.Н., Братухин А.Г., Елисеев Ю.С., Панайоти Т.А. Ионная химико-термическая обработка сплавов. М.: Изд. МГТУ им. Н.Э. Баумана, 1999, 400 с.
5. Зинченко В.М., Сыропятов В.Я., Прусаков Б.А., Перекатов Ю.А. Азотный потенциал: современное состояние проблемы и концепция развития / Под общей редакцией и с предисловием д. т. н. проф. Б.А. Прусакова. – М.: ФГУП «Издательство «Машиностроение», 2003. – 90 с.
6. Крукович М.Г. Моделирование кинетики роста и свойств азотированных слоев на сталях. Сб. трудов 5-го Собрания металловедов России. – Краснодар: Кубан. гос. технол. ун-т, 2001. С. 123-125.
7. Kroukovitch M.G. Modeling of nitriding process. /Nitriding technology, Theory & practice.// Proceeding the 9-th International Seminar. – Warsaw: IMP, 2003. Pp. 139-148.

Досымова М.В.
Рубцовский институт (филиал) АлтГУ
mvmet@mail.ru

ОБЕСПЕЧЕНИЕ КАЧЕСТВА ПОДГОТОВКИ ВЫПУСКНИКОВ С ПРИВЛЕЧЕНИЕМ ПРЕДСТАВИТЕЛЕЙ РАБОТОДАТЕЛЕЙ В РУБЦОВСКОМ ИНСТИТУТЕ (ФИЛИАЛЕ) АЛТГУ

Начиная трудовую деятельность в новых социально-экономических условиях, выпускник вуза вынужден адаптироваться к социальным институтам, регулирующим занятость. Если раньше каждому выпускнику ВУЗа было гарантировано трудоустройство по специальности, то в настоящее время молодые специалисты предоставлены сами себе и, как правило, должны сами заботиться о трудоустройстве.

Поэтому в вузах страны, начиная примерно с середины 1990-х годов, стали создаваться структуры, нацеленные на повышение конкурентоспособности выпускников и на облегчение проблемы их трудоустройства. С этой же целью федеральными органами управления образованием – Министерством образования, а затем Министерством образования и науки РФ и Рособразованием был предпринят ряд организационных мер по открытию в вузах центров содействия трудоустройству выпускников (ЦСТВ) или аналогичных им подразделений. Их основной задачей является оказание содействия выпускникам в трудоустройстве и их адаптация к рынку труда.

В Рубцовском институте (филиале) Алтайского государственного университета для решения вышеперечисленных задач наряду с организационными мерами было решено разработать информационную систему содействия трудоустройству выпускников.

Такая система позволит оперативно предоставлять информацию о выпускниках работодателям, а для выпускников будут всегда доступны имеющиеся на предприятиях города Рубцовска вакансии. Схема взаимодействия кафедр, работодателей и выпускников с помощью информационной системы представлена на рис. 1.

Формирование компетентностной модели выпускника глазами работодателей и выпускающих кафедр возможно за счет использования подсистемы ранжирования компетенций.

Оценка уровня компетентности выпускников проводится в системе тестирования Рубцовского института (филиала) АлтГУ.

Рис. 1. Концептуальная модель взаимодействия работодателей города Рубцовска, выпускников и кафедр РИ (филиала) АлтГУ

На рис. 2 представлена структура ИС содействия трудоустройству выпускников. В настоящее время реализованы три подсистемы: «Анкетирование выпускников», «Анкетирование работодателей» и «Ранжирование компетенций».

Рис. 2. Структура ИС содействия трудоустройству выпускников в РИ (филиале) АлтГУ

Подсистемы анкетирования работодателей и выпускников представляют собой анкеты для работодателей и выпускников о качестве подготовки специалистов (бакалавров) и результаты анкетирования.

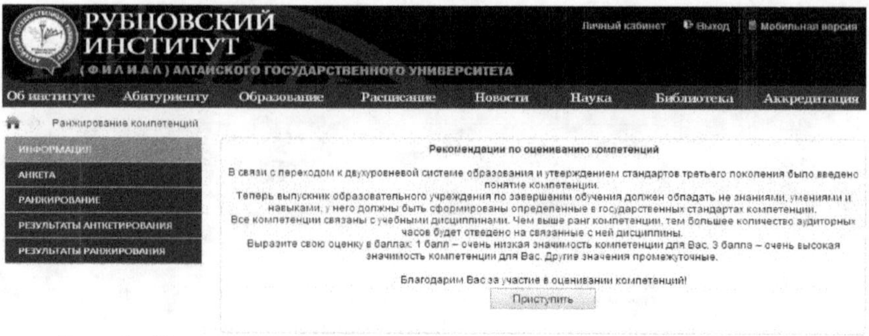

Рис. 3. Главная страница подсистем ранжирования компетенций и анкетирования работодателей (в рамках Личного кабинета работодателя) ИС содействия трудоустройству выпускников на портале РИ (филиала) АлтГУ

Подсистема «Анкетирование работодателей» предназначена для оценки работодателями уровня подготовки выпускников по следующим показателям:

- Общий уровень профессиональной подготовки
- Уровень профессиональных базовых знаний
- Уровень практических умений и навыков
- Уровень владения иностранным языком
- Уровень компьютерной подготовки
- Умение работать в команде (коллективе)
- Умение представлять себя и результаты своего труда и т.д.

Данная подсистема включает анкету работодателя и отчеты о результатах анкетирования.

Анкета заполняется на специалиста, работающего на предприятии (в организации, учреждении) и закончившего Рубцовский институт (филиал) АлтГУ (рис. 4).

При этом, если на предприятии (в организации, учреждении) работают несколько специалистов, закончивших одно образовательное учреждение по одной и той же специальности, то анкета заполняется не на каждого специалиста отдельно, а оценивается их уровень профессиональной подготовки в целом.

В случае, когда на предприятии (в организации, учреждении) работают специалисты, окончившие разные специальности Рубцовского института (филиала) АлтГУ, то анкета заполняется для каждой специальности отдельно.

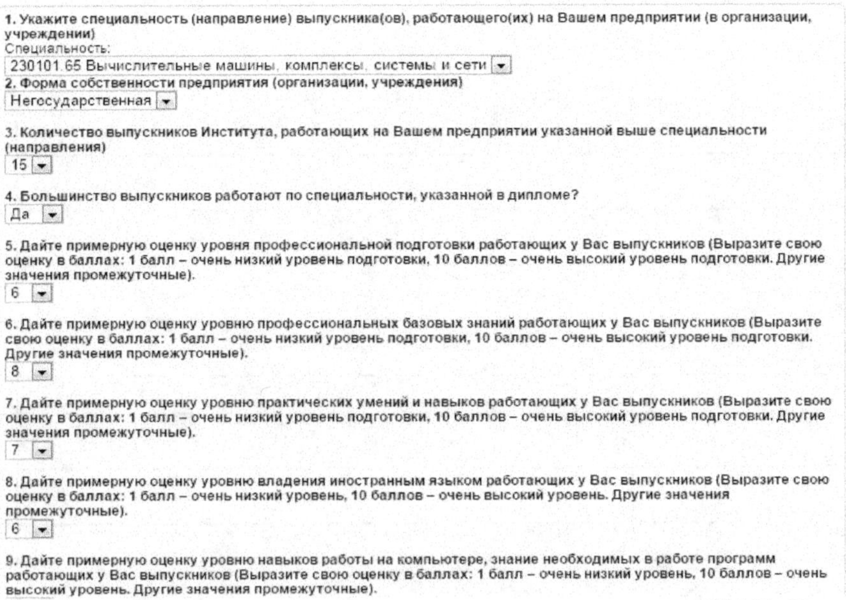

1. Укажите специальность (направление) выпускника(ов), работающего(их) на Вашем предприятии (в организации, учреждении)
Специальность:
230101.65 Вычислительные машины, комплексы, системы и сети
2. Форма собственности предприятия (организации, учреждения)
Негосударственная

3. Количество выпускников Института, работающих на Вашем предприятии указанной выше специальности (направления)
15

4. Большинство выпускников работают по специальности, указанной в дипломе?
Да

5. Дайте примерную оценку уровня профессиональной подготовки работающих у Вас выпускников (Выразите свою оценку в баллах: 1 балл – очень низкий уровень подготовки, 10 баллов – очень высокий уровень подготовки. Другие значения промежуточные).
6

6. Дайте примерную оценку уровню профессиональных базовых знаний работающих у Вас выпускников (Выразите свою оценку в баллах: 1 балл – очень низкий уровень подготовки, 10 баллов – очень высокий уровень подготовки. Другие значения промежуточные).
8

7. Дайте примерную оценку уровню практических умений и навыков работающих у Вас выпускников (Выразите свою оценку в баллах: 1 балл – очень низкий уровень подготовки, 10 баллов – очень высокий уровень подготовки. Другие значения промежуточные).
7

8. Дайте примерную оценку уровню владения иностранным языком работающих у Вас выпускников (Выразите свою оценку в баллах: 1 балл – очень низкий уровень, 10 баллов – очень высокий уровень. Другие значения промежуточные).
6

9. Дайте примерную оценку уровню навыков работы на компьютере, знание необходимых в работе программ работающих у Вас выпускников (Выразите свою оценку в баллах: 1 балл – очень низкий уровень, 10 баллов – очень высокий уровень. Другие значения промежуточные).

Рис. 4. Пример анкеты работодателя по специальности 230101.65 «Вычислительные машины, комплексы, системы и сети»

На основе результатов анкетирования (рис. 5) рассчитываются усредненные оценки уровня профессиональной подготовки в целом, базовых знаний, практических навыков, владение иностранным языком, компьютерная подготовка и т.д. по каждой специальности (направлению).

Кроме того, можно определить долю выпускников, работающих по специальности, указанной в дипломе, а также востребованность специальностей на рынке труда нашего города.

Подсистема «Анкетирование выпускников» предназначена для оценки выпускниками РИ (филиала) АлтГУ качества планирования, организации и реализации образовательного процесса. В рамках анкетирования оцениваются:

– обеспеченность учебной и методической литературой вуза;
– оснащенность учебных аудиторий современным техническим оборудованием;
– организация воспитательной работы;
– уровень преподавания в вузе;
– уровень собственной профессиональной подготовки;
– уровень собственных практических умений и навыков и т.д.

Подсистема включает анкету выпускника и отчеты о результатах анкетирования.

Результаты анкетирования

Вопрос	Ср. знач
Дайте примерную оценку уровня профессиональной подготовки работающих у Вас выпускников (Выразите свою оценку в баллах: 1 балл – очень низкий уровень подготовки, 10 баллов – очень высокий уровень подготовки. Другие значения промежуточные).	6,5
Дайте примерную оценку уровню профессиональных базовых знаний работающих у Вас выпускников (Выразите свою оценку в баллах: 1 балл – очень низкий уровень подготовки, 10 баллов – очень высокий уровень подготовки. Другие значения промежуточные).	6,5
Дайте примерную оценку уровню практических умений и навыков работающих у Вас выпускников (Выразите свою оценку в баллах: 1 балл – очень низкий уровень подготовки, 10 баллов – очень высокий уровень подготовки. Другие значения промежуточные).	7
Дайте примерную оценку уровню владения иностранным языком работающих у Вас выпускников (Выразите свою оценку в баллах: 1 балл – очень низкий уровень, 10 баллов – очень высокий уровень. Другие значения промежуточные).	4,5
Дайте примерную оценку уровню навыков работы на компьютере, знание необходимых в работе программ работающих у Вас выпускников (Выразите свою оценку в баллах: 1 балл – очень низкий уровень, 10 баллов – очень высокий уровень. Другие значения промежуточные).	7,5
Дайте примерную оценку способностей работать в коллективе, команде (Выразите свою оценку в баллах: 1 балл – очень низкая оценка, 10 баллов – очень высокая оценка. Другие значения промежуточные).	4
Дайте примерную оценку способностей эффективно представлять себя и результаты своего труда работающих у Вас выпускников (Выразите свою оценку в баллах: 1 балл – очень низкая оценка, 10 баллов – очень высокая оценка. Другие значения промежуточные).	7,5
Дайте примерную оценку нацеленности на карьерный рост и профессиональное развитие работающих у Вас выпускников (Выразите свою оценку в баллах: 1 балл – очень низкая оценка, 10 баллов – очень высокая оценка. Другие значения промежуточные).	7,5
Дайте примерную оценку навыков управления персоналом работающих у Вас выпускников (Выразите свою оценку в баллах: 1 балл – очень низкая оценка, 10 баллов – очень высокая оценка. Другие значения промежуточные).	7
Дайте примерную оценку готовности и способности к дальнейшему обучению работающих у Вас выпускников (Выразите свою оценку в баллах: 1 балл – очень низкая оценка, 10 баллов – очень высокая оценка. Другие значения промежуточные).	7,5
Дайте примерную оценку способностей воспринимать и анализировать новую информацию, развивать новые идеи работающих у Вас выпускников (Выразите свою оценку в баллах: 1 балл – очень низкая оценка, 10 баллов – очень	7,5

Рис. 5. Результаты анкетирования работодателей города (представители ООО «УГМК-Телеком», отдела информационно-технического обеспечения Администрации города Рубцовска Алтайского края) Рубцовска по специальности 230101.65 «Вычислительные машины, комплексы, системы и сети» в мае 2014 года

Анкета заполняется выпускником, закончившим Рубцовский институт (филиал) АлтГУ (рис. 6).

В случае, если выпускник окончил несколько специальностей Рубцовского института (филиала) АлтГУ, то анкета заполняется для каждой специальности отдельно.

На основе результатов анкетирования выпускников (рис. 7) рассчитываются усредненные оценки уровня обеспеченности учебной и методической литературой, уровня преподавания, уровня организации научной работы, воспитательной работы и т.д. по каждой специальности (направлению).

Результаты анкетирования выпускников используются при проведении анализа качества образовательного процесса по различным аспектам в рамках внутренних аудитов системы менеджмента качества Института.

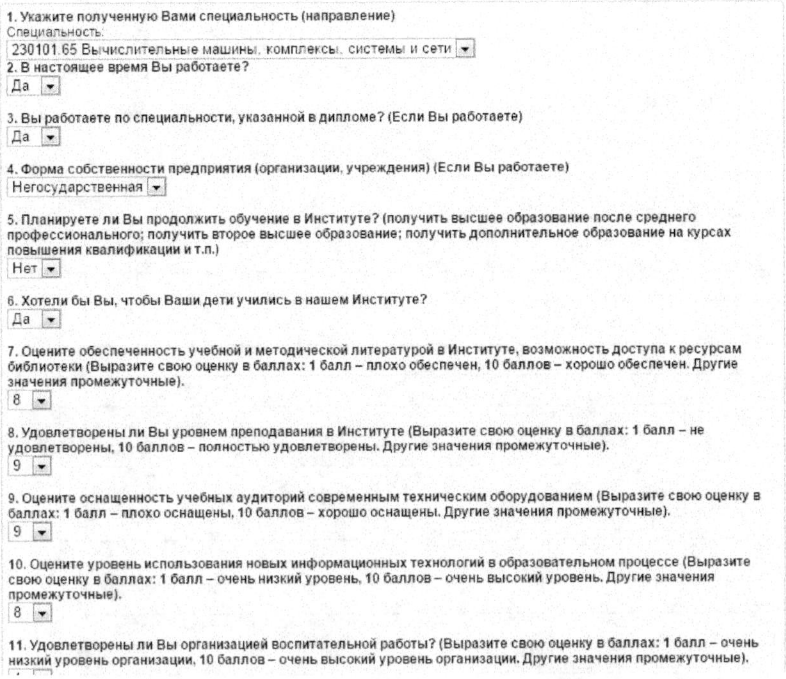

1. Укажите полученную Вами специальность (направление)
Специальность:
230101.65 Вычислительные машины, комплексы, системы и сети
2. В настоящее время Вы работаете?
Да
3. Вы работаете по специальности, указанной в дипломе? (Если Вы работаете)
Да
4. Форма собственности предприятия (организации, учреждения) (Если Вы работаете)
Негосударственная
5. Планируете ли Вы продолжить обучение в Институте? (получить высшее образование после среднего профессионального; получить второе высшее образование; получить дополнительное образование на курсах повышения квалификации и т.п.)
Нет
6. Хотели бы Вы, чтобы Ваши дети учились в нашем Институте?
Да
7. Оцените обеспеченность учебной и методической литературой в Институте, возможность доступа к ресурсам библиотеки (Выразите свою оценку в баллах: 1 балл – плохо обеспечен, 10 баллов – хорошо обеспечен. Другие значения промежуточные).
8
8. Удовлетворены ли Вы уровнем преподавания в Институте (Выразите свою оценку в баллах: 1 балл – не удовлетворены, 10 баллов – полностью удовлетворены. Другие значения промежуточные).
9
9. Оцените оснащенность учебных аудиторий современным техническим оборудованием (Выразите свою оценку в баллах: 1 балл – плохо оснащены, 10 баллов – хорошо оснащены. Другие значения промежуточные).
9
10. Оцените уровень использования новых информационных технологий в образовательном процессе (Выразите свою оценку в баллах: 1 балл – очень низкий уровень, 10 баллов – очень высокий уровень. Другие значения промежуточные).
8
11. Удовлетворены ли Вы организацией воспитательной работы? (Выразите свою оценку в баллах: 1 балл – очень низкий уровень организации, 10 баллов – очень высокий уровень организации. Другие значения промежуточные).

Рис. 6. Пример анкеты выпускника (в рамках Личного кабинета выпускника) по специальности 230101.65 «Вычислительные машины, комплексы, системы и сети»

Подсистема «Ранжирование компетенций» (рис. 8) позволяет получить информацию о важности тех или иных компетенций для работодателя и выпускающих кафедр. На основе этой информации можно формировать компетентностную модель выпускника соответствующего направления. Перечень компетенций берем из ИС «Компетенции» (рис. 9).

Все компетенции связаны с учебными дисциплинами. Чем выше ранг компетенции, тем большее количество аудиторных часов будет отведено на связанные с ней дисциплины.

Оценка компетенции выражается в баллах: 1 балл – очень низкая значимость компетенции для работодателя (или выпускающей кафедры), 3 балла – очень высокая значимость компетенции для работодателя (или выпускающей кафедры). Другие значения промежуточные.

Ранг i-той компетенции рассчитывается по формуле:

$$\alpha_i = \sum_{j=1}^{M} \alpha_{ij}, \quad (1)$$

где α_{ij} - ранг *i*-той компетенции у *j*-го работодателя ($i = 1..T$; $j = 1..M$);
M – количество работодателей, участвовавших в анкетировании,
T – количество компетенций.

Результаты анкетирования

Вопрос	Ср. знач
Оцените обеспеченность учебной и методической литературой в Институте, возможность доступа к ресурсам библиотеки (Выразите свою оценку в баллах: 1 балл – плохо обеспечен, 10 баллов – хорошо обеспечен. Другие значения промежуточные).	7.75
Удовлетворены ли Вы уровнем преподавания в Институте (Выразите свою оценку в баллах: 1 балл – не удовлетворены, 10 баллов – полностью удовлетворены. Другие значения промежуточные).	8.5
Оцените оснащенность учебных аудиторий современным техническим оборудованием (Выразите свою оценку в баллах: 1 балл – плохо оснащены, 10 баллов – хорошо оснащены. Другие значения промежуточные).	8.25
Оцените уровень использования новых информационных технологий в образовательном процессе (Выразите свою оценку в баллах: 1 балл – очень низкий уровень, 10 баллов – очень высокий уровень. Другие значения промежуточные).	9.25
Удовлетворены ли Вы организацией воспитательной работы? (Выразите свою оценку в баллах: 1 балл – очень низкий уровень организации, 10 баллов – очень высокий уровень организации. Другие значения промежуточные).	8
Дайте примерную оценку уровню Вашей профессиональной подготовки (Выразите свою оценку в баллах: 1 балл – очень низкий уровень подготовки, 10 баллов – очень высокий уровень подготовки. Другие значения промежуточные).	8.25
Дайте примерную оценку уровню Ваших практических умений и навыков (Выразите свою оценку в баллах: 1 балл – очень низкий уровень подготовки, 10 баллов – очень высокий уровень подготовки. Другие значения промежуточные).	8
Дайте примерную оценку Вашему уровню владения иностранным языком (Выразите свою оценку в баллах: 1 балл – очень низкий уровень, 10 баллов – очень высокий уровень. Другие значения промежуточные).	8.75
Дайте примерную оценку Вашему уровню навыков работы на компьютере, знание необходимых в работе программ (Выразите свою оценку в баллах: 1 балл – очень низкий уровень, 10 баллов – очень высокий уровень. Другие значения промежуточные).	9
Дайте примерную оценку Ваших способностей работать в коллективе, команде (Выразите свою оценку в баллах: 1 балл – очень низкая оценка, 10 баллов – очень высокая оценка. Другие значения промежуточные).	6.75
Дайте примерную оценку Ваших способностей эффективно представлять себя и результаты своего труда (Выразите свою оценку в баллах: 1 балл – очень низкая оценка, 10 баллов – очень высокая оценка. Другие значения промежуточные).	7.25
Дайте примерную оценку Вашей нацеленности на карьерный рост и профессиональное развитие (Выразите свою оценку в баллах: 1 балл – очень низкая оценка, 10 баллов – очень высокая оценка. Другие значения промежуточные).	8.75
Дайте примерную оценку Ваших навыков управления персоналом (Выразите свою оценку в баллах: 1 балл – очень низкая оценка, 10 баллов – очень высокая оценка. Другие значения промежуточные).	8
Дайте примерную оценку Вашей готовности и способности к дальнейшему обучению (Выразите свою оценку в баллах: 1 балл – очень низкая оценка, 10 баллов – очень высокая оценка. Другие значения промежуточные).	9.25
Дайте примерную оценку Ваших способностей воспринимать и анализировать новую информацию, развивать новые идеи (Выразите свою оценку в баллах: 1 балл – очень низкая оценка, 10 баллов – очень высокая оценка. Другие значения промежуточные).	8.5
Дайте примерную оценку Вашего уровня эрудированности, общей культуры (Выразите свою оценку в баллах: 1 балл – очень низкая оценка, 10 баллов – очень высокая оценка. Другие значения промежуточные).	7.5
Дайте примерную оценку Вашего уровня осведомленности в смежных областях полученной специальности (Выразите свою оценку в баллах: 1 балл – очень низкая оценка, 10 баллов – очень высокая оценка. Другие значения промежуточные).	6

Рис. 7. Результаты анкетирования выпускников специальности 230101.65 «Вычислительные машины, комплексы, системы и сети» в декабре 2014 года

Упорядочение рангов компетенций производится в соответствии с суммами рангов, присвоенных работодателями. Ранг, равный единице, присваивается компетенции, имеющей наименьшее суммарное значение и т.д.

Согласованность мнений экспертов определяется посредством коэффициента конкордации Кендалла [1;2], характеризующего корреляцию между переменными, если их число больше двух,

$$W = \frac{12 * S}{M^2 (T^3 - T)}; \quad (2)$$

$$S = \sum_{i=1}^{T} \left(\sum_{j=1}^{M} \alpha_{ij} - \frac{M(T+1)}{2} \right)^2. \quad (3)$$

Величина коэффициента конкордации может меняться в пределах от 0 до 1, причем его равенство единице означает, что все эксперты дали одинаковый ранг, а равенство нулю, что связи между оценками, полученными от разных экспертов, не существуют.

Если *W =0*, то это свидетельствует о противоположности мнений экспертов.

Если значение коэффициента конкордации превышает *0,40-0,50*, то качество оценки считается удовлетворительным, если *W> 0,70-0,80* – высоким.

В случае *W<0,2-0,4* – говорят о слабой согласованности экспертов, а большие величины *W>0,6-0,8* свидетельствуют о сильной согласованности экспертов. Слабая согласованность обычно является следствием следующих причин:

– в рассматриваемой выборке экспертов отсутствует общее мнение;

– внутри группы существуют коалиции с высокой согласованностью мнений, однако обобщенные мнения коалиций противоположны.

Полученные веса компетенций учитываются при расчете уровня компетентности выпускников.

На основе результатов ранжирования компетенций (рис. 10) определяются наиболее значимые для работодателей компетенции, что позволит скорректировать образовательные программы с учетом специфики рынка труда города.

Все данные хранятся в базе данных института, что позволяет со временем отслеживать динамику компетентности выпускников и изменение ситуации на рынке труда города Рубцовска.

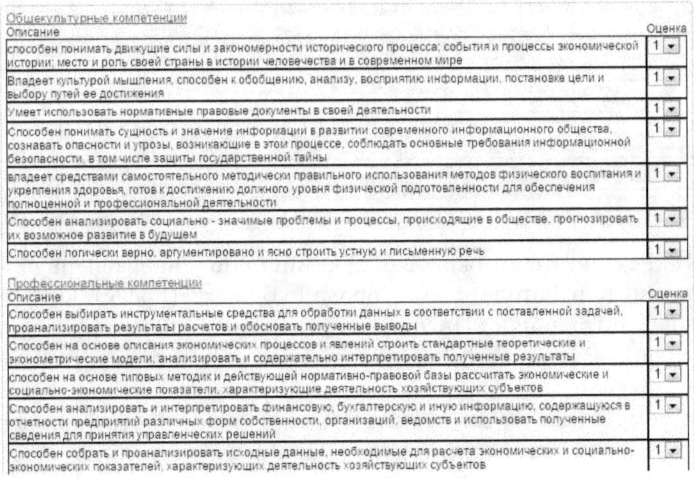

Общекультурные компетенции

Описание	Оценка
способен понимать движущие силы и закономерности исторического процесса; события и процессы экономической истории; место и роль своей страны в истории человечества и в современном мире	1
Владеет культурой мышления, способен к обобщению, анализу, восприятию информации, постановке цели и выбору путей ее достижения	1
Умеет использовать нормативные правовые документы в своей деятельности	1
Способен понимать сущность и значение информации в развитии современного информационного общества, сознавать опасности и угрозы, возникающие в этом процессе, соблюдать основные требования информационной безопасности, в том числе защиты государственной тайны	1
владеет средствами самостоятельного методически правильного использования методов физического воспитания и укрепления здоровья, готов к достижению должного уровня физической подготовленности для обеспечения полноценной и профессиональной деятельности	1
Способен анализировать социально - значимые проблемы и процессы, происходящие в обществе, прогнозировать их возможное развитие в будущем	1
Способен логически верно, аргументировано и ясно строить устную и письменную речь	1

Профессиональные компетенции

Описание	Оценка
Способен выбирать инструментальные средства для обработки данных в соответствии с поставленной задачей, проанализировать результаты расчетов и обосновать полученные выводы	1
Способен на основе описания экономических процессов и явлений строить стандартные теоретические и эконометрические модели, анализировать и содержательно интерпретировать полученные результаты	1
способен на основе типовых методик и действующей нормативно-правовой базы рассчитать экономические и социально-экономические показатели, характеризующие деятельность хозяйствующих субъектов	1
Способен анализировать и интерпретировать финансовую, бухгалтерскую и иную информацию, содержащуюся в отчетности предприятий различных форм собственности, организаций, ведомств и использовать полученные сведения для принятия управленческих решений	1
Способен собрать и проанализировать исходные данные, необходимые для расчета экономических и социально-экономических показателей, характеризующих деятельность хозяйствующих субъектов	1

Рис. 8. Перечень компетенций направления 38.03.01 «Экономика» подсистемы «Ранжирование компетенций»

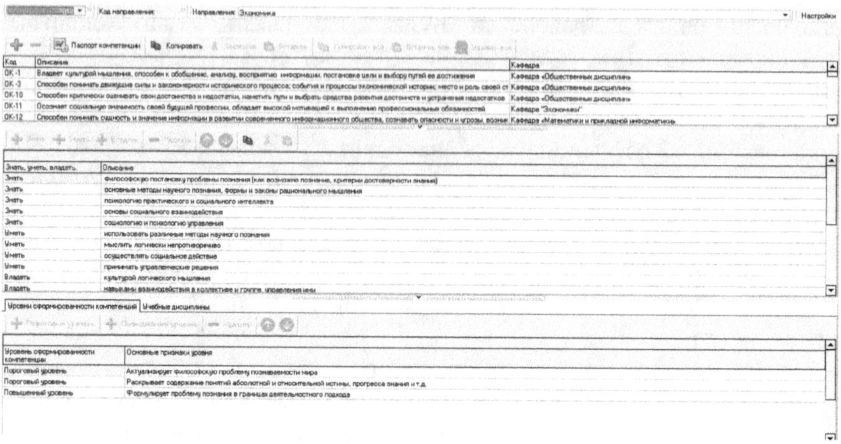

Рис. 9. Перечень компетенций направления 38.03.01 «Экономика» ИС «Компетенции»

Результаты ранжирования в порядке важности для работодателей

Компетенция	Общий рейтинг
способен понимать движущие силы и закономерности исторического процесса; события и процессы экономической истории; место и роль своей страны в истории человечества и в современном мире	9
Владеет культурой мышления, способен к обобщению, анализу, восприятию информации, постановке цели и выбору путей ее достижения	8
Способен логически верно, аргументировано и ясно строить устную и письменную речь	8
Способен анализировать социально - значимые проблемы и процессы, происходящие в обществе, прогнозировать их возможное развитие в будущем	7
Умеет использовать нормативные правовые документы в своей деятельности	7
владеет средствами самостоятельного методически правильного использования методов физического воспитания и укрепления здоровья, готов к достижению должного уровня физической подготовленности для обеспечения полноценной и профессиональной деятельности	7
способен на основе типовых методик и действующей нормативно-правовой базы рассчитать экономические и социально-экономические показатели, характеризующие деятельность хозяйствующих субъектов	7
Способен понимать сущность и значение информации в развитии современного информационного общества, сознавать опасности и угрозы, возникающие в этом процессе, соблюдать основные требования информационной безопасности, в том числе защиты государственной тайны	6
Способен собрать и проанализировать исходные данные, необходимые для расчета экономических и социально-экономических показателей, характеризующих деятельность хозяйствующих субъектов	6
Способен анализировать и интерпретировать финансовую, бухгалтерскую и иную информацию, содержащуюся в отчетности предприятий различных форм собственности, организаций, ведомств и использовать полученные сведения для принятия управленческих решений	5
Способен на основе описания экономических процессов и явлений строить стандартные теоретические и эконометрические модели, анализировать и содержательно интерпретировать полученные результаты	5
Способен выбирать инструментальные средства для обработки данных в соответствии с поставленной задачей, проанализировать результаты расчетов и обосновать полученные выводы	5

Рис. 10. Результаты ранжирования компетенций направления 38.03.01 «Экономика» работодателями города Рубцовска (представители ОАО «Сбербанк», сотрудники «Инспекции федеральной налоговой службы №12 по Алтайскому краю») в мае 2014 года

В подсистеме «Резюме выпускников» студенты и выпускники нашего института смогут размещать информацию о своих учебных достижениях (образование, курсы повышения квалификации и т.п.), о трудовой деятельности.

Подсистема «Вакансии» предназначена для размещения работодателями города Рубцовска информации об имеющихся вакансиях, требований к кандидатам.

В системе тестирования Tesa будет оцениваться уровень компетентности наших выпускников по общекультурным и профессиональным компетенциям. Это возможно за счет связи между компетенциями и дисциплинами, которые участвуют в формировании тех или иных компетенций (ИС «Компетенции»).

Информация об учебных достижениях и практике студентов в «Резюме выпускников» импортируется из БД «Студенты».

Подсистема «Подбор вакансий и выпускников» является итоговой подсистемой, в которой на основе информации о вакансиях, уровне компетентности выпускников, резюме выпускников будет проводиться подбор выпускников на вакансии.

Список литературы

1. Лапач С. Н., Чубенко А. В., Бабич П. Н. Статистика в науке и бизнесе. К.: МОРИОН, 2002. 640 с. 4.
2. Орлов А. И. Прикладная статистика. М.: Экзамен, 2004. 253 с.

УДК 62-529

Султанов Н.З.
профессор, доктор технических наук, заведующий кафедрой систем автоматизации производства
Семыкин А.В.
студент Оренбургского государственного универсистета

КОНЦЕПЦИЯ СИСТЕМЫ ПРОГНОЗИРОВАНИЯ ЗАТОПЛЕНИЙ

Система прогнозирования; затопление; подтопление; анализ; прогноз; экономические затраты

Forecasting system; flooding; flooding; analysis; prediction; economic costs

В данной статье рассматривается построение концепции теоретического исследования и целесообразности практического воплощения системы прогнозирования затоплений и подтоплений. Рассматривается актуальность темы исследования, недостатки существующих систем, экономическое обоснование проекта, а также критерии его полезности.

This article discusses the construction of the theoretical concept of the study and feasibility of a practical embodiment of the system of forecasting of inundation and flooding. Discusses the relevance of the research topic, the shortcomings of existing systems, feasibility of the project, as well as the criteria of its usefulness.

Введение

В Оренбургском государственном университете с 2014 года в рамках магистратуры ведется разработка системы прогнозирования затоплений и подтоплений. Данная тема является весьма актуальной для Оренбургской области. Оренбургская область располагается в бассейне реки Урал. На территории Оренбургской области расположены такие крупные водохранилища как Ириклинское, Кумакское, Сорочинское. В непосредственной близости от названных выше водных объектов расположены такие города как Оренбург, Орск - крупнейшие областные промышленные центры. Затопление территорий в данном случае может грозить существенным экономическим ущербом. Для снижения ущерба от затоплений территории необходимо предусмотреть механизмы мониторинга гидрологической ситуации и прогнозирования ее развития.

Обоснование актуальности темы исследования

Система прогнозирования затопления и подтопления - аппаратно - программный комплекс, предназначенный для регистрации факта повышения уровня воды до критического уровня, сбора и анализа информации об уровне и скорости распространения воды, прогнозирования возможных зон затопления и подтопления.

Данная тема исследований приобрела особую актуальность в свете событий в г. Крымске Краснодарского края, летом 2013 года. По опубликованным данным, наводнение привело к гибели 153 человек, безвестному исчезновению 2 человек, причинению тяжкого вреда 5 местным жителям. Было затоплено более 7,2 тысяч жилых домов. Полностью утратили имущество 29 тысяч граждан, частично - более 5,5 тысяч.

Рисунок 1 - Структура потерь среди населения и число утративших имущество

Как было отмечено главой МЧС России Владимиром Пучковым: "К сожалению, комплексной работы проведено не было, со стороны руководителей на местах и отдельных служб были допущены ошибки. Не все население было оповещено в установленные сроки".[1]

[1] В. Волков Трагедия Крымска учит многому. В. Волков. Гражданская защита.-2013 .-№1.- С 22-24. ,с 22-23

Все это указывает на необходимость совершенствования системы оповещения населения, снижения влияния человеческого фактора на систему оповещения, ее автоматизацию.

Автоматизация системы прогнозирования затоплений и подтоплений позволит более точно и в кратчайшие сроки выявлять критическое повышение уровня воды, сигнализировать об этом и определять предполагаемую область затопления, на основе математических алгоритмов.

За счет организации базы данных и накопления данных о затоплениях и подтоплениях в предыдущие периоды, повышается точность и снижается время на подготовку прогнозов распространения воды.

Результатом проведения данных мероприятий станет предотвращение гибели людей и значительное сокращение экономических потерь, в результате своевременного оповещения населения и принятия адекватных мер по эвакуации людей, сохранению имущества.

Нами также был проведено сравнение современных систем мониторинга и прогнозирования затопления и подтопления. Проведенный анализ выявил ряд существенных недостатков современных систем прогнозирования. В ходе проведения анализа были рассмотрены следующие системы прогнозирования:

- Google Flood Map[2]

- ArcGIS Standard (ArcEditor)[3]
- ГИС Карта 2011[4]

Недостатки представленных систем прогнозирования

Главным и наиболее существенным недостатком представленных образцов является то, что в данных программах рассчитывается лишь математическая модель возможного затопления, без привязки к конкретным условиям местности, сложившимся на данный период. То есть не учитываются сложившиеся сезонные условия для данной территории. По нашему мнению, при проектировании системы необходимо обеспечить

---

[2] Flood Map: Water Level Elevation Map (Beta). URL: www.floodmap.net

[3] ArcGIS for Desktop Standard (ArcEditor)). URL: http://www.esri-cis.ru/products/arceditor/detail/review/

[4] Профессиональная ГИС Карта 2011.URL: http://www.gisinfo.ru/products/map2011_prof.htm

возможность изменения анализа и прогноза затоплений и подтоплений во времени и в зависимости от сложившихся гидрологических условий. Наиболее существенным недостатком Google Flood Map является отсутствие разделения зон предполагаемого затопления по уровню опасности(то есть вероятности наступления затопления и подтопления), отсутствие возможности прогнозирования затопления в зависимости от гидрологических условий. Это затрудняет для прогнозирование затоплений и подтоплений, несмотря на низкие затраты по эксплуатации. Представленные недостатки основных систем прогнозирования, позволяют, по нашему мнению, говорить о том, что необходимо создавать новые аппаратно-программные комплексы, отслеживающие ситуацию в реальном времени и позволяющие получать точные прогнозы развития гидрологической ситуации не только на ближайшие часы, но и на более длительный период времени.

Концепция проекта "Система прогнозирования затоплений", цели, задачи, методы, материалы

Наименование проекта:"Автоматизированная система прогнозирования затоплений".

Цель проекта - создание автоматизированной системы контроля гидрологической ситуации на водоемах и прогнозирования возможного затопления территорий.

Результаты проекта - создание аппаратно-программного комплекса для контроля уровня воды на искусственных и естественных водоемах, прогнозирования возможных сценариев развития затопления на прилегающей территории, прогноз площади затопления, оповещения населения в случае угрозы возникновения критической ситуации, опасной для жизни и здоровья населения, угрозы утраты имущества.

Созданная система должна включать в себя :

1) Аппаратную часть измерительных постов. Под аппаратной частью подразумеваются собранные и готовы к эксплуатации посты контроля гидрологической ситуации. Посты контроля включают в себя: 1) датчики уровня воды 2) головное устройство, производящее первичную обработку и передачу данных на головной пост посредством радиоканала или GSM-связи.

2) Аппаратно- программное обеспечение центрального поста. Включает в себя: приемники данных с постов гидрологического контроля.

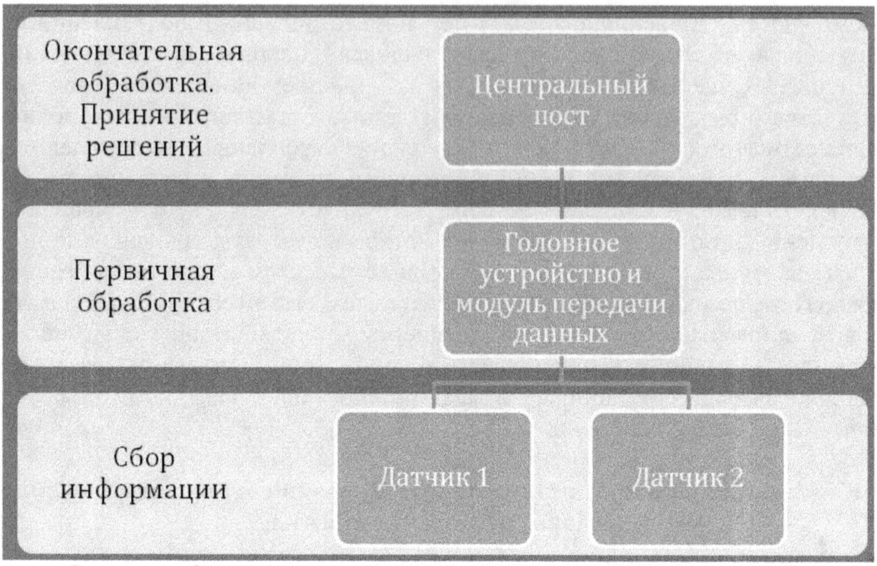

Рисунок 2 - Структура готовой системы. Уровни обработки информации в системе.

В качестве приемников данных могут рассматриваться как средства GSM связи, так и приемники данных по зарезервированному радиоканалу.

В качестве основы для программной части системы рассматривается база данных, содержащая параметры уровня и скорости распространения воды, полученные от аппаратной части системы.

На основе имеющихся в базе данных параметров распространения воды, при помощи технологии Open GL и имеющихся картографических систем, таких как Яндекс.Карты и Google Map при помощи методов математического моделирования, с определенной вероятностью, рассчитывается величина и конфигурация площадей, попадающих под затопление. На основе расчетов составляется общий отчет о гидрологической ситуации.

Данный отчет является вспомогательным средством при планировании мер по эвакуации людей, спасению имущества.

Ключевые участники и заинтересованные стороны.

Ключевыми участниками и заинтересованными сторонами в данном проекте являются органы власти муниципальных образований, МЧС.

Ресурсы проекта.

Требуемые ресурсы для осуществления проекта и их стоимость, а также планируемая прибыль представлены в таблице 1.

Таблица 1.- Основные ресурсы и полная стоимость проекта.

Элементы затрат	Стоимость , руб.
Сырье и материалы	200,00
Электроэнергия на производственные нужды	911,48
Зарплата (основная +дополнительная 10%)	38118,16
Начисления на зарплату	10534,48
Общехозяйственные расходы (в т.ч амортизация)	11435,45
Общепроизводственные расходы	26682,71
Полная себестоимость	87882,28
Интеллектуальная собственность (10% от полной себестоимости)	8788,23
Прибыль (10% от полной себестоимости)	8788,23
Отпускная цена	105458,74

Рисунок 3 - Структура затрат на осуществление проекта

Из представленной диаграммы можем заметить, что наибольшая доля затрат приходится на заработную плату персонала. Объясняется это тем, что на начальном этапе работы проекта временные затраты на создание опытных образцов оборудования и программного обеспечения достаточно велики. При наличии. При серийном производства данной продукции указанные затраты будут снижены за счет экономии времени на доработку системы.

Сроки осуществления проекта.

Проект планируется осуществить в течении двух лет.

Основные виды рисков.

1. Риски несоблюдения графика и превышения бюджета проекта.

Данный вид рисков может возникнуть в течении проекта из-за повышения закупочных цен на радиоэлектронные компоненты устройств. Снизить вероятность проявления данного вида рисков можно путем приблизительной оценки стоимости компонентов на этапе проектирования аппаратной части. Также снизить вероятность проявления данного вида рисков можно путем оптовых закупок радиоэлектронных компонентов и заключение предварительных соглашений на поставку радиоэлектронных компонентов.

2. Маркетинговый риск, риск недополучения прибыли.

Данный вид рисков можно минимизировать заключая предварительные соглашения о закупке систем мониторинга. В случае отсутствия заказов на системы мониторинга в форме полной поставки, возможна реконфигурация системы под нужды конкретного заказчика . В случае реконфигурации системы под требования заказчика система может поставляться с иным набором датчиков и адаптированным под требования программным обеспечением.

Основные критерии аппаратно-программного комплекса

1) Точность измерений производимых аппаратной частью постов гидроконтроля

2) Отсутствие критических ошибок при производстве измерений.

3) Отсутствие ложных срабатываний системы.

4) Возможность построения прогнозов по полученным с помощью аппаратной части данным об уровне и скорости распространения воды.

Обоснование полезности проекта

Автоматизация системы прогнозирования затоплений и подтоплений позволит более точно и в кратчайшие сроки выявлять критическое повышение уровня воды, сигнализировать об этом и определять предполагаемую область затопления, на основе математических алгоритмов. Однако, данный вид прогнозов заставляют работать с большими объемами данных в течение весьма ограниченного времени. Кроме того, при изменении гидрологических условий, может потребоваться корректировка прогнозов. При этом важно помнить: эффективность ручного труда в данных условиях низка.

Именно поэтому и появляется идея автоматизировать наиболее трудоемкие и критичные ко времени участки, добиваясь общего повышения быстродействия системы и ее экономической эффективности.

За счет организации базы данных и накопления данных о затоплениях и подтоплениях в предыдущие периоды, повышается точность и снижается время на подготовку прогнозов распространения воды. Результатом проведения данных мероприятий станет предотвращение гибели людей и значительное сокращение экономических потерь, в результате своевременного оповещения населения и принятия адекватных мер по эвакуации людей, сохранению имущества.

Проектирование датчика критического уровня воды

Датчик регистрации критического уровня воды - прибор, регистрирующий превышение минимально допустимого уровня воды, формирующий управляющий сигнал, который активизирует головное устройство. При падении уровня воды до уровня ниже минимального, головное устройство деактивируется, в целях энергосбережения.

Схема датчика, представленная ниже была доработана, в соответствии с целями и задачами основного исследования, для обеспечения корректной работы головного устройства и обеспечения принципов энергосбережения и экономической эффективности.

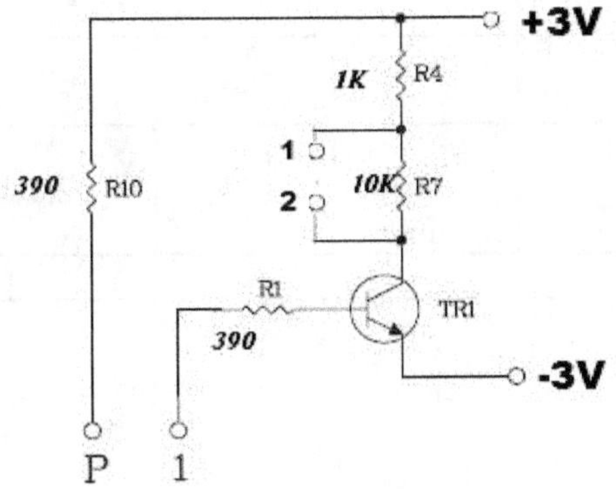

Рисунок 4. - Общая электрическая схема датчика

При достижении водой уровня установки датчика, контакты датчика замыкаются, на выходах 1 и 2 формируется выходное напряжение. Микропроцессор головного устройства при возникновении напряжения на выводах датчика активизирует измерительную систему. Головное устройство периодически собирает данные с датчиков и передает на центральный пост для обработки. ЭВМ центрального поста сравнивает данные, полученные с датчиков, и заложенные в базу данных допустимые уровни воды на конкретном участке. При превышении максимального уровня ЭВМ формирует сигнал тревоги и фиксирует данный факт в журнале тревог.

Ниже представлен расчет приблизительной стоимости датчика

Таблица 1. - Расшифровка статьи затрат материалы. Стоимость материалов[5].

Наименование материалов	Ед. изм.	Нормы расхода	Цена за единицу (с НДС)	Стоимость руб.
Резистор 390K	шт	2	1,9	3,80
Транзистор AUIRF1010ZS	шт	1	68	68,00
ECS2, Плата печатная макетная 160x100мм	шт	0,2	360	72,00
Резистор CF-100 (C1-4) 1 Вт, 1 кОм, 5%,	шт	1	1,7	1,70
Резистор CF-100 (C1-4) 1 Вт, 10 кОм, 5%,	шт	1	1,7	1,70
Материалы для сборки датчика (припой, канифоль)	Комплект	1	52,8	52,8
Итого:				200,00

[5] Чип и Дип. Каталог товаров URL:http://www.chipdip.ru/catalog/pcb-breadboards/?sort=priceup.

Из таблицы видно, что датчик обладает весьма низкой стоимостью и количество необходимых датчиков данного типа для работы системы невелико, один датчик обслуживает одно головное устройство

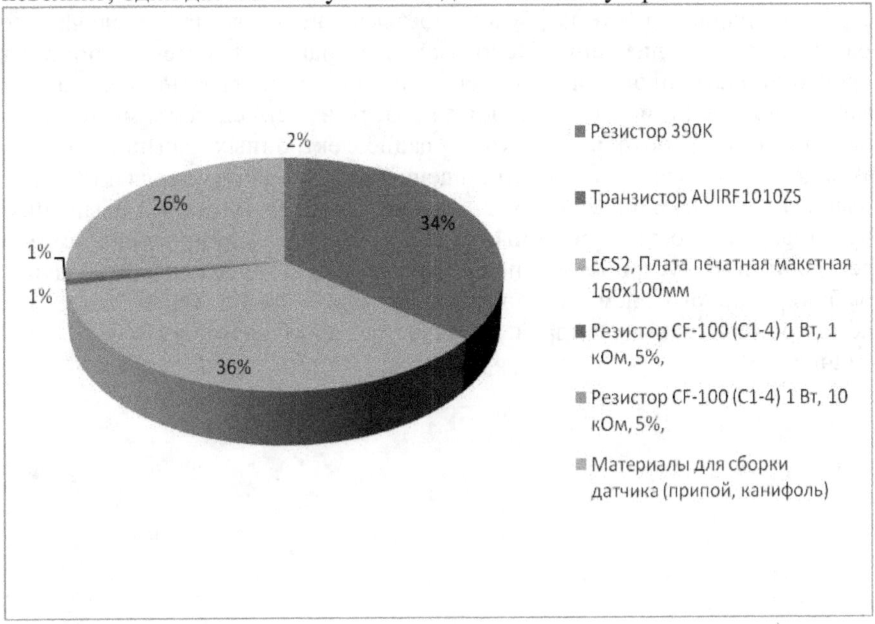

Рисунок 5 - Структура затрат материалов на изготовление датчика

Из рисунка 5 видно, что наибольшую долю в структуре затрат занимает стоимость транзистора и печатной платы. При серийном производстве устройства необходимо будет оптимизировать стоимость поставки указанных компонентов.

При всей невысокой стоимости датчиков, эффект от их использования, по нашему мнению будет значительным. Использовании данных датчиков позволяет создать систему с эффективным энергопотреблением. Следствием этого будет являться экономия электроэнергии, увеличение срока службы элементов питания. Все это в конечном итоге приводит к сокращению затрат на обслуживание системы. Также решается одна из ключевых задач, которые были поставлены в ходе подготовки к исследованиям. А именно: создание устойчивой, максимально автономной системы, требующей минимального технического обслуживания.

Результаты и выводы

Учитывая все, изложенное выше, можно прийти к выводу о том, что данная система будет чрезвычайно полезна в случае ее практической реализации. Использование данной системы поможет спрогнозировать площади затопления и принять адекватные меры для эвакуации людей и имущества. Общая себестоимость системы может быть снижена путем оптовых закупок радиоэлектронных компонентов и заключение предварительных соглашений на поставку радиоэлектронных компонентов. Принимая во внимание требования по повышению энергоэффективности системы, как вариант построения схемы электропитания устройства, нами может быть предложено создание комбинированного элемента питания на основе Ni-Ca аккумуляторов и элементов солнечных батарей, в качестве дополнительного источника питания.

Фёдорова Н.В., Оганджанян И.К.
Волгоградский государственный технический университет
E-mail: app@vstu.ru

МОДЕРНИЗАЦИЯ СРЕДСТВ АВТОМАТИЗАЦИИ ПРОЦЕССА ТРАНСПОРТИРОВКИ ГАЗА ПО МАГИСТРАЛЬНОМУ ГАЗОПРОВОДУ

Данная статья посвящена вопросу модернизации средств автоматизации процесса транспортировки газа по магистральному газопроводу. Даётся оценка эффективности транспортировки газа по существующей газотранспортной станции. В качестве новой системы управления выбран комплекс телемеханики «Магистраль-2». Внедрение этого комплекса позволит устранить ряд недостатков, которые в последующем повлияют на эффективность транспортировки газа по магистральному газопроводу.

Ключевые слова: транспортировка газа, средства транспортировки, модернизация средств автоматизации.

This article is devoted to a question of modernization of an automation equipment of process of transportation of gas through the main gas pipeline. The assessment of efficiency of transportation of gas on the existing gas transmission station is given. As a new control system the telemechanics complex "Highway-2" is chosen. Introduction of this complex will allow to eliminate a number of defects which in the subsequent will affect efficiency of transportation of gas through the main gas pipeline.

Keywords: transportation of gas, means of transportation, modernization of an automation equipment.

Транспортировка и доставка природного газа потребителю, связаны с большими потерями газа на каждом участке от разработанной скважины у месторождения, дожимных станций и газораспределительных станций до газового оборудования в каждом доме.

Газотранспортные системы (ГРС) предназначены для снабжения газом от магистральных и промысловых газопроводов населённых пунктов, предприятий и других потребителей.

На сегодняшний день система управления и учёта ГРС должна обеспечивать безаварийную подачу газа потребителям.

Важными составляющими обеспечения надежной работы технологических объектов линейной части магистральных газопроводов являются их автоматизация, телемеханизация и телеметрия, которые создают основу автоматизированной системы управления технологическими процессами (АСУТП). Широкое внедрение АСУТП на всех объектах ГТС позволяет обеспечить оперативность реакции на все нештатные ситуации [1,107].

Удобство представления данных повышает скорость и качество работы оператора, повышая эффективность транспортировки газа.

ГРС Антиповского ЛПУ МГ предназначен для подачи газа сельскому хозяйству, предприятиям и комунально-бытовым потребителям Камышенского района Волгоградской области с заданным давлением, температурой, при заданных расходах, необходимой степенью очистки и одоризации газа. ГРС находится в отдалении от Антиповского ЛПУ МГ, что усложняет сбор информации и ведёт к разногласиям с потребителями.

Таким образом модернизация автоматизированной системы управления ГРС Антиповского ЛПУ МГ позволит устранить ряд недостатков, которые в последующем повлияют на эффективность транспортировки газа по магистральному газопроводу, а именно:

- улучшить условия труда оператора и обслуживающего персонала;
- диспечеру ЛПУ МГ круглосуточно на экране монитора получать информауию в полном объёме о режимах работы и расхода газа потребителям;
- урегулировать разногласия, возникающие при проведении расчётов между поставщиками, потребителями газа и газораспределительными организациями по вопросу потерь газа;
- ускорить сбор информации, повысить точность в измерении основных технологических параметров (давления, температура и т.д) и учёте расхода газа;
- возможность оперативного управления запорной арматурой охранного крана;
- возможность программной адаптации устройств (открытость архитектуры) в процессе эксплуатации при необходимости расширения функций и модернизации;
- оснащённость сервисным оборудованием, встроенным тестовым контролем, который обеспечивает устранение неисправностей с обноружением вышедших из строя элементов до уровня сменного модуля или блока.

ГРС является сложным и ответственным энергетическим (технологическим) объектом повышенной опасности. К технологическому оборудованию и средствам автоматизации ГРС предъявляются повышенные требования по надежности и безопасности [2].

В качестве новой системы управления выбран комплекс линейной телемеханики «Магистраль-2», позволяющий производить контроль управление технологическим процессом с помощью каналов связи и средств автоматизации собственным программным обеспечением «Зонд». Выбрано технологическое оборудование и приборы КИПиА, такие как: датчики давления Метран-150TGR4, манометры МП-4У, термометры технические, датчики температуры ТМС 296-05, ТСМУ-011, устройство охранно-пожарной сигнализации и контроля, регуляторы давления, предохранительные клапаны, сигнализаторы загазованности СТМ-10, многониточный измерительный комплекс «ГиперФлоу-УИВК», запорная арматура и многое другое [3].

Таким образом, одним из важных звеньев в цепи транспорта газа являются компрессорные станции и магистральные газопроводы. В большей степени от их качественной работы зависит выполнение главной миссии газотранспортной системы страны.

Интеграция системы управления и учёта на ГРС с системой управления бизнес-процессами, позволит всем организациям в любой момент получить оперативную и достоверную информацию в удобном для учёта и анализа форме. Это повысит эффективность управления ГРС, а так же получение достоверной информации с наименьшими затратами, в кратчайшие сроки и в удобной для пользователя форме.

БИБЛИОГРАФИЧЕСКИЙ СПИСОК

1. Данилов А.А., Петров А.И. «Газораспределительные станции». СПБ.: Недра,1997-107 с.
2. Система телемеханики и САУ ГРС на базе комплекса программных и технический средств «Магистраль-2 », ТУ 4318-018-00123702-96,1996 г.
3. Газораспределительная станция. Техническое описание и инструкция по эксплуатации 47531950265 ТО

УДК 66.065.51

Орлова Н.В., Орлов А.Ю., Пшичкина Д.Ю., Пугачева Ю.В., Мыльникова Е.В.

КИНЕТИКА ПРОЦЕССА КРИСТАЛЛИЗАЦИИ, ОСЛОЖНЕННОГО ХИМИЧЕСКОЙ РЕАКЦИЕЙ

В настоящее время в химической и в других отраслях промышленности для отбеливания текстильных волокон, бумаги, пластических масс и пр. применяются оптически отбеливающие вещества (**ООВ**). Эффективность этих отбеливателей оценивается квантовым выходом флуоресценции, равным отношению числа излученных фотонов света к числу поглощенных фотонов. Это отношение у отбеливателей (в растворе) достигает 90 %. Среди ООВ важное место занимают исследуемые в настоящей работе производные бистриазиниламиностильбенов (торговое название – белофоры).

В производстве белофора ОБ-жидкого (выпускная форма – 20 %-й водный раствор, что обусловлено последующей технологией отбеливания) качество готового продукта во многом определяется стадией выделения (выкисления), на которой в аппарате одновременно с химической реакцией идёт процесс кристаллизации. Именно этими процессами определяются гранулометрический состав целевого продукта, концентрация основного вещества и примесей, характеризующие качественные показатели продукта. Существующее производство белофора ОБ имеет ряд недостатков, в число которых входит мелкодисперсность получаемых при выделении кристаллов, а как следствие, также увеличенные потери целевого продукта на стадии фильтрации и высокая концентрация неорганических примесей. Научно обоснованный подход к расчёту и выбору оптимальных технологических параметров процесса кристаллизации позволит получить продукт с более высокими качественными характеристиками (концентрация целевого продукта, дисперсный состав твёрдой фазы, концентрация примесей). Поэтому исследование и моделирование кинетики совмещенных процессов выделения является актуальной научной и практической задачей для процессов получения белофоров и других продуктов тонкого органического синтеза.

Скорость процесса кристаллизации, осложненной химической реакцией, в данном случае зависит не только от кинетики образования кристаллической фазы (скоростей зарождения и роста кристаллов), но и от кинетики реакционного процесса: в частности, от нее зависит величина создаваемого пересыщения [2].

Кинетика химического взаимодействия зависит от вида выкисляющего агента. Главной задачей было подобрать экспериментально его состав, для чего нужно определить влияние агентов на концентрацию и гранулометрический состав целевого продукта.

В качестве выкисляющих агентов для исследования были выбраны следующие наиболее перспективные составы (всего 12 вариантов): 1) серная кислота; 2) соляная кислота; 3) уксусная кислота; 4) – 6) смесь серной и уксусной кислот в соотношениях 1:1, 1:2, 1:3 по концентрациям; 7) – 9) смесь соляной и уксусной кислот в таких же соотношениях; 10) – 12) смесь серной и соляной кислот в таких же соотношениях.

В результате экспериментальных исследований были получены кинетические зависимости изменения концентрации белофора во времени (рис. 1) при определенном составе выкисляющего агента, а также оценено влияние вышеперечисленных параметров на размер образующихся кристаллов (рис. 2).

В результате анализа полученных экспериментальных данных сделан вывод о том, что максимальная концентрация целевого вещества (44,5 г/дм^3) и кристаллы наибольшего размера (20…35 мкм) формируются при выкислении смесью соляной и уксусной кислот в соотношении по концентрациям 1:3 (рис. 1, 2), что обеспечивается присутствием уксусной кислоты. При дальнейшей выдержке кристаллы еще могут укрупняться до 40…45 мкм.

Исследования влияния температуры на концентрацию и гранулометрический состав белофора ОБ проводились на лабораторной установке рис. 1. Температура варьировалась в диапазоне 30…90°С с шагом 10 °С.

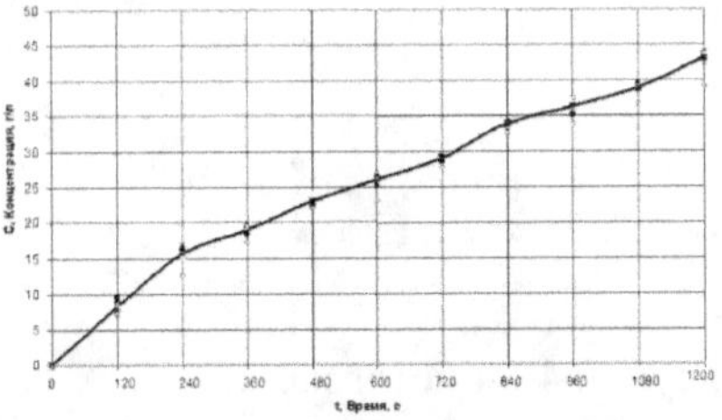

Рис. 1- Изменение концентрации белофора ОБ (выкисляющий агент– смесь соляной и уксусной кислот соотношение 1:3)

В результате экспериментальных исследований были получены зависимости концентрации кислой формы белофора от времени при определённой температуре, а также оценено влияние вышеперечисленных параметров на размер образующихся кристаллов и концентрацию хлоридов в целевом продукте.

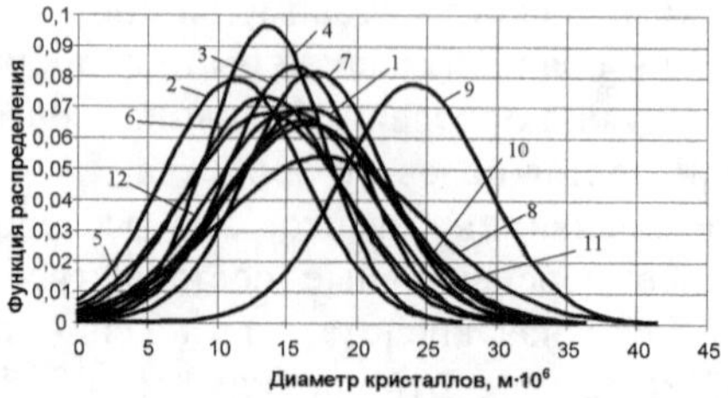

Рис. 2 –Распределение кристаллов белофора ОБ по размеру в зависимости от состава выкисляющего агента: 1– соляная кислота; 2–серная кислота; 3–уксусная кислота; 4– смесь соляной и серной кислот, соотношение по концентрациям 1:1; 5– смесь соляной и серной кислот, соотношение по концентрациям 1:2; 6– смесь соляной и серной кислот, соотношение по концентрациям 1:3; 7– смесь соляной и уксусной кислот, соотношение по концентрациям 1:1; 8– смесь соляной и уксусной кислот, соотношение по концентрациям 1:2; 9– смесь соляной и уксусной кислот, соотношение по концентрациям 1:3; 10– смесь серной и уксусной кислот, соотношение по концентрациям 1:1;
11– смесь серной и уксусной кислот, соотношение по концентрациям 1:2; 12– смесь серной и уксусной кислот, соотношение по концентрациям 1:3.

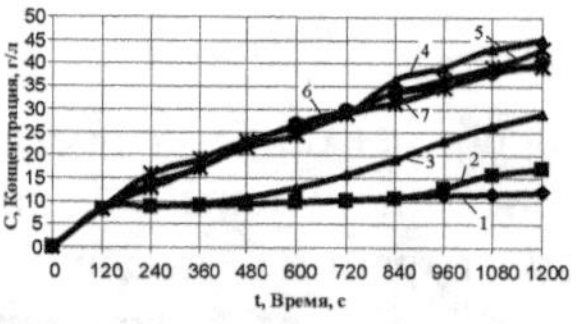

Рисунок 3 – Изменение концентрации кислой формы белофора ОБ при температуре: 1 - 30°С; 2 - 40°С; 3 - 50°С; 4 - 60°С; 5 - 70°С; 6 - 80°С; 7 - 90°С.

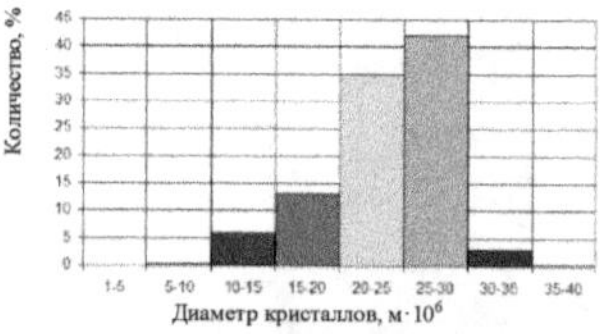

Рисунок 4 – Гистограмма распределения кристаллов белофора ОБ по размерам при температуре 60°С

Анализ экспериментальных данных показал, что максимальная концентрация кислой формы белофора (45 г/дм^3 (рис. 3) и максимальный размер кристаллов получен при температуре процесса 60°С (рис. 4, табл. 1).

Из данных табл. 1 видно, что при температурах 60 °С и выше достигается минимальное значение концентрации неорганических примесей (хлоридов) 0,8…0,9 % при минимальном времени фильтрования (5…8 мин) с наименьшими потерями целевого вещества (0,5…1,1 %).

Таблица 1. Результаты экспериментальных исследований влияния температуры на качественные характеристики белофора ОБ

Выкисляющий агент	Температура процесса, °С	Концентрация целевого вещества в фильтрате, %	Содержание хлоридов в пасте, %	Время фильтрования, мин
Смесь соляной и уксусной кислот (1:3)	30	12	2,9	35
	40	6	2,5	25
	50	3	1,5	12
	60	0,5	0,8	5
	70	1,2	0,9	7
	80	1,2	0,9	7
	90	1,1	0,9	8

Из анализа данных, представленных в табл. 1 и на рис. 4-5, следует, что для проведения процесса кристаллизации белофора ОБ целесообразно использовать температуру 60 °С.

Для оценки влияния гидродинамического режима на размер получаемых кристаллов экспериментальные исследования проводились при числах Рейнольдса в диапазоне 800…2400, в качестве выкисляющего агента использовалась смесь соляной и уксусной кислот в соотношении по концентрациям 1 : 3, температура процесса 60 °С.

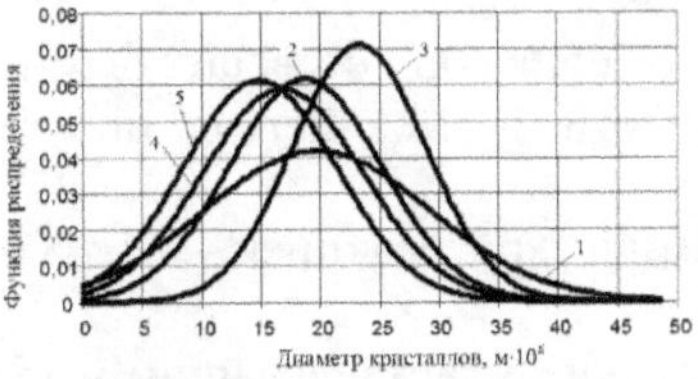

Рисунок 6 – Распределение кристаллов белофора ОБ по размерам, полученных: **1** – при Re=800; **2** – при Re=1200; **3** – при Re=1600; **4** – при Re=2000; **5** – при Re=2400.

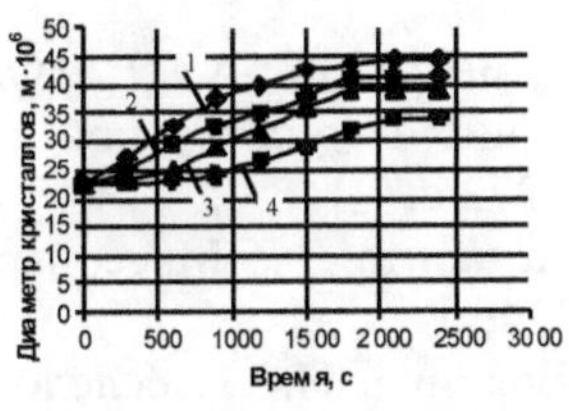

Рисунок 7 – Изменение диаметра кристаллов в течение времени выдержки при скорости перемешивания: 1 – 40 об/мин; 2 – 60 об/мин; 3 – 80 об/мин; 4 – 100 об/мин.

Анализ экспериментальных данных показал, что увеличение числа Рейнольдса до 1600 улучшает однородность гранулометрического состава, а дальнейшее увеличение до 2400 ведет к снижению размера кристаллов и увеличению диапазона фракций (рис. 5). Таким образом, кристаллы наибольшего размера и наиболее однородного состава формируются при числе Re = 1600.

Для исследования влияния времени выдержки (после окончания подачи выкисляющего агента) на размер получаемых кристаллов белофора ОБ также был проведен ряд экспериментов. Числа Рейнольдса при этом изменялись в диапазоне 800…2400.

Из полученных данных (рис. 6) можно сделать вывод, что процесс роста кристаллов наблюдается в течение 25…35 мин и максимальный диаметр кристаллов белофора (43…45 мкм) получено при скорости перемешивания 40 об/мин (Re = 800). Для кристаллов кислой формы белофора ОБ с размерами 30…45 мкм, можно говорить также о снижении потерь целевого продукта на стадии фильтрации.

В результате предложены следующие рекомендации для промышленного получения белофора ОБ с размером кристаллов до 40…45 мкм, принятые к реализации на ОАО «Пигмент»:

– в качестве выкисляющего агента использовать смесь соляной и уксусной кислот в соотношении 1 : 3;

– режим процесса: температура выделения белофора ОБ – 60 °С, при скорости перемешивания 80 об/мин; выдержка при постоянной температуре в течение 30 минут, при скорости перемешивания 40 об/мин.

Оценка качества получаемого продукта показала, что содержание хлоридов при предложенном режиме уменьшается до 1…0,8 %, а потери целевого продукта сокращаются до 0,5 %.

Список литературы

1. Емельянов А. Г. Оптически отбеливающие вещества и их применение в текстильной промышленности. – М.: Легкая индустрия, 1971, – 272 с.

2. Астарита Дж. Массопередача с химической реакцией.– М.: Химия, 1971.-224с.

3. Воякина, Н.В. Исследование кинетики кристаллизации белофора ОБ, осложненной химической реакцией / Н.В. Воякина, В.И. Коновалов // Вестн. Тамб. гос. техн. ун-та. – 2008. – Т. 14, № 3. – С. 513–516.

УДК 621.565.83

Орлов А.Ю., Орлова Н.В., Пшичкина Д.Ю., Пугачева Ю.В., Пятакова Н.В.

МЕТОДИКА ТЕПЛОВОГО РАСЧЕТА ВИХРЕВЫХ ТРУБ

Исходными данными для теплового расчета вихревых трую являются: необходимая температура, например, горячего потока $T_{гор}$°C и теплопроизводительность, например, в виде количества тепла, вносимого в проектируемый аппарат (сушилку, жидкостный аппарат, газо-жидкостный реактор и пр.) этим потоком: $Q_{гор} = G_{гор} \cdot c_p \cdot T_{гор}, [Дж/с = Вт]$; здесь $G_{гор}$ – массовый расход горячего продукта, кг/с; c_p – $Дж/с$; $\mathrm{T_{гор}}$ отсчитывается от 0 °C; может быть и прямо задан требуемый расход горячего продукта $G_{гор}$; аналогичные требования могут быть заданы для холодного потока $G_{хол}$, а, если удаётся полезно использовать оба потока–то же самое и для горячего, и для холодного потоков; суть, сложность решения и методика описания от этого в принципе не меняются.

Требуется найти необходимые для этого размеры основных элементов вихревой трубы (прежде всего, сопел завихрителя, рабочих диаметра и длины трубы) и давление продукта на входе в завихритель (оно определяет расход сжатого воздуха или жидкости); при этом нужно по возможности минимизировать энергозатраты на создание давления (сжатие), варьируя конструктивные размеры трубы.

Сначала выполняется газо-гидродинамический расчёт, затем – тепловой (тепло-диффузионный). При наличии оценочных значений «коэффициентов реальности», предварительную тепловую прикидку целесообразно сделать до гидравличского расчёта, а после него тепловой расчёт повторить по уточнённым данным.

В исходных уравнениях для описания работы и расчета вихревой трубы для оценки температурных эффектов, пока не известны сами физические причины термосепарации – использовать термодинамические уравнения сохранения энергии, возрастания энтропии и пр., преждевременно, поскольку этими уравнениями должны были бы учитываться эти причины.

Тепловой (термодинамический) расчет наиболее объективно проводить на базе: 1) «тормозного» нагрева; 2) расширительного охлаждения; 3) вязкостной диссипации. Для учета отклонений от действительности вводится «коэффициент реальности» k_{real}, который имеет иной смысл, чем КПД и может быть больше, меньше или равен единице.

1) «Тормозной» нагрев или температура адиабатического торможения $T_0 = T_{\mathrm{ad}}$. Температуру T_{ad} принимает газ с температурой T и

скоростью w при полном адиабатном торможении до нулевой скорости (за счет превращения кинетической энергии потока в тепловую).

Для идеальных газов

$$T_{ad} = T + \frac{w^2}{2c_p}. \quad (1)$$

Воздух в наших условиях можно считать идеальным газом.

Из (1) получаем при начальной температуре воздуха на входе T = 20 °С и теплоемкости c_p = 1006 Дж/(кг · °С) для скоростей 50…1000 м/с предельные температуры торможения:

w, м/с	50	100	200	300	331	400	500	600	700	800	900	1000
T_{ad}, °С	21,2	25	39,9	64,7	74,5	99,5	144,3	198,9	263,5	338,1	422,6	517

Это намного ниже температур нагрева в ВТ и таким образом, несмотря на физическую ясность и очевидную достоверность теоретической термодинамической зависимости (1), расчет реальных температур нагрева потока, которые должны наблюдаться в вихревых трубах, оказывается невозможным и нужно вводить упомянутый «коэффициент реальности»:

$$T_{stand.temp} = T_{ad} k_{real}. \quad (2)$$

2) Расширительное охлаждение в процессе типа детандерного также оказывается в известном смысле в вихревых трубах «умозрительным», так как газ при этом должен совершать внешнюю работу. Однако дросселирование для воздуха вообще отсутствует и приходится выбирать за базу изоэнтропическое расширительное охлаждение.

Теоретически при изоэнтропном расширении идеального газа

$$T_2/T_1 = (p_2/p_1)^{(k-1)/k}, \qquad T_2 = T_1 (p_2/p_1)^{(k-1)/k}. \quad (3)$$

Для наиболее используемого диапазона давлений в вихревых трубах 1…6 атм получаем:

p_1, МПа	0,2	0,3	0,4	0,5	0,6	0,7
T_2, °С	–32,6	–58,9	–75,8	–88,0	–97,4	–105,0

Это, наоборот, намного превышает реальный эффект. Таким образом, и здесь не обойтись без «коэффициента реальности»:

$$T_{exp.cool} = T_s k_{real}. \quad (4)$$

Для работы ВТ на воде нет ни детандерного, ни дроссельного эффектов.

3) Вязкостная диссипация: для воздуха предположительно имеет место дополнительно к трению и местным сопротивлениям, для воды также возможна. Это наиболее сложный и неясный вопрос.

Мощность, затрачиваемая на сжатие газа (без потерь в компрессоре), выражается соотношениями:

для адиабатического сжатия

$$N_s = \frac{k}{k-1} V_н\, p_н \left(\left(\frac{p_к}{p_н} \right)^{(k-1)/k} - 1 \right), \text{ Вт}; \qquad (5)$$

для изотермического сжатия

$$N_т = V_н\, p_н \ln\left(\frac{p_к}{p_н} \right), \text{ Вт}. \qquad (6)$$

В испытанных нами трубах расходы лежат в пределах 0,005…0,030 кг/с.

При сравнении величин мощностей на адиабатическое и изотермическое сжатие для расходов воздуха $G_{вх}$ = 0,01 кг/с, при давлении на выходе из вихревой трубы 1 ата были получены следующие результаты:

$p_к$, МПа	0,1	0,2	0,3	0,4	0,5	0,6
N_s, Вт	636,2	1071	1412	1696	1942	2160
$N_т$, Вт	575,3	911,8	1151	1336	1487	1615
$N_s - N_т$, Вт	60,9	159,2	261	360	455	545

При адиабатическом сжатии расходуемая мощность больше на 10…25%, чем при изотермическом, что объясняется дополнительным расходом энергии на нагрев (которая отводится охлаждением в компрессорной установке). При полном преобразовании этой энергии в тепло нагрев воздуха будет составлять около 50…200 °С.

Получаем оценку дополнительного тепловыделения в «условном» виде:

$$N_{ad.diss} = N_s\, k_{real} \quad \text{или} \quad N_{ad.diss} = N_т k_{real}, \qquad (7)$$

которая легко пересчитывается в температуры дополнительного диссипативного нагрева $T_{ad.diss}$.

«Коэффициенты реальности» находятся обработкой экспериментальных данных на базе подтверждаемых и непротиворечивых физико-теоретических соображений.

Например, в наших экспериментах для температур 110…120 °С они составляли: $k_{real\ stagn\ temp}$ = 1,8…2,2 (на °С), т.е. реальный нагрев существенно выше (при этом скорости на выходе из улитки были 120…200 м/с при давлениях 4…4,5 атм); $k_{real\ exp\ cool}$ = 0,2…0,25, т.е. здесь, наоборот, теоретическое «детандерное» охлаждение должно давать перепад температур в 4–5 раз больше; при этом доля горячего потока составляет всего 10…20% от общего; оценка дополнительных диссипативных потерь $k_{real\ add\ diss}$ = 10…15% от мощности компрессора N_s или $N_т$ – весьма предположительная.

Список литературы

1. Меркулов А.П. Вихревой эффект и его применение в технике. Изд 2-е, перераб. и дополн. - Самара: Оптима, 1997. – 344 с.

2. Тарнопольский А.В. Вихревые теплоэнергетические устройства.- Пенза: Изд-во Пенз. ГУ, 2007. – 184 с.

3. Коновалов, В.И. Сушка и другие технологические процессы с вихревой трубой Ранка–Хилша: возможности и экспериментальная техника / В.И. Коновалов, А.Ю. Орлов, Н.Ц. Гатапова // Вестник Тамбовского государственного технического университета. – 2010. – Т. 16, № 4. – С. 803 – 825.

4. О возможностях высокотемпературной сушки красителей и послеспиртовой барды с вихревой трубой / А.Ю. Орлов, В.И. Коновалов, Н.Ц. Гатапова, Н.В. Орлова // Современные энергосберегающие тепловые технологии (сушка и термовлажностная обработка материалов). СЭТТ–2011 : тр. Четвертой Междунар. науч.-практ. конф. – М., 2011. – Т. 1. – С. 381 – 383.

5. Коновалов, В.И. Разработка расчета вихревых труб Ранка–Хилша / В.И. Коновалов, А.Ю. Орлов, Т. Кудра // Вестник Тамбовского государственного технического университета. – 2012. – Т. 18, № 1. – С. 74 – 107.

Долгополов И.Т.
студент НТИ (филиала) УрФУ
Демин С.Е.
доцент, к.ф.-м.н. НТИ (филиала) УрФУ

ИСПОЛЬЗОВАНИЕ ФИКТИВНЫХ РАЗМЕРНОСТЕЙ ПРИ ОЦЕНКЕ ФИЗИЧЕСКИХ ВЕЛИЧИН

Общая методология метода оценки физических величин с помощью анализа их размерностей описана в работах [1,2].

Пусть в общем случае физическая величина x выражается через другие физические величины a, b, c, … уравнением вида

$$x = k \cdot a^{\alpha} \cdot b^{\beta} \cdot c^{\gamma} \ldots,$$

где k – безразмерный коэффициент пропорциональности.

Приведенное соотношение называется формулой размерности. Это выражение отражает функциональную зависимость величины x от N других физических величин (a, b, c, …). Для однозначного определения значений α, β, γ, … (т.е. однозначной зависимости между величинами), нужно ровно N уравнений. Поэтому механическая задача, решаемая методом размерности, может давать однозначный результат в случае числа неизвестных параметров равным трем, т.к. имеется три первичных основных единиц измерения для механических задач: *м*, *кг*, *с*.

Однако существуют ситуации, когда число $N > 3$. В этих случаях приходится прибегать к некоторым новым идеям. Одна из таких идей заключается в том, что можно увеличить число основных размерностей, введя так называемые «фиктивные» размерности для величин с одинаковыми физическими размерностями.

Рассмотрим этот метод на следующих примерах.

Пример 1. Оценить методом анализа размерностей дальность полета и максимальную высоту подъема снаряда, выпущенного под углом α к горизонту со скоростью v_0.

Решение.

1. Оценим дальность полета l. Предположим, что дальность полета зависит от угла α, начальной скорости v_0, ускорения свободного падения g и массы тела m:

$$l = l(\alpha, v_0, g, m).$$

Очевидно, что $N = 4$, и оценка дальности полета не будет однозначной. Введем «фиктивные» размерности, предполагая, что горизонтальные и вертикальные координаты имеют разные размерности $м_x$ и $м_y$. В этом случае число основных размерностей увеличивается до четырех, и задача становится определенной.

Матрица размерности l имеет вид $\begin{matrix} кг & м_x & м_y & с \\ (0 & 1 & 0 & 0) \end{matrix}$.

При этом компоненты скорости $v_{0x} = v_0 \cos\alpha$ и $v_{0y} = v_0 \sin\alpha$ также будут иметь разные размерности.

Искомая дальность может быть записана как

$$l = k \cdot (v_0 \cos\alpha)^{\beta} \cdot (v_0 \sin\alpha)^{\gamma} \cdot g^{\delta} \cdot m^{\varepsilon},$$

где β, γ, δ, ε – показатели степени, которые необходимо определить.

Матрица размерности для основных величин равна

$$\begin{matrix} & v_0\cos\alpha & v_0\sin\alpha & g & m \\ кг & \multicolumn{4}{c}{} \end{matrix}$$

$$\begin{array}{c} \\ кг \\ м_x \\ м_y \\ с \end{array} \begin{array}{c} \begin{matrix} v_0\cos\alpha & v_0\sin\alpha & g & m \end{matrix} \\ \begin{pmatrix} 0 & 0 & 0 & 1 \\ 1 & 0 & 0 & 0 \\ 0 & 1 & 1 & 0 \\ -1 & -1 & -2 & 0 \end{pmatrix} \end{array},$$

и матричное уравнение для определения показателей степеней имеет вид

$$\begin{pmatrix} 0 & 0 & 0 & 1 \\ 1 & 0 & 0 & 0 \\ 0 & 1 & 1 & 0 \\ -1 & -1 & -2 & 0 \end{pmatrix} \begin{pmatrix} \beta \\ \gamma \\ \delta \\ \varepsilon \end{pmatrix} = \begin{pmatrix} 0 \\ 1 \\ 0 \\ 0 \end{pmatrix}, \text{ откуда } \begin{pmatrix} \beta \\ \gamma \\ \delta \\ \varepsilon \end{pmatrix} = \begin{pmatrix} 1 \\ 1 \\ 1 \\ 0 \end{pmatrix}.$$

Таким образом, оценочное значение $l = k(v_0 \cos\alpha)(v_0 \sin\alpha)g$ или

$$l = k\frac{v_0^{\ 2}}{2}\sin 2\alpha.$$

2. Оценим высоту подъема H. Матрица размерности H имеет вид $\begin{matrix} кг & м_x & м_y & с \\ (0 & 0 & 1 & 0) \end{matrix}$.

Матричное уравнение для определения показателей степеней

$$\begin{pmatrix} 0 & 0 & 0 & 1 \\ 1 & 0 & 0 & 0 \\ 0 & 1 & 1 & 0 \\ -1 & -1 & -2 & 0 \end{pmatrix} \begin{pmatrix} \beta \\ \gamma \\ \delta \\ \varepsilon \end{pmatrix} = \begin{pmatrix} 0 \\ 0 \\ 1 \\ 0 \end{pmatrix}, \text{ откуда } \begin{pmatrix} \beta \\ \gamma \\ \delta \\ \varepsilon \end{pmatrix} = \begin{pmatrix} 0 \\ 2 \\ -1 \\ 0 \end{pmatrix}.$$

Таким образом, оценочное значение $H = k\frac{v_0^{\ 2}}{g}\sin^2\alpha$.

Пример 2. Оценить длину свободного пробега молекулы λ в разряженном газе.

Решение.

Предположим, что длина свободного пробега зависит от концентрации молекул n, их радиуса r и массы m:

$$\lambda = \lambda(n, r, m).$$

Очевидно, что $N = 3$, и оценка длины свободного пробега не будет однозначной, т.к. используется всего две основные размерности.

Аналогично предыдущему примеру, введем «фиктивные» размерности, предполагая, что горизонтальные (вдоль движения частицы) и вертикальные (перпендикулярно движению) координаты имеют разные размерности $м_x$ и $м_y$. В этом случае число основных размерностей увеличивается до трех, и задача становится определенной.

Искомая длина свободного пробега может быть записана как

$$\lambda = k \cdot n^{\alpha} \cdot r^{\beta} \cdot m^{\gamma},$$

где α, β, γ – показатели степени, которые необходимо определить.

Матрица размерности λ имеет вид $\begin{matrix} кг & м_x & м_y \\ (0 & 1 & 0) \end{matrix}$.

Матрица размерности для основных величин равна

$$\begin{matrix} & n & r & m \\ кг & & & \\ м_x & & & \\ м_y & & & \end{matrix} \begin{pmatrix} 0 & 0 & 1 \\ -1 & 0 & 0 \\ -2 & 1 & 0 \end{pmatrix}.$$

и матричное уравнение для определения показателей степеней имеет вид

$$\begin{pmatrix} 0 & 0 & 1 \\ -1 & 0 & 0 \\ -2 & 1 & 0 \end{pmatrix} \begin{pmatrix} \alpha \\ \beta \\ \gamma \end{pmatrix} = \begin{pmatrix} 0 \\ 1 \\ 0 \end{pmatrix}, \text{ откуда } \begin{pmatrix} \alpha \\ \beta \\ \gamma \end{pmatrix} = \begin{pmatrix} -1 \\ -2 \\ 0 \end{pmatrix}.$$

Таким образом, оценочное значение $\lambda = k\dfrac{1}{nr^2}$.

Рассмотренные выше примеры показывают, что введение «фиктивных» размерностей для величин с одинаковыми физическими размерностями позволяет провести методами анализа размерностей качественные оценки физических величин.

ЛИТЕРАТУРА

1. Хантли Г. Анализ размерностей. М.: Мир, 1970. 174с.

2. Седов Л.И. Методы подобия и размерностей в механике. М.: Наука, 1972. 440с.

Морель Морель Д.А.
к.ф.н.
Гиря А.В.
студентка НИУ «БелГУ», факультета иностранных языков
педагогического института
anastasia_1881@mail.ru

ПРОБЛЕМА ПЕРЕВОДА ЛАКУНАРНОЙ ЛЕКСИКИ

Словообразование на протяжении многих веков была и остается актуальной темой в изучении иностранных языков. Лексическая система английского и русского языков находится в непрерывном развитии, особенно это заметно на современном этапе развития человечества в целом, так как эпоха глобализации и внедрения новых технологий, в том числе информационных, сказывается на процессе словообразования и словотворчества. В языковых системах не обходится и без заимствований новых слов, словосочетаний и выражений, связанных с той или иной сферой жизни человечества. Часто мы сталкиваемся с проблемой номинации того или иного предмета. В этом случае на помощь приходит явление заимствования терминов. Однако, если процесс заимствования не затронул какой-либо предмет или явление, среди носителей языка происходит недопонимание, так как затрагиваемый в процессе общения объект имеет языковое выражение в одной культуре, а в другой понятие о нём совершенно отсутствует. Такие национально-специфические элементы культуры, нашедшие соответствующее отражение в языке и речи носителей этой культуры, которые либо полностью не понимаются, либо недопонимаются носителями иной лингвокультуры в процессе коммуникативного акта, называются лакунами [1].

В данной статье будут приведены примеры лакун русского и английского языка. В процессе общения с носителями английского языка мы часто сталкиваемся с трудностью перевода некоторых русских слов и словосочетаний. Это связано, в первую очередь, с тем, что в английской и американской культуре те явления, которые мы пытаемся объяснить, отсутствуют. Лакуны расшифровываются с помощью фреймов (англ. «frame» - «каркас», «рамка») – моделей абстрактного образа, минимально возможных описаний сущности какого-либо объекта, явления, события, ситуации, процесса. Термин «фрейм» был введён Марвином Минским в 70-е годы XX века для обозначения структуры знаний для восприятия пространственных сцен [2; 78]. Фреймы играют первостепенную роль именно в процессе перевода. Чтобы понять, как правильно построить тот

---

[1] Лингвистический энциклопедический словарь. [Электронный ресурс]. URL: http://tapemark.narod.ru/les/
[2] Теньер Л. Основы структурного синтаксиса/Пер. с фр. И.Н. Богуславского и др. М.: Прогресс, 1988.

или иной фрейм, необходимо знать сущность объясняемого явления, уметь определить его основной компонент.

Другой проблемой, помимо лексического выражения лексической единицы, является передача коннотационного значения, его национальной и этнической окраски. Приведём в пример слово «тоска». Хотя это русское слово примерно переводится как «эмоциональная боль» или «меланхолия», носители языка утверждают, что не могут понять его глубину. В своих лингвистических размышлениях Владимир Набоков писал об этом: «Ни одно слово в английском не передает всех оттенков слова «тоска». В его наибольшей глубине и болезненности — это чувство большого духовного страдания без какой-либо особой причины. На менее болезненном уровне — неясная боль души, страстное желание в отсутствии объекта желания, болезненное томление, смутное беспокойство, умственные страдания, сильное стремление. В отдельных случаях это может быть желание кого-либо или чего-либо определенного, ностальгия, любовное томление. На низшем уровне тоска переходит в скуку».

В качестве других примеров можно привести такие русские слова, как «пошлость», «беспредел», «переподвыподверт», «белоручка», «погорелец» и другие. В английском языке не существует однозначных лексических единиц, способных передать коннотацию данных лексем. Ниже приведены варианты перевода данных слов на английский язык с использованием фреймов:

1. *погорелец* – homeless fire victim
2. *белоручка* – a person shirking a rough or dirty work
3. *пошлость* – shallowness, low act, vulgarity
4. *беспредел* – uncontrolled crime, outrageous situation, absolute illegality

Также и в английской культуре существуют явления, которые при коммуникации вызывают непонимание у носителя русского языка. Приведём в пример некоторые из них:

1. *football widow* – женщина, которая в дни футбольных матчей считает своего мужчину временно умершим.
2. *hatriotism (оборазовано путём словосложения: «hate» и «patriotism»)* – чувство ненависти по отношению к людям или явлениям, на которые указывает власть.
3. *a Russian* – тот, кто постоянно находится в состоянии депрессии, видит мир в черных красках.
4. *stage-phoning* – попытка произвести впечатление на стоящих рядом людей разговором по мобильному.
5. *refrigerator rights* – синоним очень близких отношений; в буквальном смысле право залезть в холодильник без спроса.

6. *closet music* – музыка, которую слушают без свидетелей из-за боязни быть осмеянным.
7. *password fatigue* – психическая усталость, вызванная необходимостью помнить слишком много паролей.
8. *girlfriend button* – кнопка «пауза» на игровых приставках, которую нажимают молодые люди, когда их подружке хочется поговорить.
9. *absurdistan* – слово, которым обозначается любая страна, в которой происходит что-то нелепое, абсурдное.
10. *ringxiety (образовано путём словосложения: «ring» и «anxiety»)* – замешательство, в которое приводит группу людей звонящий мобильный телефон, не понятно кому принадлежащий.

На приведённых примерах мы наглядно можем увидеть принцип заполнения лакуны – процесса раскрытия некоторого понятия, принадлежащего чужой для реципиента культуре. Заполнение может быть различной глубины, что зависит от характера лакуны, от типа текста, в котором лакуна существует, а также от особенностей реципиента, которому адресован текст.

Компенсация – это средство фиксации лакуны, вслед за которым происходит, или происходит недостаточно, заполнение семантической пустоты. В случаях, когда заполнение лакуны заканчивается на стадии компенсации, мы получаем расчлененное описание инокультурного понятия. Слово или выражение, при помощи которого лакуна фиксируется, обозначают термином компенсатор. В результате компенсации лакуна не устраняется, а остаётся, сопровождаемая особым пояснением – компенсатором [3; 121].

Почему же происходит такое недопонимание между культурами? Существует гипотеза лингвистической относительности, гипотеза Сепира-Уорфа, разработанная в 30-х годах XX века, согласно которой структура языка определяет мышление и способ познания реальности. Предполагается, что люди, говорящие на разных языках, по-разному воспринимают мир и по-разному мыслят. Сама возможность влияния языковых категорий на восприятие мира является предметом активной дискуссии в этнолингвистике, психолингвистике и теоретической семантике.

Некоторую поддержку данной гипотезе оказывают последние нейробиологические исследования. Выясняется, что в процессе более позднего изучения второго языка создаются новые нейронные структуры, что изменяет структуру мозга человека и его объём, согласно данным шведских учёных.

Существует несколько способов перевода лакун [4; 59-60].

---

[3] Антрушина Г.Б. и др. Лексикология английского языка. – 5-е изд., М.: Дрофа, 2005

[4] Арнольд И.В. Лексикология современного английского языка. – 2-е изд., М.: ФЛИНТА, 2012

1. Транскрипция или транслитерация – создание слов, воспроизводящих в языке перевода форму иноязычного слова (vodka, babushka, borshch).
2. Калькирование, т.е. воспроизведение морфемного состава слова или составных частей устойчивого словосочетания.
3. Описательный перевод. Описательный перевод предполагает использование описания, раскрывающего значение безэквивалентной единицы при помощи развернутого словосочетания. Описательный перевод является способом компенсации лакуны, в результате которого появляется объяснительная перифраза.
4. Создание соответствий-аналогов, путем подыскания ближайшей по значению единицы языка перевода для безэквивалентной единицы исходного языка. Близость значений эквивалентных единиц в оригинале и переводе в этом случае далеко не полная, и подобный перевод применим лишь в определенном контексте. В этом случае в результате заполнения лакуны образуется аналог. Аналоги – это неразложимые единицы языка, которые по своему значению приближаются к значению единиц исходного языка и функционируют в аналогичной речевой ситуации. Аналоги используются в том числе и для передачи идиом, разговорных, фольклорных и т.д. клише, пословиц, поговорок, речений. Однако если аналог не совпадает по коннотации с единицей исходного языка, образуется стилистическая лакуна.
5. Нейтрализация или эмфаза. При синонимии различных типов паре слов в одном языке соответствует лексема с общим значением в другом языке. В этом случае происходит заполнение лакуны и наблюдается отношение: стилистическая лакуна – нейтрально окрашенный пленус. Например, hearty, cordial - сердечной, sunny, solar – солнечный.

Значения лакунарных единиц в конкретных контекстах передаются с помощью указанных способов столь же успешно, как и значения слов, имеющие постоянные или вариантные соответствия.

В любом случае, задача переводчика – стараться учитывать и условия порождения условного текста, и условия восприятия переводного текста. А также осуществление прагматической адаптации перевода с помощью внесения в текст необходимых изменений, позволяющих заполнить лакуны. Речь идёт не столько о качестве перевода, сколько об обеспечении одинаковой реакции рецепторов оригинального и переводного текстов, поскольку любое высказывание создаётся с целью получения коммуникативного эффекта, а значит, прагматический потенциал составляет важнейшую часть его содержания.

Список использованной литературы:

1. Лингвистический энциклопедический словарь. [Электронный ресурс]. URL: http://tapemark.narod.ru/les/.
2. Теньер Л. Основы структурного синтаксиса/Пер. с фр. И.Н. Богуславского и др. М.: Прогресс 1988.
3. Антрушина Г.Б. и др. Лексикология английского языка. – 5-е изд., М.: Дрофа, 2005.
4. Арнольд И.В. Лексикология современного английского языка. – 2-е изд., М.: ФЛИНТА, 2012.

Малаховская М.Л.
кандидат филол. наук, доцент, РГПУ им. А.И. Герцена
lmalakh2001@mail.ru

TEACHING LIFE SKILLS THROUGH CONTRASTIVE LEXICOLOGY

Much has been said recently about the role of foreign languages in the acquisition of life skills. Most often this issue is discussed in terms of the social opportunities the knowledge of a foreign language opens for survival in the global community – boosting one's CV, facilitating effective communication and successful negotiations with a business partner or making travelling more comfortable. However, some less evident benefits of bilingualism are increasingly coming into the limelight. Research has found that bilingualism is a great asset to the cognitive process. Bilingual or multilingual people have advantages over speakers of only one language in performing all kinds of problem-solving tasks; their linguistic and overall memory is better, they experience less difficulty in multitasking, and they tend to take more rational decisions, which makes them more confident with their choices. [2] These benefits are not exclusive to people who were raised bilingual; they are also seen in people who learn a second language later in life [1].

Among the life skills whose acquisition is facilitated by second language learning are the skills that are sometimes referred to as cultural skills – the term which denotes not only the familiarity with the traditions, values and ways of behaving of a particular community but rather cultural sensitivity and awareness [3]. It is generally accepted that a second language can be used as a tool and as a medium of interaction in the process of teaching cultural sensitivity and awareness. While sharing this view, we would like to show that in teaching a second language we can use this language not only as a *means* of acquiring cross-cultural competence but also as a *source* of information about the very mindset of the native speakers. As it is the vocabulary of a language that best reflects the way native speakers conceptualize the world, the contrastive study of different semantic groups can be recommended as a most effective way to boost students' insight into the mentality and worldview of the native speakers. In this regard, the semantic group of personality adjectives provides perfect opportunities.

Some recent research has indicated that there are a number of specific difficulties related to the meanings of English personality adjectives and the overall structure of this semantic group that make the process of their acquisition by Russian university students difficult and confusing [4]. The research has been carried out on the basis of the teaching materials represented in the textbooks published by Macmillan and Oxford University Press (New Inside Out and New English File, Intermediate and Upper-Intermediate). As in both cases the authors selected vocabulary units for teaching in accordance with the frequency criterion, the above-mentioned difficulties are likely to be of a more or less objective nature.

Some of these difficulties are specified bellow.

1. This group comprises a number of semantic clusters, or segments, which are very different in size. Almost all the adjectives of the group can be assigned to one of them. Some segments include much more lexical units than it could be expected by a Russian-speaking student. For example, the cluster containing adjectives distributed between the poles *sociability – unsociability* is characterized by the highest degree of density (*sociable*, *outgoing*, *extrovert*, *friendly*, *talkative*, *shy*, *standoffish*, *reserved*, *quiet*). Another 'overpopulated' cluster contains adjectives denoting different degrees of self-control (*easy-going*, *relaxed*, *well-balanced*, *calm*, *bad-tempered*, *impulsive*, *moody*). Such a great number of semantically related words, which often differ only in some minor components of meaning, hamper the process of learning. On the other hand, they bring to light the value of the concepts underlying these segments of the English lexicon.

2. The lexical structure of the majority of English adjectives belonging to this group does not coincide with that of their Russian dictionary equivalents. For example. the adjective *jealous* has two meanings (lexical-semantic variants) which in the Russian language correlate with two different words – *ревнивый* (jealous) and *завистливый* (envious). Two different meanings can also be identified in the lexical structure of the adjective *sensitive*. In the Russian language they belong to the lexical structure of two different words – *чуткий* (responsive, compassionate) and *обидчивый* (touchy, quick to take offence). There are many other examples of this kind. This lack of equivalence in the meanings causes problems both for students and teachers. However, it also helps the students to realize that speakers of the English language identify, select, draw together and combine personality traits in a way that is very different from how it is done by Russian-speakers.

3. One of the biggest challenges presented by this semantic group is the great number of adjectives that have no one-word equivalents in Russian (*bossy*, *competitive*, *manipulative*, *possessive*, *assertive*, to mention just some of them). These lexical gaps can only be compensated by means of multi-word definitions. Again, it shows how different the worldviews of the speakers of English and Russian are.

CONCLUSION

Being aware of the way people perceive, evaluate and describe mental and moral qualities distinctive to an individual is crucial to the understanding of any culture. The discrepancies that we have observed between the lexical expression of this part of the English and Russian cultures might be an obstacle in terns of mastering vocabulary and acquiring traditional communicative skills. On the other hand, this very obstacle can contribute to the development of cultural and cross-cultural sensitivity, provided the teacher makes sure to draw the students' attention to these discrepancies, thus enabling them to better understand their own language and culture, enhancing their mental flexibility and the ability to appreciate new cultural ideas. The contrastive approach to vocabulary teaching, if practiced on a regular basis, can help students acquire one of the most precious life skills – the ability to understand people from different walks of life and to adapt and cope in a fast-changing globalized world.

REFERENCES

1. Merritt A. Why learn a foreign language? Benefits of bilingualism. The Telegraph. 19 Jun 2013. http://www.telegraph.co.uk/education/educationopinion/10126883/Why-learn-a-foreign-language-Benefits-of-bilingualism.html.

2. Bialystok, E., Craik, F. I., & Luk, G. (2012). Bilingualism: Consequences for mind and brain. Trends in Cognitive Sciences, 16(4), 240–250.

3. Tomalin B. Culture – the fifth language skill. 29 Sept 2008. Teaching English. British Council. https://www.teachingenglish.org.uk/article/culture-fifth-language-skill.

4. Малаховская М.Л. Исследование английской лексики в условиях глобализации // Научные аспекты глобализационных процессов: сборник статей Международной научно-практической конференции (23 сент. 2014, г. Уфа). - Уфа: РИО МЦИИ Омега Сайнс, 2014. – С. 65-67.

Stompel E.M., Usacheva N.S.
Candidate of Philology, Professor of Astrakhan State University; 11th form student, High School №3, Astrakhan
e-mail: velena2013@yandex.ru; natella_usacheva@mail.ru

FRENCH NAMES ON THE MAP OF THE USA

It is general knowledge that toponymy provides boundless opportunities for investigation. The authors of this article considered the problems of Russian names on the map of the USA in 2014 [1, 147-154]. It is also general knowledge that America is the nation of immigrants who came from different ends of the world and settled here having thus formed the American nation by the 18th century.

The French were among the most numerous and persistent invaders and French colonies outnumbered the Dutch, Spanish, German and others. That is why French component in American toponymy is no less worth studying than Russian names though the backgrounds are no doubt different.

The French first came to the New World as explorers, seeking a route to the Pacific Ocean and wealth. Major French exploration of North America began under the rule of Francis I, King of France. In 1524, Francis sent Italian-born Giovanni de Verrazano to explore the region between modern Florida and Newfoundland for a route to the Pacific Ocean. Verrazano gave the names ***Francesca*** and ***Nova Gallia*** to that land thus promoting French interests.

Later, in 1534, Francis sent Jacques Cartier on the first of three voyages to explore the coast of Newfoundland and ***the St. Lawrence River***. The French tried to establish several colonies throughout North America but failed, due to weather, disease, or conflict with other European powers. Cartier attempted to create the first permanent European settlement in North America at ***Cap-Rouge*** (present-day Quebec City, Canada) in 1541 with 400 settlers but the settlement was abandoned. A small group of French troops was left on Parris Island, South Carolina, in 1562 to build ***Charles fort,*** but left after a year when they were not resupplied by France. Fort Caroline established in present-day ***Jacksonville,*** Florida in 1564, lasted only a year before being destroyed by the Spanish from St. Augustine. In 1599, a sixteen-person trading post was established in ***Tadoussac*** (in present-day Quebec), of which only five men survived the first winter. In 1604, ***Saint Croix Island*** (the State of Main) was the site of a short-lived French colony, much plagued by illness. The following year the settlement was moved to Port Royal, the Isle of Jamaica. ***Fort Saint Louis*** was established in Texas in 1685, but was gone by 1688. France lost New France (*French: Nouvelle-France*) extending from Newfoundland to the Rocky Mountains and from Hudson Bay to the Gulf of Mexico, to the British through six colonial wars (1689 – 1763) [2].

But at times the French were rather successful. During the first three centuries after Christopher Columbus discovered America in 1492 there were almost no white people in the regions along the Mississippi river. At the same time the estuary of the river was a very convenient passage for colonization and already in 1718 the French Governor De Bienville founded a new port here called ***New Orleans***. In 1721 the port became the capital of the French colony ***Louisiana.*** In 1732 5 thousand citizens lived here. New Orleans became an important world famous port and attracted like magnet not only French but also Spanish, German and Irish colonizers. When, in Thomas Jefferson's Presidency (1801 – 1809), the Americans bought from Napoleon a large territory of Louisiana their main aim was to make possession of New Orleans. In 1812 the war with England began and the English hurried to capture the port but already in 1815 Andrew Jackson, an American general and the would-be American President, recaptured it from the English.

Ethnically French America was a motley crowd of people. In Jackson's army there were a lot of free Black people, Indians and Creoles – Spanish and French aristocracy. The French element played the leading role here. The Spanish, the Germans, even the Black assimilated under the influence of the French. They all took French as their native language and changed their family names, making them sound French. It helped the Black conceal their African origin. There were a lot of mixed French – American couples [3, 223].

There were two dialects of French spoken in Louisiana: Cajun French and Creole French. Up to nowadays the French speaking citizens of Louisiana are called Cajuns. Later, when in 1907 oil was found here they were ousted to the worst moor lands in the South and South-west of Louisiana and founded there a region called ***L'Acadiane***. The largest cities here today are ***Lake Charles, Baton Rouge, Alexandria and New Orleans.***

In the 1930-es thousands of English-speaking Americans from other states, mainly protestants came here in search of "black gold" and made Cajuns learn English to work for the oil firms. French was almost ousted by English. It was a real tragedy. But since the 1970-es real French Renaissance has flourished in L'Acadiane. French and all that is French has become in fashion again. Louisiana has become almost a bi-lingual state.

The Southern coastline of the state of Mississippi was also under the rule of French culture (as well as of Spanish). The city of ***Biloxi*** was founded here by the French in 1699, much earlier than New Orleans. It was a port where fishery and ship building industries flourished.

The city of ***Mobile*** in Alabama also belongs to the so called Cajun Gulf. The French spirit was strong here as well as Creole and Catholic traditions. In 1702 – 1723 it was the capital of Louisiana [3, 236].

Another region of French influence is the region of ***St. Louis*** in the state of Missouri. Its geographical location on the bank of the Mississippi, the Father of waters, opens favourable water ways far to the East and to the West as not far from St. Louis two other rivers, Ohio and Missouri, fall into the Mississippi. The city was founded by the French fur sellers in 1764 and became the center of trade. It was a rich European city with its genuine culture which got its name in honour of the French king Louis IX.

In North America the French also colonized Canada mainly in the 18-th century but this is not the subject matter of this article.

Within the framework of this paper it would be fair to mention the name of the famous French General Gilbert du Métier, Marquis de Lafayette, whose nickname was Le Héros des Deux Mondes - the Hero of Two Worlds (the Old World – Europe and the New World – America). The famous French philosopher Voltaire was the first to call him "The Hero of the New World and the Liberator of the Old World" [4, 22]. He got this name for participating in two world revolutions: the American War of Independence (American Revolutionary War) and the French Revolution of the 18-th century. Scientists think that his desire was dictated not only by the ideas of justice and equality but also by the eternal enmity existing between England and France [4].

In the American Revolution of 1775 – 1783 19-year old Lafayette served as a major-general in the Continental Army under George Washington. Wounded during the Battle of Brandywine, he still managed to organize a successful retreat. He served with distinction in the Battle of Rhode Island. In the middle of the war, he returned to France to negotiate an increase in French support. On his return, he blocked troops led by Cornwallis at Yorktown while the armies of Washington and those sent by King Louis XVI under the command of General de Rochambeau prepared for the battle against the British [4].

His name is commemorated on the map of the USA in 14 states, where there are cities and small towns called ***Lafayette.*** There is also a river of the same name in the state of Virginia. Lafayette Square is the central square in Washington in front of the White House with the monument to the Hero of Two Worlds.

This is, in brief, the main historical background against which the majority of French names appeared on the map of the USA. They are mostly concentrated on the territory belonging to France in the colonial period: on the borderline with Canada and in Louisiana. The above described facts clearly explain why.

The etymological classification of the American toponyms of French origin shows that among the 15 state names bearing a French component the following groups can be singled out:

- those based on proper names (***Louisiana, Delaware***);
- those borrowed from France (***New Jersey, Maine***);
- those based on the landscape (***Vermont***);
- those based on the climate (***Oregon***);

- Native American (Indian) names rendered by French speakers (***Missouri, Mississippi, Michigan, Iowa, Arkansas, Kansas, Ohio, Wisconsin, Illinois***).

This is how they originated:

Louisiana – was named in honour of the French king Louis XIV (Sun King). In the 17-th century the territory belonged to France.

Delaware – the state was named after Lord De La Warr who was the Governor of Virginia at the beginning of the 17-th century.

New Jersey – got its name after the Isle of Jersey in La Manche (the English Channel).

Maine - there is no definitive explanation for the origin of the name "Maine". The state legislature in 2001 adopted a resolution establishing Franco-American Day, which stated that the state was named after the former French province of Maine. Other theories claim it is a reference to the mainland.

Vermont - takes its name from the French *ver mont* – "a green mountain".

Oregon – there is a version that the name comes from the *French* word ouragan ("windstorm" or "hurricane") based probably on the climate of the place.

Missouri – the state is named for the Missouri River, which was named after the Missouri Indians. They were called the "ouemessourita" meaning "those who have dugout canoes", by the Miami-Illinois language speakers. As the Illini were the first natives encountered by Europeans in the region, the latter adopted the Illini name for the Missouri people.

Mississippi - the name of the state derives from the Mississippi River, which flows along its western boundary, whose name comes from the Ojibwa word "misi-ziibi" ("Great River"). It's the French form of the word.

Michigan – the state name is the French form of the Ojibwa (Native Americans) word "mishigamaa", meaning "large water" or "large lake".

Iowa – derives its name from the Ioway people, one of the many Native American tribes that occupied the state at the time of European exploration, French including. So it's a Native American word rendered by French speakers.

Arkansas – the state name derives from the same root as the name for the state of ***Kansas***. The Kansa tribe of Native Americans is closely associated with the Sioux tribes of the Great Plains. The word "Arkansas" itself is a French pronunciation ("Arcansas") of a Quapaw (a related "Kaw" tribe) word, "akakaze", meaning "land of downriver people" or the Sioux word "akakaze" meaning “people of the south wind”. The pronunciation is also typically French /ɑrkənsɔː/.

Ohio – the state name originated from Iroquois (Native Americans) word “ohi-yo”, meaning "great river" but is rendered in a French manner.

Wisconsin - the word *Wisconsin* originates from the name given to the Wisconsin River by one of the American Indian groups living in the region at the time of European contact. French explorer Jacques Marquette was the first European to reach the Wisconsin River, arriving in 1673 and calling the river Meskousing in his journal. This spelling was later corrupted to Ouisconsin by other French explorers, and over time this version became the French name for both the Wisconsin River and the surrounding lands. English speakers anglicized the spelling to its modern form. In the language of the Indian tribe it meant "red stone place," "where the waters gather," or "great rock" based on its natural landscape.

Illinois – got its name by adding the French suffix ***–ois*** to the name of an Indian tribe living there before French colonization in the 17-th century.

Some of **the nicknames** of the states also contain a certain French component. For example:

The Green Mountain State – the nickname of *Vermont* situated in Green Mountains (French ver mont). The citizens of the state are sometimes called Green Mountains boys.

The Prairie State – the nickname of *Illinois* based on its landscape most part of which is taken by prairie. *Prairie* in French means “meadow”.

The Creole State – the nickname of *Louisiana* based on the name of the population of French and Spanish origin.

Another group of place – names containing a French component are the names of the capitals of the states. They are:

- ***Baton Rouge*** – the capital of Louisiana (*French* “red stick”). First French explorers are said to have seen a reddish cypress pole with the heads of animal and fish. This pole was a borderline between the Native American tribes.
- ***Boise*** – the capital of Idaho. According to the story, a French-speaking guide, overwhelmed by the sight, cried "Les bois! Les bois!" (*French* "The trees! The trees!")—and the name stuck.
- ***Des Moines*** – the capital of Iowa. It takes its name from Fort Des Moines (1843–46), which was named for the Des Moines River. *The French* "des Moines" is either "from the monks" or "of the monks".

- ***Juneau*** – has been the capital of Alaska since 1906. Juneau is named after gold prospector Joe Juneau, who was French.
- ***Montgomery*** – the capital of Alabama which takes its name from a settlement in Normandy, France. Later it has become a widely used English name, too.
- ***Montpelier*** – the capital of Vermont called by the French colonizers after the French city of Montpellier.
- ***Pierre*** – the capital of South Dakota. Founded in 1880 on the Missouri River opposite Fort Pierre, named after Pierre Chouteau, Jr., an American fur trader of French origin.

So, classifying the names of American capitals with a French component according to their etymology the following groups can be singled out:

- those based on proper names (***Juneau, Pierre***);
- those borrowed from France (***Montgomery, Montpelier***);
- those connected with vegetation (***Baton Rouge, Boise***);
- those connected with religion (***Des Moines***).

The first two etymological groups coincide with those singled out for the names of the states. As is seen from the last two groups, etymology denoting the origin of the word is closely connected with its **semantics**. Earlier the place-name ***Saint Croix*** has been mentioned which is also based on religious associations.

There are some other names connected with the vegetation and the animal world, too. For example:

Chataignier *(French* Chataignier — chestnut) - a village in Louisiana;

Plaquemine *(French.* Plaqueminier – persimmon) - a city and a parish in Louisiana;

Serpent Mound (*French* serpent – snake) - a man-made earthwork in the shape of a long, uncoiling serpent nearly a quarter of a mile long. Created between 1000 and 1500 AD for unknown purposes, it is now protected in a state park in Ohio;

Loutre (*French* loutre – otter) - one of eight townships in Audrain County, the state of Missouri. There is a river of the same name in the state. It's a tributary of the Missouri river. But this case is rather a debatable one because the geographical names could come from the name of Abbé Jean-Louis Le Loutre (1709 – 1772) who was a Catholic priest and missionary. In the eighteenth-century struggle for power between the French against the British over Acadia and Nova Scotia Le Loutre became the leader of the French forces.

Among American geographical names of French origin special mention deserve the names with the component ***–ville*** (*French* ville – city). "Ville" sounded stylistically more elevated than American ***–ton (town)*** and didn't undergo any assimilation. Originally this element was added only to the French names such as ***Louisville***. But already beginning with the end of the 18-th century the component has been widely used in combination with the English names, too. For example, ***Brownsville*** – a city in the South of Texas named after the Major Jacob Brown. The initial name of the place was Fort Brown but later it was renamed in French manner.

Toponymists state that ***ville,*** one of the most often used components in the names of the cities (oikonyms) on the US map, usually defines **large** cities or agglomerations: ***Jacksonville*** in Florida named in honour of President Jackson, the 7-th US President; ***Nashville*** – the capital of the state of Tennessee named in honour of General Francis Nash participating in the American Civil War (1861 – 1865).

The French ***ville*** is widely used in American toponymy equally to the element ***town***: ***Newtown – Newville*** (cities in Connecticut and Alabama respectively); ***Pottstown – Pottsville*** (both in Pennsylvania).

Another widely used French component in American place – names is ***belle*** (variants ***beau/bel***). They are French adjectives and are used both in pre- and in postposition. The component is added both to French and to English words and is written both in one word and separately. For example:

Belmont – "a beautiful mountain", a town in Wisconsin situated in mountains.

Belle Plaine – "a beautiful plain", a town in the South of Minnesota, situated in flat land.

Some **notional French words** are used in American toponymy. Among them:

- ***prairie*** – from French "meadow" (***Prairie Mer Rouge*** – a place in Louisiana denoting "Red Sea Meadow);
- ***butte*** – from French "hill" (***Butte des Morts*** - a lake in Wisconsin);
- ***mont*** – from French "mountain" (***Beaumont*** – a city in the South – East of Texas);
- ***brule*** – from French "burnt" (***Brule River*** – a river in Michigan and Wisconsin);
- ***coulee*** – from French "flow, leak, stream" (***Coulee de Saule*** – saule – "willow" - a stream Acadia Parish, Louisiana);
- ***rapid(s)*** – from French "rapid, chute" (***Rapids City*** – a city in Illinois situated near rapid water).

To sum it all up, the results of this mini-research convince another time that toponymy as a science demonstrates not only the links between geography, history and linguistics but has also a certain cultural aspect.

BIBLIOGRAPHY

1. Stompel E.M., Usacheva N.S. Russian names on the Map of the USA. – Science in the Modern Information Society IV. – North Charleston, USA, 2014.
2. http://www.en.wikipedia.org
3. Смирнягин Л.В. Районы США: портрет современной Америки. – М., 1989.
4. Черкасов П.П. Генерал Лафайет. Исторический портрет. – М.: Наука, 1987.

Бартков Б.И
доцент Кафедры иностранных языков
Дальневосточного отделения РАН, Владивосток
e-mail: bibartkov@yandex.ru

ПРОДУКТИВНЫЙ АФФИКСАЛЬНЫЙ МИНИМУМ ДЛЯ ЧТЕНИЯ ЛИТЕРАТУРЫ ПО ЭКОНОМИКЕ И ВНЕШНЕЙ ТОРГОВЛЕ НА АНГЛИЙСКОМ ЯЗЫКЕ

Аннотация. Подсчитана продуктивность аффиксов (Пд), то есть количество слов с каждым из них в «Англо-русском общеэкономическом и внешнеторговом словаре» Е.Е.Израилевича (1960). Ранжировав аффиксы по убыванию их продуктивности, автор разбил их на группы высоко-, средне- и низко продуктивных для последовательного изучения аспирантами, магистрантами и студентами, читающими экономическую литературу на английском языке.

Ключевые слова: префиксы, суффиксы, конверсификсы, продуктивность, ранжирование, аффиксальный минимум, терминосистема, экономика, внешняя торговля.

Чтобы читать (т.е. переводить) литературу на английском языке необходимо владеть большим пассивным словарным запасом. Так, известные лингвисты [20] считают, что в письменной речи используется около 50-100 тыс. слов английского языка. Американский редактор с тридцатилетним стажем работы [12] в середине XX в. писал, что он использует в своей профессиональной деятельности около 70 тыс. слов, а узнает от 150 тыс. до 200 тыс. слов [18, 564].

Ранее мы впервые подсчитали [2; 3], что в крупнейшем обратном (инверсионном) словаре американского языка [16] объемом в 351 тыс. лексем содержится 20,0% префиксальных и 43,4% суффиксальных дериватов, что в сумме составляет 63,4% лексем. [Заметим, что этот словарь [16] представляет собой обратный (инверсионный) список крупнейшего американского словаря [19], из которого были удалены омографы (то есть собственно омонимы и конверсивы), что дало 350 тыс. лексем [16].

Поскольку корни слов короче соответствующих производных, то они чаще встречаются и запоминаются учащимися. Знание аффиксов позволит им понять значение производного, сложенив значения корня и аффикса.

Все шире признается важность обучения словообразованию еще в средней школе [1].

Ранее было показано, что студенты, которых специально обучали способам и моделям словообразования, смогли перевести без словаря в 7 раз больше слов, чем до того [13].

Однако в английском языке насчитывается до 300 аффиксов [17]. Поэтому возникает вопрос об отборе самых необходимых аффиксов, так как одни аффиксы имеют высокую диахроническую продуктивность (Пд или Pd), то есть входят с состав большого количества лексем, а другие имеют низкие Пд (Pd).

Было подсчитано [3], что некоторые аффиксы входят в состав большого количества слов. Приведем примеры высоко продуктивных **суффиксов:** -ic, A (Pd=13 354); -al, A (Pd=11 651); -ly, Adv (Pd=9 000): -er, N (Pd=11 000); -ion, N (Pd=7 620); -ed, A (Pd=9 500); -ous, A (Pd=6 942); -ness, N (Pd=6 900); -(a,i)ble, A (Pd=4 115); -y, A (Pd=3 600); -ism, N (Pd=3 960); -ist, N (Pd=3 300); -ize, V (Pd=2 480), etc. К высоко продуктивным **префиксам** относятся следующие: un- (Pd=14 650); re- (Pd=5 400); non- (Pd=2 790); dis- (Pd=1 800); sub- (Pd=1 740); in-(il-, im-, ir-) (Pd=1 550); self- (Pd=1 425); inter- (Pd=1 406); pseudo- (Pd=1 286); well- (Pd=1 172); under- (Pd=1 87); semi- (Pd=1 047); super- (Pd=1 022), etc.

Заметим, что вышеупомянутые величины продуктивности относятся к литературной норме. А в терминосистемах как наборы аффиксов, так и их продуктивность сильно отличаются от этой нормы [10; 11, 15].

Известно несколько различных определений терминов [14]. Мы же под терминами понимаем «лексемы или устойчивые непредикативные словосочетания, имеющие хотя бы одно значение, передающее специальное понятие или суждение» [9, 20].

Возникает проблема отбора самых продуктивных аффиксов в различных терминосистемах и формулирования критериев [2; 15].

Ранее мы предложили подсчитывать количество дериватов с каждым аффиксом (Пд), а затем **ранжировать** их по убыванию продуктивности [2]. Затем надо найти среднюю арифметическую продуктивность всей группы (X*), а также величину X**= X*/ е, где «е» - основание натуральных логарифмов.

Все аффиксы, имеющие Пд выше X* (Пд>X*), изучаются в 1-ю очередь (как самые продуктивные!). Во 2-ю очередь изучаются аффиксы, у которых X* >Пд>X**. В 3-ю очередь изучаются остальные аффиксы, у которых Пд <X** (то есть наименее продуктивные!).

Целью настоящей работы является нахождение продуктивности аффиксов (Пд) в терминологическом «Англо-русском общеэкономическом и внешнеторговом словаре» [14] и составление **аффиксального минимума,** а также разбиения его на 3 группы: высоко-, средне- и низко продуктивных.

Традиционно аффиксы изучают в пределах соответствующего грамматического класса, к которому принадлежат соответствующие дериваты, а именно: префиксы, суффиксы имен существительных и прилагательных, глаголы, наречия и конверсификсы.

Анализ **префиксальных дериватов** показал, что в **Словаре [12]** используется 40 префиксов, продуктивность которых варьирует от П=121 (un-) до П=1 (intra-, extra-, multi-, supra-), но средняя продуктивность префиксов X*=13,5 деривата на морфему (Табл. 1). В первую очередь надо изучать префиксы с Пд выше 13,5 дериватов. Во вторую очередь рассматривают дериваты с Пд меньше X* (=13,5 дериватов), но больше X**=5,1 деривата. Остальные префиксы, у которых Пд меньше X**, изучают в последнюю очередь.

Таблица 1. Продуктивность 40 префиксов

Prefix	П	Examples
Un-	121	-acceptable, -answered, -lawful, -foreseen, -fair
In- (il-, Im-, ir-)	69	-balance, -complete, -direct, -formal, -liquid, -pure, --regular, -secure, -animate, -visible, -valid,
Re-	51	-adjust, -call, -draft, -export, -pack, -ship, -view
Over-	34	-buy, -haul, -load, -rule, -sell, -tax, -turn, -work
Dis-	26	-able, -agree, -close, -embark, -honour, -regard
Under-	19	-bid, -charge, -discount, -lay, -paid, -sold, -write
Out-	17	-bide, -come, -fit, -let, -put, -sell, -turn, -weigh
Em-(en)V	15	-bale, -courage, -force, -large, -power, -sure, -trust
Non-	15	-acceptance, -arrival, -conference, -execution
Sub-	14	-agency, -contract, -divide, -lease, -total, -way
Pre-	**13**	**-condition, -contract, -eminent, -pay, -plan, -war**
De-	12	-bark, cipher, -control, -defraud, odorize, -value
In-(im-)	12	-dent, -flux, -land, -press, -stall, -take, -voice
Super-	12	-abundance, -cargo, -dividend, -phosphate, -tax
Counter-	10	-claim, -act, -check, -mark, -part, -sign, -weigh
A-, adv	8	-board, -broach, -broad,-cross, -drift, -float, -shore
Bi-	8	-annual, -cycle, -ennial, -monthly, -weekly,-yearly
Mis-	8	-appropriate, calculate, -carry, -lay, -read, -take
Up-	8	-hold, -set, -surge, -swing, -trend, -turn, -ward
Inter-	7	-act, -change, -course, -national, -state, -view
Self-	7	-acting, -explanatory, -service, -sufficiency
Semi-	7	-annual, -manufactures, -monthly, -products
Fore-	6	-bear, -cabin, -cast, -close, -sight, -stall

Co-	**5**	**-laborate, -mensurate, -operate, -option,-orinate**
Down-	4	-drift, -trend, -turn, -ward
On-	4	-cost, -flow, -set, -ward
Centi-	3	-grade, gram(me), -meter
Deca-	3	-gramme, -litre, -meter
Off-	3	-set, -shore, -take
Sur-	3	-charge, -past, -tax
Uni-	3	-form, -lateral, -linear
Vice-	3	-chairman, -consul, -president
With-	3	-draw, -hold, -stand
Afore-	2	-mentioned, -said
Deci-	2	-gramme, -meter
Trans-	2	-act, -atlantic
Extra-	1	-ordinary
Intra-	1	-European
Multi-	1	-lateral
Supra-	1	-marginal
Сумма	543	40 шт.
X*	13,5	
X**	5,1	

Примечание. В статье приняты следующие обозначения: Пд – диахроническая продуктивность аффикса, то есть количество лексем с данным аффиксом; X* - среднее количество дериватов с данным аффиксом (то есть деления суммы Пд на количество аффиксов); X**=X*/e (то есть среднее количество дериватов (X*), деленное на e=2,7 (основание натуральных логарифмов).

Анализ суффиксальных **существительных** показал (Табл. 2), что их продуктивность варьирует от П=408(-ion) до П=1 (-archy, -ess, -ide, -let, -ling, -ode, -oid, -ology), но средняя продуктивность суффиксов X*=30,8.

В первую очередь следует изучать высоко продуктивные суффиксы, у которых Пд больше средней (Пд>X*), то есть от -ion до –ee (см. Табл. 2). Во вторую очередь изучаются суффиксы, у которых X* < Пд < X**, то есть от –(a,o)ry, -ery до –th. В третью очередь рассматриваются остальные суффиксы, у которых Пд <X**, то есть от -ateN до –archy, -ess, -ide, -let, -ling, -ode, -oid, -ology.

Таблица 2. Продуктивность 50 суффиксов существительных

Suffix	П	Примеры
-ion, N	408	Abolit-, act-, caut-, deduct-, port-, rat-, solut-
-er, N	182	Advis-, bank-, lend-,mill-,sell-, trade-, turn-, writ-
-ing, N	126	Audit-, bidd-, strand-, tap-, turn-, vot-, wrapp-
-ity, N	116	Activ-, author-, legal-, matur-, novel-, par-, prior-
-ment, N	107	Abandon-, agree-, pay-, retire-, ship-, unemploy-
(a,e)nce,N	84	Abunda-, avoida-, confide-, defia-, tolera-, usa
-age, N	80	Advent-, broker-, tug-, ton-, coin-, dock-, wast-,
-or, N	**71**	**Accept-, bail-, credit-, debt-, oblig-, valuat-**
-(a,e)nt, N	43	Accede-, litiga-, preside-, serva-, tenna-, warra-
-ure, N	37	Advent-, capt-, depart-, disclos-, press-, treas-
-ee, N	34	Address-, bargain-, tug-,trust-, vend-, warrant-
-(a,o)ry, N	**26**	**Accesso-, deposito-, signato-, subsidia-, sala-,**
-ery, N	26	Brew-, chanc-, drap-, furri-, join-, tenant-, usu-
(a,e)ncy,N	22	Accounta-, compete-, curre-, diverge-, emerge-
-al, N	19	Approv-, commit-, -deni-, dismiss-, rat-, remov-
-man, N	18	Car-, chair-, lumber-,-sea-, trades-, whale-, work-
-ist, N	17	Analy-, jur-, social-, stat-, technic-, typ-, union-
-ness, N	17	Busi-, correct-, firm-, heavi-, late-, oili-, weak-
-th, N	12	Bread-, dear-, grow-, heal-, leng-, weal-, wid-
-ate, N	**10**	**Associ-, certific-, consul-, deleg-, duplic-, estim-**
-y, N	9	Deliver-, discover-, econom-, recover-, treasur-
-eer, N	7	Auction-, gazette-, profit-,racket-, syndicat-, ven-
ine(ch.), N	7	Benz-, caffe-, glycer-, lign
-ite, N	7	Anthrac-, lign-, graph-, phosph-, pyr-, sulph-
-ship, N	7	Owner-, member-, partner-, trustee-, workman-
-work, N	7	Iron-, piece-, shift-, task-, tut-, water-, wood-
-ate (ch),N	6	Carbon-, hydr-, nitr-, phosph-, sulph-
-ice, N	5	Coward-, just-, serv-, not-, pract-
-ics, N	5	Ceram-, economy-, statist-, synthet-, techn-
gram(me)N	4	Deca-, hector-, kilo-, milli-
-ism, N	4	Capital-, protectional-, social-, union-
-tude, N	4	Exacti-, lati-, magni-, prompti-
-cy, N	3	Bankrupt-, normal-, pira-

-ene (ch),N	3	Benz-, gasol-, keros-
-gram, N	3	Cable-, radio-, tele-
-in (ch), N	3	Streptomyc-, tan-, tarpol-
-drome, N	2	Aero-, air-
-graph, N	2	Para-, tele-
-ian, N	2	Statistic-, technic-
-meter, N	2	Kilo-, milli-
-phone, N	2	Radio-, tele-
-ware, N	2	Hard-, small-
-archy, N	1	Aut-
-ess, N	1	Proprietr-
-ide (ch), N	1	Carb-, ox-, perox-
-let, N	1	Book-
-ling, N	1	Scant-
-ode, N	1	Electr-
-oid, N	1	Cellul-
-ology, N	1	Techn-
Сумма	1539	50 шт.
X*	30,8	
X**	11,4	

В первую очередь следует изучать суффиксы, у которых Пд больше средней (Пд>X*), то есть от -ion до –ee (см. Табл. 2). Во вторую очередь изучаются суффиксы, у которых X* < Пд < X**, то есть от –(a,o)ry, -ery до –th. В третью очередь рассматриваются остальные суффиксы, у которых Пд <X**, то есть от –ateN, -archy, -ology.

Анализ продуктивности 19 суффиксов **прилагательных** показал, (Табл. 3), что продуктивность варьирует от Пд=121 -(a,i)ble до Пд=1 (-ine, -like, -some, -worthy), а средняя продуктивность равна: X*=23,7 деривата.

Таблица 3. Продуктивность 22 суффиксов прилагательных

Suffix	П	Примеры
-(a,i)ble, A	121	Accepta-, ara-, call-, dura-, flexi-, pay-, worka-
-ed , A	75	Alli-, bond-, cann-, fix-, mix-, skill-, tim-, vest-
(a,o)ry, A	65	Adviso-, budgeto-, moneta-, prima-, signato-
-(a,e)nt, A	61	Appare-, confide-, deficie-, dorma-, refrigere-

-ic, A	45	Atom-, bas-, calor-, errat-, nitr-, organ-, typ-
-ive, A	**44**	**Act-, conclus-,defect-, effect-, imitate-, tentat-**
-ing, A	28	Act-, bind-, feed-, last-, ris-, sav-, tow-, work-
-ous, A	28	Anxi-, bitumen-, numer-, preci-, usuri-, vari-
-ate, A	20	Adequ-, corpor-, moder- priv-, separ-, triplic-
-y, A	16	Bulk-, bulk-, eas-, greas-, knott-, oil-, risk-, priv-
-al, A	14	Actu-, cere-, fin-, cleric-, loc-, or-, verb-, vit-
-ar, A	12	Circul-, consul-, granul-, simil-, tabul-, vehicul-
-less, A	12	Base-, care-, fruit-, harm-, match-, trust-, wire-
-ful,A,	11	Care-, doubt- gain-, harm-, law-, right-, wrong-
-ly, A	11	Cost-, day-, ear-, friend-, hour-, live-, month-
-id, A	**6**	**Hum-, liqu-, val-, ranc-, rap-, val-**
-proof, A	6	Acid-, air-, fire-, moisture-, sound-, water-
-an, A	5	Civilicalla-, -Indi-, proletari-, Rom-, urb-
-en, A	5	Hemp-, oak-, rott-, wood-, wool-
-ish, A	3	Bear-, bull-, slug-
-ile, A	2	Fert-, merchant-
-ine, A	1	Bov-
-like, A	1	Business-
-some, A	1	Burden-
-worthy, A	1	Trust-
Сумма	594	22 шт.
X*	23,7	
X**	8,8	

В первую очередь необходимо изучать 6 высоко продуктивных суффикса прилагательных (Пд >23,7). Во вторую очередь следует изучать 9 средне продуктивных суффикса: (23,7>П>8,8). В третью очередь изучаются остальные 10 низко продуктивных суффиксов (Пд<8,8)ю

Продуктивность 3-х суффиксов **глаголов** представлена в Таблице 4. Она колеблется от Пд=111 (-ate) до Пд=11 (-en), а в среднем П=46,0.

Таблица 4. Продуктивность 4 суффиксов глаголов

Suffix		П	Examples
-ate,V		111	Abrog-, alloc-, calcul-, deleg-, navig-, valid-
-ize		**42**	**Advert-, author-, item-, final-, real-, valor-**
-ify		20	Class-, fals-, just-, mod-, rat-, satis-, test-, ver-
-en,V		11	Bright-, fast-, less-, light-, sharp-, stiff-, weak-

Сумма		184	
X*		46,0	
X**		17,1	

Ясно, что в первую очередь надо познакомиться с суффиксом –ateV, а затем далее по списку (Табл.4).

Продуктивность 3-х **наречных** суффиксов представлена в Табл. 5. С очень продуктивным суффиксом -ly, Adv (Пд=101) знакомятся сразу.
а затем и остальными двумя: -ward, Adv и –wise, Adv.

Таблица 5. Продуктивность 3 суффиксов наречий

Suffix	Pd	Примеры
-ly, Adv	101	Abundant-, bare-, joint-, legal-, part-, year-
-ward, Adv	1	Home-
-wise, Adv	1	Coast-
Сумма	103	
X*	34,3	
X**	12,7	

Затем знакомятся остальными двумя: -ward, Adv и –wise, Adv.

Конверсификсы – это деривационные морфемы восходящие к наречным компонентам глагольно-наречных сочетаний (ГНС). Они обладают суффиксальными свойствами, поэтому и рассматриваются\ нами [4 – 8].

Было выявлено 11 конверсификсов, которые находятся в составе 26 дериватов (Табл. 6). Их Пд невысока: от 4 (-up) до 1 (-after, -around, between, -by).

Таблица 6. Продуктивность 11 конверсификсов

Conversifix	П	Examples
-up, cf	4	Let-, pent-, set-, winding-
-back, cf	3	Cut-, draw-, set-
-down, cf	3	Go-, shut-, stow-
-in, cf	3	Pent-, take-, tie-
-off, cf	3	Set-, take-, write-
-out, cf	3	Lock-, turn-, walk-,
-over, cf	3	Carry-, take-, turn-
-after, cf	1	Sought-

-around, cf	1	Turn-
-between,cf	1	Go-
-by, cf	1	Stand-
Сумма	26	
X*	2,4	
X**	0,9	

Рассмотрим количественные характеристики аффиксов терминосистемы экономики и внешней торговли в целом (Табл.7).

Больше всего выявлено 50 суффиксов существительных, давших 1539 дериватов, что составляет 51,49%, например: economics, normalcy, litigant, summary, dockage, denial, drapery, chairman, proprietress, scantling, etc.

25 суффиксов прилагательных дали 594 деривата (19,87%), например: friendly, different, similar, lawful, perilous, waterproof, watertight, weekly, etc.

Сорок префиксов дало 543 деривата (18,17%), например: countercheck, illegal, irregular, multilateral, ensure, prepay, sublease, unfit, vice-chairman,etc.

4 глагольных суффикса дали 184 деривата (6,15%), например: evaluate, stimulate, syndicate, validate, legalize, utilize, notify, testify, verify, notify, etc.

Три суффикса наречий дали 103 деривата (3,45%), например: adversely, dangerly, directly, faithfully, hazardly, truly, wholly, homeward, coast-wise, etc.

а 11 конверсификсов дали 26 дериватов (0,87%), например: go-between, carry-over, let-up, setback, stand-by, turn-over, walk-out, write-offs, etc.

Таким образом, общее количество дериватов в этой терминосистеме равно 2989 лексемам.

Таблица 7. Количество аффиксальных дериватов (П)
и их средняя продуктивность (X*)

Word structure	П	X*	Кол-во аффиксов	Examples
Prefixal derivatives	543	13,5	40	Co-owner, counterweight, discount, downtrend, empower, overvalue, outflow, misread
Suffixal nouns	1539	30,8	50	Agreement, addition, allowance, activity, bidder, bidding, debtor
Suffixal adjectives	594	23,7	25	Coastal, metric, paying, gainful, active, movable, budgetary
Suffixal verbs	184	46,0	4	Alienate, authorize, brighten, formulate, lessen
Suffixal adverbs	103	34,3	3	Briefly, jointly, authorize, partly, kindly, coast-wise

Conversi-Fixes	26	2,4	11	Cut-back, lock-out, tie-in, shutdown, turn-around
Сумма	2989		133	
Среднее	-	22,5	-	
Среднее/е	-	8,3	-	

Для составления аффиксального МИНИМУМА мы ранжировали ВСЕ аффиксы по их продуктивности (Пд) (Табл. 8).

Таблица 8. Общий список 133 аффиксов, ранжированных по их продуктивности (Пд)

Affix	П	Examples
-ion, N	408	Abolit-, act-, caut-, deduct-, port-, rat-, solut-
-er, N	182	Advis-, bank-, lend-,mill-,sell-, trade-, turn-, writ-
-ing, N	126	Audit-, bidd-, strand-, tap-, turn-, vot-, wrapp-
Un-	121	-acceptable, -answered, -lawful, -foreseen, -fair
-(a,i)ble, A	121	Accepta-, ara-, call-, dura-, flexi-, pay-, worka-
-ity, N	116	Activ-, author-, legal-, matur-, novel-, par-, prior-
-ate, V	111	Abrog-, alloc-, calcul-, deleg-, navig-, valid-
-ment, N	107	Abandon-, agree-, pay-, retire-, ship-, unemploy-
-ly, Adv	101	Abundant-, bare-, joint-, legal-, part-, year-
(a,e)nce,N	84	Abunda-, avoida-, confide-, defia-, tolera-, usa
-age, N	80	Advent-, broker-, tug-, ton-, coin-, dock-, wast-,
-ed , A	75	Alli-, bond-, cann-, fix-, mix-, skill-, tim-, vest-
-or, N	71	Accept-, bail-, credit-, debt-, oblig-, valuat-
In- (il-, Im-, ir-)	69	-balance, -complete, -direct, -formal, -liquid, -pure, --regular, -secure, -animate, -visible, -valid,
(a,o)ry, A	65	Adviso-, budgeto-, moneta-, prima-, signato-
-(a,e)nt, A	61	Appare-, confide-, deficie-, dorma-, refrigere-
Re-	51	-adjust, -call, -draft, -export, -pack, -ship, -view
-ic, A	45	Atom-, bas-, calor-, errat-, nitr-, organ-, typ-
-ive, A	44	Act-, conclus-,defect-, effect-, imitate-, tentat-
-(a,e)nt, N	43	Accede-, litiga-, preside-, serva-, tenna-, warra-
-ize, V	42	Advert-, author-, item-, final-, real-, valor-
-ure, N	37	Advent-, capt-, depart-, disclos-, press-, treas-
Over-	34	-buy, -haul, -load, -rule, -sell, -tax, -turn, -work

-ee, N	34	Address-, bargain-, tug-,trust-, vend-, warrant-
-ing, A	28	Act-, bind-, feed-, last-, ris-, sav-, tow-, work-
-ous, A	28	Anxi-, bitumen-, numer-, preci-, usuri-, vari-
Dis-	26	-able, -agree, -close, -embark, -honour, -regard
-(a,o)ry, N	26	Accesso-, deposito-, signato-, subsidia-, sala-,
-ery, N	26	Brew-, chanc-, drap-, furri-, join-, tenant-, usu-
(a,e)ncy,N	**22**	**Accounta-, compete-, curre-, diverge-, emerge-**
-ate, A	20	Adequ-, corpor-, moder- priv-, separ-, triplic-
-ify, V	20	Class-, fals-, just-, mod-, rat-,satis-, test-, ver-
Under-	19	-bid, -charge, -discount, -lay, -paid, -sold, -write
-al, N	19	Approv-, commit-, -deni-, dismiss-, rat-, remov-
-man, N	18	Car-, chair-, lumber-,-sea-, trades-, whale-, work-
Out-	17	-bide, -come, -fit, -let, -put, -sell, -turn, -weigh
-ist, N	17	Analy-, jur-, social-, stat-, technic-, typ-, union-
-ness, N	17	Busi-, correct-, firm-, heavi-, late-, oili-, weak-
-y, A	16	Bulk-, bulk-, eas-, greas-, knott-, oil-, risk-, priv-
Em-(en)V	15	-bale, -courage, -force, -large, -power, -sure, -trust
Non-	15	-acceptance, -arrival, -conference, -execution
Sub-	14	-agency, -contract, -divide, -lease, -total, -way
-al, A	14	Actu-, cere-, fin-, cleric-, loc-, or-, verb-, vit-
Pre-	13	-condition, -contract, -eminent, -pay, -plan, -war
De-	12	-bark, cipher, -control, -defraud, odorize, -value
In-(im-)	12	-dent, -flux, -land, -press, -stall, -take, -voice
Super-	12	-abundance, -cargo, -dividend, -phosphate, -tax
-th, N	12	Bread-, dear-, grow-, heal-, leng-, weal-, wid-
-ar, A	12	Circul-, consul-, granul-, simil-, tabul-, vehicul-
-less, A	12	Base-, care-, fruit-, harm-, match-, trust-, wire-
-ful,A,	11	Care-, doubt- gain-, harm-, law-, right-, wrong-
-ly, A	11	Cost-, day-, ear-, friend-, hour-, live-, month-
-en, V	11	Bright-, fast-, less-, light-, sharp-, stiff-, weak-
Counter-	10	-claim, -act, -check, -mark, -part, -sign, -weigh
-ate, N	10	Associ-, certific-, consul-, deleg-, duplic-, estim-
-y, N	9	Deliver-, discover-, econom-, recover-, treasur-
A-, adv	**8**	**-board, -broach, -broad, -cross, -float, -shore**
Bi-	8	-annual, -cycle, -ennial, -monthly, -weekly,-yearly
Mis-	8	-appropriate, calculate, -carry, -lay, -read, -take

Up-	8	-hold, -set, -surge, -swing, -trend, -turn, -ward
Inter-	7	-act, -change, -course, -national, -state, -view
Self-	7	-acting, -explanatory, -service, -sufficiency
Semi-	7	-annual, -manufactures, -monthly, -products
-eer, N	7	Auction-, gazette-, profit-,racket-, syndicat-, ven-
ine(ch.), N	7	Benz-, caffe-, glycer-, lign
-ite, N	7	Anthrac-, lign-, graph-, phosph-, pyr-, sulph-
-ship, N	7	Owner-, member-, partner-, trustee-, workman-
-work, N	7	Iron-, piece-, shift-, task-, tut-, water-, wood-
Fore-	6	-bear, -cabin, -cast, -close, -sight, -stall
-ate (ch),N	6	Carbon-, hydr-, nitr-, phosph-, sulph-
-id, A	6	Hum-, liqu-, val-, ranc-, rap-, val-
-proof, A	6	Acid-, air-, fire-, moisture-, sound-, water-
Co-	5	-laborate, -mensurate, -operate, -option,-orinate
-ice, N	5	Coward-, just-, serv-, not-, pract-
-ics, N	5	Ceram-, economy-, statist-, synthet-, techn-
-an, A	5	Civilicalla-, -Indi-, proletari-, Rom-, urb-
-en, A	5	Hemp-, oak-, rott-, wood-, wool-
Down-	4	-drift, -trend, -turn, -ward
On-	4	-cost, -flow, -set, -ward
gram(me)N	4	Deca-, hector-, kilo-, milli-
-ism, N	4	Capital-, protectional-, social-, union-
-tude, N	4	Exacti-, lati-, magni-, prompti-
-up, cf	4	Let-, pent-, set-, winding-
Centi-	**3**	**-grade, gram(me), -meter**
Deca-	3	-gramme, -litre, -meter
Off-	3	-set, -shore, -take
Sur-	3	-charge, -past, -tax
Uni-	3	-form, -lateral, -linear
Vice-	3	-chairman, -consul, -president
With-	3	-draw, -hold, -stand
-cy, N	3	Bankrupt-, normal-, pira-
-ene (ch),N	3	Benz-, gasol-, keros-
-gram, N	3	Cable-, radio-, tele-
-in (ch), N	3	Streptomyc-, tan-, tarpol-
-ish, A	3	Bear-, bull-, slug-

-back, cf	3	Cut-, draw-, set-
-down, cf	3	Go-, shut-, stow-
-in, cf	3	Pent-, take-, tie-
-off, cf	3	Set-, take-, write-
-out, cf	3	Lock-, turn-, walk-,
-over, cf	3	Carry-, take-, turn-
Afore-	2	-mentioned, -said
Deci-	2	-gramme, -meter
Trans-	2	-act, -atlantic
-drome, N	2	Aero-, air-
-graph, N	2	Para-, tele-
-ian, N	2	Statistic-, technic-
-meter, N	2	Kilo-, milli-
-phone, N	2	Radio-, tele-
-ware, N	2	Hard-, small-
-ile, A	2	Fert-, merchant-
Extra-	1	-ordinary
Intra-	1	-European
Multi-	1	-lateral
Supra-	1	-marginal
-archy, N	1	Aut-
-ess, N	1	Proprietr-
-ide (ch), N	1	Carb-, ox-, perox-
-let, N	1	Book-
-ling, N	1	Scant-
-ode, N	1	Electr-
-oid, N	1	Cellul-
-ology, N	1	Techn-
-ine, A	1	Bov-
-like, A	1	Business-
-some, A	1	Burden-
-worthy, A	1	Trust-
-ward, Adv	1	Home-
-wise, Adv	1	Coast-
-after, cf	1	Sought-
-around, cf	1	Turn-

between,cf	1	Go-
-by, cf	1	Stand-
Сумма	2989	
X*	22,5	
X**	8,3	
X***	3,1	

Итак, в **первую** очередь следует изучать аффиксы, у которых Пд>X*(=22,5); это 29 морфем, давших 72,3% производных. Во **вторую** очередь рассматриваются 27 аффиксов, у которых 22,5 < Пд < 8,3 и которые дали 13,4% производных. В **третью** очередь надо ознакомиться с 27 аффиксами, у которых 8,3 < Пд < 3,1. Они дали 5,4% дериватов. Остальные 50 аффиксов имеют Пд < 3,1; они дали всего 3,2% дериватов.

Литература

1. Афанасьева О.В. Обучение деривационным моделям на уроках английского языка // Иностр. яз. в школе. 2012. С. 53-57.
2. Бартков Б.И. О статусе некоторых постфиксальных словообразовательных формантов в современном английском языке // Особенности аффиксального словообразования в терминосистемах и норме. Владивосток: ДВНЦ АН СССР, 1979. С. 63-91.
3. Бартков Б.И. Количественный дериватарий английского языка (300 аффиксов научного стиля и литературной нормы). Препр. Владивосток: ДВНЦ АН СССР, 1984. 63 с.
4. Бартков Б.И. Конверсификсация в современном английском языке (количественный подход) //Словообразование и его место в курсе обучения иностранному языку. Владивосток: Дальневост. гос. ун-т, 1983, вып. 11. С.116-124.
5. Бартков Б.И. Конверсификсы английского языка как квазисуффиксы // Морфемология и морфемография. Владивосток: ДВО РАН, 1993. С.162-177.
6. Бартков Б.И. Об использовании количественных критериев при установлении деривационного статуса конверсификсов ангийского языка (типа и т.д.) // Морфемика. С.-Пб.: Изд-во С.-Пб. Ун-та, 1997. С. 134-147.
7. Бартков Б.И. Пентахотомическая шкала деривационного статуса конверсификсов современного английского языка // Форма и содержание единиц языка и речи. Владивосток: Дальнаука, 1998. С.18-49.

8. Бартков Б.И. Формирование конверсификсальных моделей в английском языке // Семантика и структура слова. Калинин: Калинин. гос. ун-т, 1984. С.17-24.
9. Бартков Б.И. 45 лет в глоттологии и глоттографии // Квантитативная дериватография, дериватология, фразеология и паремиология германских, славянских и романских языков (Материалы Юбилейной Междунар. Конф., посвящ. 30-летию функционир. Владивосток. Лингвист. Кружка. (7-9 сентября 2009 г.). Владивосток: ПИППКРО, 2010. С. 3-51.
10. Бартков Б.И., Барткова Т.Б., Барткова А.Д., Бартков И.Б., Барткова И.Н., Бартков Т.И., Барткова Т.И. Продуктивный аффиксальный минимум для чтения философской литературы на английском языке // Academic Science – Problems and Achievements, V. Vol. 3. spc Academic: CreateSpace, North Chareton, SC, USA, 2014. P. 150-163.
11. Барткова Т.Б., Бартков Б.И. Аффиксальный минимум для чтения английской литературы по курсу «кораблевождение» // Актуальные проблемы подготовки специалистов в системе непрерывного образования: путь от педагогической теории к практике. Владивосток: Дальневосточный государственный технический рыбохозяйственный университет, 2011. С. 12-23.
12. Израилевич Е.Е. Англо-русский общеэкономический и внешнеторговый словарь. М.: ВНЕШТОРГИЗДАТ, 1960. 514 с.
13. Крупник К.Н. К проблеме обучения чтению на иностранном языке. Автореф. дис.…канд. филол. наук. М.: Изд-во МГУ, 1968. 24 с.
14. Лейчик В.М. Терминоведение. Предмет, методы, структура. М.: Книжный дом «ЛИБРОКОМ», 2009. – 256 С.
15. Bartkov B., Larson D., Bartkova T., Golovatskaya Y., Strom N., Strom H. Frequent English Affixes for Students of Linguistics // Культурно-языковые контакты, вып. 6. Владивосток: Изд-во Дальневост. Ун-та, 2004. С. 18-27.
16. Brown I.F. Normal and Reverse English Word List. Philadelphia, 1963. Vols. 1-8.
17. Collins Cobuild English Guides/ Word-Formation. – London: HarperCollins Publishers Ltd., 1991.
18. The John W. Campbell Letters. Vol. 1. / Eds: Perry A. Chappendale, Sr., Tony Chappendale, George Hay. AC Projects, Inc., Franklin, TN, 1985. 610 pp.
19. Webster's New International Dictionary of the English Language. 2 nd ed. Cambridge, Mas.: G. and C. Merriam Co., 1946. 3210 pp.
20. West M., Kimber P.F. Deskbook of Correct English (1956).Ленинград: Учпедгиз, 1963. 192 с.

***Бартков Б. И., ** Минина Л. И., ***Барткова Т. Б., *Перешивкина Л .В., ***Щукина О. Н.**
*доценты, **профессор, ***ассистенты
Кафедры иностранных языков
Дальневосточного федерального университета, Владивосток
e-mail: bibartkov@yandex.ru

КОЛИЧЕСТВЕННОЕ СЕМАНТИКО-СТРУКТУРНОЕ ОПИСАНИЕ ТЕРМИНОВ-ФРАЗЕМ АВТОМОБИЛИЗМА АНГЛИЙСКОГО ЯЗЫКА

Аннотация. В результате количественного анализа «Англо-русского словаря автомобилиста» А.Д. Садовникова и М.А. Садовниковой (1994), содержащего около 12 тыс, слов и выражений, было проделано разбиение терминов-фразем на «новые» семантические классы и выявлены структурные модели фразем каждого класса.

Ключевые слова: фраземы, «новые» семантические классы фразем, структурные модели фразем

Еще в 1905 году известный французский лингвист [2; 17] выделил 2 семантических класса устойчивых словосочетаний (фразеологтческие единства и фразеологические сочетания) во французском языке. Через 40 лет русский лингвист В. В. Виноградов [7] перевел определения на русский язык и применил их (как сумел…) к классификации русских устойчивых словосочетаний (не сославшись на [2; 17!]), добавив свой класс: фразеологические сращения. Мало того, что так называемые «дефиниции» классов оказались лингвистически некорректными, так [7] даже не заметил принципиальной синтаксической разницы между устойчивыми словосочетаниями **непредикативными** (то есть фраземами, или поговорками) и **предикативными** (то есть паремиемами, или пословицами) и при описании «свалил их в одну кучу». В результате за прошедшие 70 лет никому не удалось использовать эту, по выражению известной фразеологистки [14], «семантическую классификацию В, В. Виноградова», для однозначного непротиворечивого разбиения какого-либо массива устойчивых словосочетаний (УСС) на эти семантические классы. Забавно, что [14] включает в его классификацию еще и класс «фразеологические выражения», хотя в любом учебнике для первокурсников по «Введению в языкознание» [8; 10] написано, что этот класс ввел в 1963 году [15].

Учитывая все сказанное выше, мы еще в 2002 году переформулировали так называемые «дефиниции семантических классов

[7]», оставив от них одни названия классов (чтобы не умножать количество терминов – в соответствии с «бритвой Оккама»), введя лингвистически и философски корректные «новые» семантические классы фразем. Под **фраземой** мы понимаем «непредикативные устойчивые словосочетания (НУСС), имеющие как прямое (денотативное) значение (сумма значений слов), так и переносное (коннотативное) значение, являющее результатом семантического преобразования прямого значения в результате метафоризации, метонимизации и т.п.» [3 – 6].

Отметим, что [7] в своей статье заметил, что некоторые фразеологические обороты могут быть терминами, например: грудная жаба, железная дорога. Таким образом он первый сказал, что устойчивые словосочетания могут быть терминами. В лингвистике вообще и в терминологии в частности имеется несколько определений терминов [1; 9; 11], но мы пользуемся следующим: «**Термин** – это лексема, фразема или морфема, имеющая хотя бы одно значение, передающее специальное понятие или суждение, известное специалистам».

Новые семантические классы фразем мы сформулировали следующим образом, переработав старые определения коренным образом.

Фраземные сращения – это НУСС, имеющие 2 значения: 1-е прямое (денотативное) неизвестно говорящим из-за незнания значений некоторых слов (имен собственных, мифонимов, религионимов и т.п.), 2-е переносное (коннотативное) является результатом семантического преобразования прямого путем метафоризации, метонимизации и т.п.

Elliot axle- 1. Ось (какого-то) Элиот; 2. Передний мост с балкой, имеющей на концах развилки.

Фраземные единства – это НУСС, имеющие 2 значения: 1-е прямое (денотативное) известно, но редко употребительно; 2-е переносное (коннотативное) – широко известно.

Blue book 1. Книга голубого цвета; 2. Журнал спецификаций.

Фраземные сочетания – это НУСС, имеющее пока только одно значение – прямое (денотативное), но широко известное.

Accumulator capacity 1. Емкость аккумулятора.

Мы поставили своей задачей количественно описать семантику и структуру английских терминов-фразем автомобильного дела по [13].

Результаты разбиения массива терминов-фразем на «новые» семантические классы представлены в ниже (Табл. 1).

Анализ показывает, что в терминосистеме подавляющее количество фразем попадает к касс **«сочетаний»** - 98,83% фразем, например:boiling temperature, expansion tank, lock washer, hard water, batter4y pack, chassis number, double nut, field inspection, brake hose, oil seal housing, crankshaft end float, air flow, fast6 flushing, pull button, to blow down, glycol based antifreeze, brake force limiter, all-season oil, adaptive mirror, coated metal, etc.

Таблица 1. Семантические классы терминов-фразем

Семантический класс	Пд	%	Примеры
Сочетания	7077	98,83	Anchor pin, fatal accident, cam actuator, cast tire, fuse tongs, wheel hub, wiring scheme
Единства	64	0,89	Butterfly nut, crocodile grip, elbow piece, eye nut, bracket leg, king joint, knee piece, fly nut
Сращения	20	0,28	Allen key, Lambda probe, Hook's joint, Hall generator, Ackerman principle, diesel index
Сумма	7161	100,0	

В классе **«единств»** оказывается 0,89%, фразем, например: Blue book, toothed belt drive, Forty-nine state car, dead axle, dead end, dead center, dead cylinder, straight eight, sleeve coupling, Forty-nine state car, dog clutch, dog block, wheel live axle, idler arm, mushroom valve lifter, idle runner, trailer nose, eye hook, engine flywheel, drop arm, breaker arm, idler arm, bracket leg, etc.

В классе **«сращений»** находится всего 0,28 терминов-фразем, например: Allen wrench, twin Venturi, McPherson strut, Elliot axle, I-beam axle, Fergusson formula, venturi, chassis, diesel engine, Celsius degree, Fahrenheit degree, Lobro driveshaft, Tripode druive, L-head engine, diesel fuel, Wilson transmission, Wison suspension, reverse Elliot axle, ABC module, Woodruff key, Torx type key, British Standard Factor, India ochre, reverse Elliot, T-head engine, Venturi tube, Ackerman steering gear, Hall strut, etc.

Если сравнить это распределение фразем терминосистемы автомобилизма по семантическим классам с распределением в литературной норме английского, латинского и русского языков полученное нами ранее **(Б,М,Б),** станет заметно: в литературной норме доминирующим является класс «единств», на который приходится от 86% до 95% фразем (Табл. 2). На «сочетания» приходится от 2% до 13%, на «сращения» - от 3% до 5%.

Следовательно, существует принципиальное отличие распределений семантических классов в терминосистеме от распределений в литературной норме, что удалось выявить только путем количественного анализа фразем.

Таблица 2. Распределение фразем по «новым» семантическим клаассам в терминосистеме автомобилизма и в литературной норме английского, латинского и русского языков

Семантический класс	Сращение		Единство		Сочетание		Сумма	
Терминосистема	Pd	%	Pd	%	Pd	%	Pd	%
Автомобилизм	20	0,28	64	0,89	7077	**98,83**	7161	100,0
English literary	70	3,2	2123	**95,0**	41	1,8	2234	100,0
Latin literari	-	-	41	**87,2**	6	12,8	87	100,0
Russian literary	5	5,2	83	**86,5**	8	8,3	96	100,0

Следовательно, существует принципиальное отличие распределений семантических классов в терминосистеме от распределений в литературной норме, что удалось выявить только путем количественного анализа фразем.

Проведенный нами структурный анализ терминов-фразем разных семантических классов показал следующее (Табл. 3).

В целом, наиболее продуктивными оказались две модели: N N (Noun noun) – 64,1% и A N (Adjective noun) - 35,5%, что в сумме дает 99,6% всех фразем.

Таблица 3. Продуктивность структурных моделей « новых» семантических классов фразем-терминов

Модель	Сращения		Единства		Сочетания		Всего	
(доли)	Кол.	%	Кол.	%	Кол.	%	Кол.	%
N N	17	80,95	28	43,75	4547	64,25	4592	64,12
A N	1	4,76	17	26,56	2311	32,65	2329	35,52
N prep N	-	-	-	-	73	1,03	73	1,02
V Adv	-	-	-	-	58	0,82	58	0,81
Prep N	2	9,52	19	29,69	23	0,33	44	0,614
V N	-	-	-	-	42	0,59	42	0,585

Adv N	-	-	-	-	18	0,25	18	0,25
N' N	1	4,76	-	-	3	0,042	3	0,042
Adv A	-	-	--	-	2	0,028	2	0,028
Сумма	20	100,0	64	100,0	7077	100,0	7161	100,0
	0,28		0,89		98,83		100,0	

Кроме того были обнаружены мало продуктивные модели:
N prep N (1,0%), например: coolant with amount of, block of wood, error in measurement, decrease in speed, damage beyond repair, boot for protection, etc.
V Adv (0,8%), например: cut in, drive up, back off, blow down, build in, drive up, cut out, gear down, jump up, pass on, pull on, put off, sort out, run up, etc.
Prep N (0,6%), например: in chayn, in the course, in alignment, at right angle,
V N (0,6%), например: to cut a corner, blow an engine, to time the valves, etc.
Adv N (0,2%), например: down counter, forward control, upward force, etc.
N' N (0,04%), например: driver' cab.

Отметим, что во всех семантических классах модели N N и A N превалируют над другими.

Таким образом впервые был проведен количественный семантико-структурный анализ фразем-терминов, позволивший выявить объективное отличие терминосистем от литературной нормы.

Литература

1. Ахманова О.С. Словарь лингвистических терминов. – М.: Сов. Энциклопедия, 1966. 608 с.
2. Балли Ш. Французская стилистика / Пер. с фр. К.А.Долинина. М., 1961.
3. Бартков Б. И., Минина Л. И. Научные принципы структурно-семантической классификации фразем и паремием русского языка. Тез. Междунар. Научн. Конф. «Россия-Восток-Запад: Проблемы межкультурной коммуникации» (5-7 апреля 2007 г.). Владивосток, 2007. С.31-32.
4. Бартков Б.И. О выделении семантических классов английских, немецких и русских паремием: сращений, единств и сочетаний в диахронии // Тр. ДВГТУ, вып. 141. Владивосток: Уссури, 2005. - С.181-188.
5. Бартков Б.И. Так называемые «фразеологические единицы» В.В.Виноградова в научном освещении // Квантитативная дериватография, дериватология, фразеология и паремиология германских, славянских и романских языков (Материалы Юбилейной Междунар. Конф., посвящ. 30-летию функционир. Владивосток. Лингвист. Кружка. (7-9 сентября 2009 г.). Владивосток: ПИППКРО, 2010. С.107-116.

6. Бартков Б.И., Бойко Е., Гречко Н.С. Семантика английских фразем и паремием //Вопросы современной филологии и методики обучения языкам в вузе и школе. Сб. статей VIII Всерос. Научно-практ. конф. Пенза: РИО ПГСХА, 2006. С. 93-96.
7. Виноградов В.В. Основные типы фразеологических единиц в русском языке // Русский язык. Грамматическое учение о слове. М.: Учпедгиз, 1947. С. 21-28.
8. Головин Б.Н. Введение в языкознание. М.: Выс. Шк.,1983.
9. Головин Б.Н., Кобрин Р.Ю. Лингвистические основы учения о терминах. М.: Высш. Шк., 1987. 104 с.
10. Кочерган М.П. Вступ до мовознавства. К.: Видавничий центр «Академ1я», 2008. 368 с.
11. Лейчик В.М. Терминоведение. Предмет, методы, структура. М.: Книжный дом «ЛИБРОКОМ», 2009. – 256 С.
12. Минина Л.И., Бартков Б.И., Барткова Т.Б. Сопоставительный количественный анализ семантическиъх классов фразем и паремием, передающих одинаковые суждения и умозаключения н6а латинскомЮ английском и русском языках // Academic science – problems and achievements V. Vol 3. Spc Academic. North Charleston, SC, USA, 2014. P. 164-169.
13. Садовников А.Д., Садовникова М.А. Англо-русский словарь автомобилиста. М.: Изд-во «ГРАММА», 1994. 320 с.
14. Телия В.Н. Фразеологизм // Языкознание. Большой энциклопедический словарь. 2-е изд. М.: БРЭ, 1998. С. 559-560.
15. Шанский Н.М. Фразеология современного русского языка. М.: Выс. Шк., 1963. – 156 с.
16. Языкознание. Большой энциклопедический словарь / Гл. ред. В.Н. Ярцева. – 2-е изд. – Большая российская энциклопедия, 2000.
17. Bally Ch. Precis de stylistique. Geneve, 1905.

Солодун Ю.В.
доктор медицинских наук, заведующий кафедрой судебной медицины с основами правоведения
Сирин С.А.
кандидат философских наук, доцент кафедры судебной медицины с основами правоведения
Хаперская А.О.
студентка Иркутского Государственного Медицинского Университета

БУДУЩЕЕ ЧЕЛОВЕЧЕСТВА: ПРОГНОЗЫ И ПЕРСПЕКТИВЫ

Какое будущее ожидает человечество, какова его ближайшая судьба, сохранится ли оно в отдаленном будущем или как всякое живое существо должно умереть? Эти, как и другие вопросы, относящиеся к перспективам существования человеческого общества, с испокон веков, с самой древности волновали людей и они пытались через многих своих выдающихся представителей ответить на них. Эти ответы, как мы видели, не были однозначными, зачастую они были прямо противоположными – от полной уверенности их авторов в непрерывном прогрессе человечества, в его постоянном улучшении и совершенствовании до крайне пессимистических выводов о вырождении человечества, о его неминуемой гибели.

Если ознакомиться, даже бегло, с современными взглядами по этой животрепещущей проблеме, то мы увидим еще большую пестроту, противоречивость и неоднозначность их содержания. Как и во все времена, мы находим сегодня среди пишущих на эту тему и безоглядных оптимистов, и фанатичных пессимистов, и тех, что пытается примирить обе крайности, найти какое – то компромиссное решение. Не вдаваясь в существо и содержание всех этих многочисленных взглядов современных мыслителей относительно перспектив развития человечества, отметим лишь, что среди них наиболее распространенным являются идеи исторического пессимизма, взгляды, согласно которым, человеческое общество неумолимо идет к своему концу, к своей гибели.
Популярные в прошлом и нынешнем веке идеи социального прогресса потеряли свое прежнюю привлекательность и число их сторонников стремительно падает. Для социального пессимизма современная историческая действительность дает немало оснований.

Во – первых, результаты развития науки и техники, на которые возлагали все свои надежды и все свое упование идеологи и сторонники социального прогресса, оказались не столь уж обнадеживающими. Они, скорее, дают больше оснований для пессимистических выводов. Прогресс науки и техники не привел, как думал, например, Кондорсе, к прогрессу в других сферах социальной действительности. Больше того, социальные последствия этого прогресса, привели к целому ряду тупиковых, опасных состояний развития человечества.

Начать хотя бы с того, что прогресс науки и техники позволил создать самое страшное военное средство – ядерное оружие, способное уничтожить человечество. Несмотря на ликвидацию противостояния двух социальных систем – капитализма и социализма – опасность мировой атомной войны не исчезла. Больше того, в известном смысле стала более реальной. Виды и формы ядерной опасности многообразны. Увеличивается количество стран, обладающих ядерным оружием. В мире действуют различные террористические организации, которые могут осуществить ядерный терроризм, готовое атомное и водородное оружие может быть похищено со складов и заводов. И такие попытки уже предпринимались, в том числе в нашей стране в условиях ослабления и кризиса государственной власти. В России и в западных странах не раз обнаруживались пропажи нескольких сот тонн ядерного вещества. Таким образом, прогрессируя, наука и техника привела человечество на край гибели. Последствия ядерной войны предусмотреть невозможно. Во всяком случае изменится климат, будет нанесен непоправимый ущерб защитному слою озона и генетическому коду человека.

Другим глобальным фактором, который непосредственно связан с развитием науки и техники и который может постепенно погубить человечество, является разразившийся в настоящее время мировой экологический кризис. Идеологи и вдохновители идей общественного прогресса не учли этого фактора, фактически они им и не занимались, не брали в расчет его в своих прогнозах относительно будущего человечества. Если мы познакомимся со всеми программами, которые приняла КПСС за годы своего существования, то не найдем в них ни одного слова об экологической опасности. Все они обходят эту проблему, хотя и трактуют о будущем развитии человечества, о его переходе на самую высокую степень в лестнице социального прогресса – на ступень коммунизма. Приходится удивляться, насколько наивно сторонники неизбежного социального прогресса, возлагали надежды на всемогущество научного и технического прогресса, на роль машин, не обращая никакого внимания на негативные последствия их применения. Общество переоценивало их роль, техническая романтика застилала очи идеологам прогресса. Технически обеспеченное «господство» человека над силами природы есть в сущности разрушение с помощью техники среды обитания. Загрязнение воздуха и воды, эрозия почвы и утоньшение плодородного слоя земли, негативные последствия широкого применения химии, изменение климата - вот далеко не полные последствия «технического внедрения» достижений науки и техники в природу. Не случайно многие современные ученые видят мир в самом недалеком будущем, лишенный птиц, насекомых и животных, указывают на медленное угасание жизни, порожденное всеобщим мировым загрязнением. Некоторые экологи полагают, что давление на биосферу к концу столетия может вырасти в два – три раза к 2015 году.

Экологический кризис самым тесным образом переплетается с продовольственным кризисом, существенно влияет на продовольственные ресурсы. Человечество живет и кормится за счет пашни, пастбищ, лесов и морских ресурсов. Эти глобальные экономические системы дают нам не только пищу, одежду и прочее, но и необходимое сырье для промышленности (за исключением нефти и минеральных полезных ископаемых).

Совсем недавно, нам казалось, что снабжение населения земли продовольствием и энергией является дешевым и безграничным. Теперь уже нет сомнений в том, что избытка продовольствия и дешевой энергии не предвидится. С 1976 года посевная площадь в мире фактически остается на одном и том же уровне. Целинных и залежных земель в мире уже нет. Хотя сбор зерна в абсолютных цифрах пока не снижается, но количество зерна на душу населения непрерывно падает. Это снижение началось еще в 1978 году и с тех пор продолжается быстрыми темпами. Происходит эрозия пахотных земель. Особенно тяжелое положение с почвами в развивающихся странах и у нас, в России.

Сведения лесов (так называемая дефорестация) приняла угрожающие размеры, поистине глобальные масштабы. Лесной покров земли за последнюю четверть века сократился более че вдвое и этот процесс продолжается.

Мировая емкость пастбищ уже давно исчерпана. Потребление шерсти начало падать с 1960 года. Уровень потребления говядины, баранины с каждым годом сокращается. Об этих данных мировая общественность еще недостаточно осведомлена и они не осознаны еще в достаточной степени.

Что касается морских ресурсов, на которые многие ученые возлагали очень большие надежды, в будущем, то и здесь положение не менее катастрофическое.

Ко всему перечисленному добавляется так называемая демографическая проблема, то есть рост численности населения. На протяжении всей своей истории, человечество, в общем – то росло медленно и только на протяжении жизни последнего одного – двух поколений его рост достиг 2-3% в год. Вроде бы 2-3% это совсем немного, но эти невинные 3% означают 19-кратное увеличение населения за столетие. Такой рост во столько же крат усугубляет все проблемы, с которыми сегодня связано человечество и о которых кратко упомянуто выше. Конечно, рост населения не может происходить бесконечное на конечной планете и должен будет когда – то остановиться. Но когда? В результате ли сокращения рождаемости или массового роста смертности? В одном из последних подсчетов мирового банка говорится о примерно 10 млрд. человек, после чего рост населения должен остановиться.

Приведенные данные заставляют глубоко задуматься относительно неисчерпаемости и неизбежности социального прогресса, относительно тех благ, которые он несет с собой. Эти факты начинают вызывать сомнение в истинности и необходимости самого этого прогресса.

Подобная мысль высказывалась и прежде, прошлыми мыслителями , но не воспринималась всерьез, а ее авторы высмеивались, либо обвинялись в реакционности и консерватизме. Можно привести замечательные рассуждения русского мыслителя XIX века Константина Леонтьева, полагавшего, что общественный прогресс не только способствует подлинному развитию общества, но ведет к его однообразию, нивелирует различия, делает невозможным внутренний расцвет наций. «Прогресс, - писал К. Леонтьев, - …есть не что иное, как процесс разложения, процесс того вторичного упрощения целого и смешения составных частей… процесс сглаживания морфологических очертаний, процесс уничтожения тех особенностей, которые были органически свойственны общественному телу».[1]

Исторический процесс совершается вовсе не однозначно и не укладывается ни в какие теоретические схемы. Подлинная история сложнее любой схематики и категорических теоретических построений о направленности исторического процесса. История поставляет нам материал, свидетельствующий о поступательности ее развития, но она же снабжает нас фактами деградации общественной жизни. И если уж применять к ней теоретические схемы, то ближе к истинному положению вещей окажется теория исторического круговорота. История есть сложный процесс, в котором имеются и большие и малые циклы. В ней наличествует и прогресс, и регресс, она может делать резкие рывки вперед, но может столь же стремительно возвращаться назад, на круги своя, как бы приостанавливать свое движение, решая, в какую сторону ей надлежит двигаться. В настоящее время по – видимому, история, достигнув наивысшего своего подъема, находится на пути возвращения к тому, с чего она начала свое многотрудное развитие. По всей вероятности, недалеко то время, когда произойдет величайшая социально – экономическая катастрофа и человечество будет отброшено к своему первоначальному состоянию.

И все – таки, несмотря на многочисленные и совершенно неожиданные метаморфозы, головокружительные повороты и кружные пути, случающиеся в истории, она не погибнет окончательно. Все эти случайности, неожиданные уходы в сторону, повороты вспять есть лишь временное отклонение от той цели, которой она, в конечном счете движется.

Литература

Сирин С.А.«Правовой нигилизм и социальная философия: опыт критического исследования» Иркутск, 1995

[1] Леонтьев К. Цветущая сложность. Избранные статьи. М., 1992, [76]

[1,2]Simonov P.A., [1]Kulagina M.A., [1]Gerasimov E.Yu., [1]Romanenko A.V.
[1] Boreskov Institute of Catalysis SB RAS, 5 Prospekt Ak. Lavrentieva, Novosibirsk 630090, Russia
[2] Novosibirsk State University, 2 Pirogova St., Novosibirsk 630090, Russia
spa@catalysis.ru

PALLADIUM-CATALYSED HYDROGENATION OF AQUEOUS MALEIC ACID: OCCUPANCY OF A SUPPORT SURFACE BY Pd NANOPARTICLES AFFECTS THE SPECIFIC REACTION RATE

1. Introduction

Catalytic hydrogenation of maleic acid, **MA** (or maleic anhydride) in water medium is an important industrial process for production of succinic acid which is essential in pharmaceutical, polymer and food industries. It involves skeletal nickel [1, 2], supported palladium [3, 4], platinum [5] or ruthenium [6] catalysts. Kinetics of this reaction has been intently investigated in these works; however, scarce information is available as to metal particle size effects on the reaction rate. The present short communication is an attempt to fill this gap in the knowledge of the kinetics peculiarities of maleic acid hydrogenation over supported palladium catalysts.

2. Experimental

Supports were chosen among commercial aluminas (γ-Al_2O_3 (Reachim), 105 m^2/g, and γ-Al_2O_3 (Puralox), 200 m^2/g) as well as prepared by calcining of $Zr(OH)_2$ and γ-Al_2O_3 (Reachim) via stepwise temperature elevation (550°C for ZrO_2 and 1200°C for α-Al_2O_3, respectively) and staying at this point for 4 h. The texture of the supports was studied by BET method, pH values of their isoelectric points were determined by an acid-base titration method [**Ошибка! Закладка не определена.**]. Before the catalysts syntheses, all supports were powdered to get grains <0.09 mm.

Catalyst preparation and treatments were realized in accordance with [**Ошибка! Закладка не определена.**]. Briefly, according to the principal method, supported palladium catalysts were prepared by hydrolysis of H_2PdCl_4 in aqueous Na_2CO_3 (total molar ratio Na_2CO_3:H_2PdCl_4 =10) in the presence of the support powder at 20°C followed by the reduction of the deposited palladium oxide with NaOOCH at 75°C. Alternatively, H_2PdCl_4 was hydrolysed under the same conditions in the absence of the support for 20 min, then the aged colloidal species were adsorbed onto the support and reduced as described above. As the third approach to catalyst preparation, batches of 0.5%Pd/ZrO_2 catalyst prepared by the first method were sintered in H_2 flow at 400°C for 1.5 and 3 hrs.

Metal dispersion in the prepared catalysts was studied by TEM (JEM-2010 microscope) and CO-chemisorption (pulse titration [**Ошибка! Закладка не определена.**]).

Hydrogenation of MA was performed in static conditions (100 ml jacketed glass reactor connected with a volumetric system, magnetic stirrer (1000 rpm), 50°C, P_{H2}=1 atm, 6 ml of water as solvent, 3-20 mg of the charged catalyst) [**Ошибка! Закладка не определена.**]. In all cases the molar ratio of the surface Pd atoms in the catalyst batch placed into the reactor to loaded amount of MA was kept constant ($Pd_{surf}/MA=8.75\times10^{-5}$). Turnover frequency, ***TOF*** (s^{-1}), of a catalyst was calculated as its specific catalytic activity (at 40-50% MA conversion) normalized to palladium content and dispersion. Preliminary studies testified the reaction rate to be independent on MA concentration in given conditions [**Ошибка! Закладка не определена.**].

3. Results and discussion

Non-porous supports. To study the structural sensitivity of MA hydrogenation over palladium nanoparticles, three approaches to varying the metal dispersion [**Ошибка! Закладка не определена.**] were exploited. Coarsening of the supported Pd nanoparticles was achieved by means of (**1**) an increase of metal loading in the catalysts, (**2**) pre-aging of Pd(II) hydrosol before its adsorption onto the support or (**3**) sintering the supported palladium at elevated temperatures. Non-porous supports were used to avoid internal diffusion limitations of the reaction.

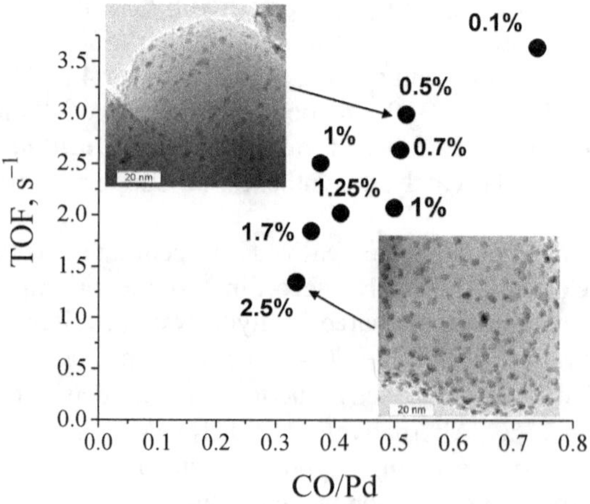

Fig. 1. Dependence of TOF values on Pd dispersion for Pd/α-Al_2O_3 (S_{BET} 10.6 m^2/g) catalysts prepared by method **1** with variations in metal loading.

Fig. 1 demonstrates a linear increase of TOF values for MA hydrogenation with increasing Pd dispersion in the case of Pd/α-Al_2O_3 catalysts prepared by the standard deposition of different amounts of the metal. However, the opposite tendency appears when comparing 0.5%Pd/α-Al_2O_3 samples obtained by methods **1** and **2**: more rough Pd particles (CO/Pd= 0.22) of the catalyst made up by pre-aged colloids possess higher TOF value (4.2 s^{-1}) than those of its analog shown on Fig. 1 does

($CO/Pd=0.52$, $TOF=3.0\ s^{-1}$). The same regularities can be revealed in the case of two sets of Pd/ZrO_2 catalysts prepared by methods **1** and **3**, respectively (Fig. 2): coarsening of Pd particles by metal sintering leads to enhanced TOF value while coarsening of Pd particles by increasing metal loading diminishes it.

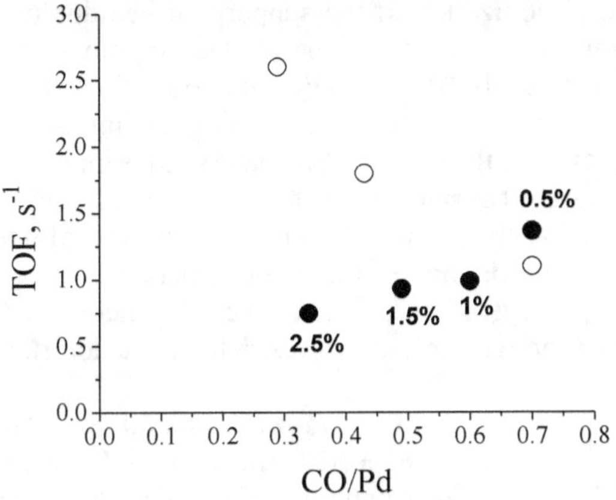

Fig. 2. Dependence of TOF values on Pd dispersion for Pd/ZrO_2 (S_{BET} 14 m^2/g) catalysts prepared by method **1** with variations in metal loading (black symbols) and by method **3** based on sintering a $0.5\%Pd/ZrO_2$ sample in H_2, (white symbols).

The results obtained, paradoxical at first glance, may be explained in terms of hypothesis of Watanabe and coworkers which was put forward while studying oxygen electro-reduction on platinum catalysts with different metal particles population densities on a support surfaces [7]. They suggested the appearance of an inactive fraction of the metal particle surface when the particles approach each other to some critical distance. According their insight, if the particles are in close proximity, "*there must be a mutual influence on the diffusion, or some other parameters, such that not all of the Pt surface area is usable*" [7, 381]. They called this "*territories of supported catalyst particles relating to reactants*". Note that the electroreduction of oxygen proceeds within so-called electric double layer, ***EDL***, at the catalyst surface. It is known, that under the applied electric field a polar liquid can become rather viscous [8]. This may be a reason of decreased reactants diffusion coefficients through the EDL to the catalyst surface.

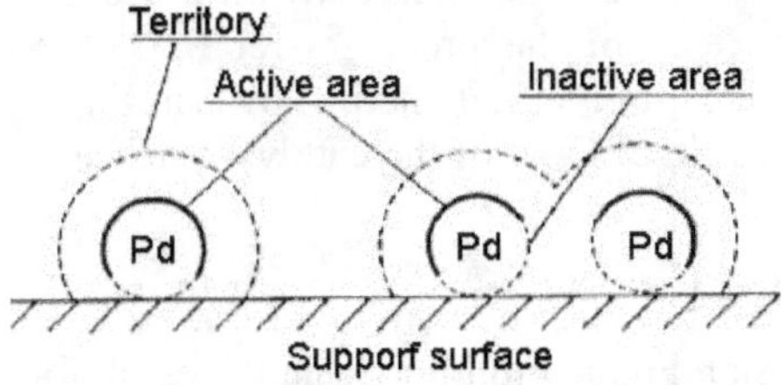

Fig. 3. Explanation in accordance with [**Ошибка! Закладка не определена.**, 381] of the Pd activity loss with

increasing population of Pd crystallites at the support surfaces in Pd/α-Al_2O_3 and Pd/ZrO_2 catalysts.

In the case of MA hydrogenation over supported palladium catalysts in water, EDL at the catalyst surface can arise as a result of two processes: (*i*) ionization of the support surface due to a difference in pH of the MA solution (pH 1) and pH of the isoelectric point of the support (7.5-8 for ZrO_2, 8.5-9 for α-Al_2O_3), and (*ii*) function of each Pd crystallite as hydrogen nanoelectrode. This can cause analogous impact to catalytic behavior of the Pd catalysts as in the case of Watanabe's experiments.

So, when EDL exists at the catalyst surface, some territory around a metal crystallite may be assumed to be hardly permeable for at least one of the reagents. This provokes diffusion retardation of the hydrogenation process, which increases with decreasing intercrystalline distance since the metal areas between the crystallites become "less active" because of restricted diffusion flow of the reagents to them (Fig. 3).

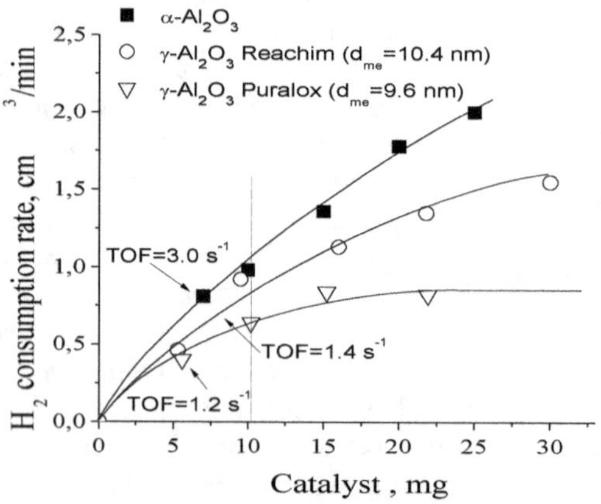

Fig. 4. Rates of H_2 consumption in hydrogenation of MA by different portions of 0.5%Pd/Al_2O_3 catalysts pre-mortared to grain sizes as small as 0.5-5 micron.

Porous supports. The expected effect of EDL on the catalytic performance should be more pronounced in the case of porous supports because the overlapped EDLs of the opposite pore walls would strongly affect the penetration of the reagents into the pores. Indeed, our experimental results confirm this deduction (Fig. 4). They show that Pd supported onto porous supports has smaller values of apparent TOFs which tend to increase with increasing pore diameter d_{me} of the support. Moreover, the apparent activation energies of the process over 0.5%Pd/γ-Al_2O_3 Puralox were found to be zero at each point at the curve shown in Fig. 4, thus verifying the idea about the negative role of EDL of the catalyst surface on its activity in hydrogenation of maleic acid.

Acknowledgements

The authors are grateful to the Russian Foundation for Basic Research for providing financial support (Project 13-03-00689).

References

1. A. F. Alzaydien, J. Appl. Sci. **5** (1), 182-186 (2005).
2. P.O. Korosteleva, M.V. Ulitin, M.V. Lukin, and D.V. Filippov, *Russ. J. Phys. Chem. A* **83** (10), 1715-1719 (2009).
3. A. Knapik, A. Drelinkiewicz, M. Szaleniec, W. Makowski, A. Waksmundzka-Góra, A. Bukowska, W. Bukowski, and J. Noworól, *J. Mol. Catal. A: Chem.* **279,** 47-56 (2008).
4. M.A. Kulagina, E.Yu. Gerasimov, T.Yu. Kardash, P.A. Simonov, and A.V. Romanenko, *Catal. Today* **246**, 72-80 (2015).
5. Sh. D. Danilova, F. B. Bizhanov, and D. V. Sokolskii, *React. Kinet. Catal. Lett.* **12** (3), 303-308 (1979)
6. P. D. Vaidya, and V. V. Mahajani, *J. Chem. Technol. Biotechnol.* **78**, 504–511 (2003).
7. M. Watanabe, H. Sei, and P. Stonehart, *J. Electroanal. Chem.* **261,** 375-387(1989).
8. T. Hao. Electroreological Liquids: The Non-aqueous Suspensions. Amsterdam; Boston: Elsevier, 2005.

Терюшева С.А., Гылка А.Н., Макарова А.Н.
к.х.н., доцент, студенты БГАРФ ФГБОУ ВПО «КГТУ»
STerjusheva@mail.ru

ВИРТУАЛЬНЫЕ ЛАБОРАТОРНЫЕ РАБОТЫ ПРИ ИЗУЧЕНИИ ХИМИИ В ТЕХНИЧЕСКОМ ВУЗЕ

XXI век – век высоких компьютерных технологий. Современные требования к высшей школе определяют необходимость всемерного совершенствования форм и методов обучения.

Несмотря на то, что высшие учебные заведения, в целом, достаточно обеспечены техническими средствами обучения, зачастую педагог не может дать студентам в полной мере тот комплекс знаний, который требует современность.

Рис. 1 Принцип функционирования виртуальных лабораторий

Этот вопрос во всей полноте можно решать с помощью виртуальных лабораторий, созданных на компьютерах (Рис. 1). Действия, происходящие на экране компьютера, связанные с химическими процессами приносят совершенно новый элемент в представление о химии. Виртуальный тренажер, лаборатория в определенной степени дополняет занятие, так как выполняет функцию источника информации, тем самым способствует более полному познанию темы обучаемым. Динамика компьютерной имитации не только используется для показа движения объекта, но и раскрывает логику движения мысли от незнания к знанию.

Изучая курс химии в техническом ВУЗе мы сталкиваемся с рядом трудностей:

- недостаточно хорошо оснащенные современными приборами, устройствами и аппаратами лаборатории;
- лабораторные работы требуют ежегодного усовершенствования, которое приводит к дополнительным финансовым затратам;
- кроме оборудования требуются также расходные материалы – сырье, реактивы и др.;
- проникновение в тонкости процессов и наблюдения происходящего в другом масштабе времени, что актуально для

процессов, протекающих за доли секунды или, напротив, длящихся в течение нескольких лет;

- безопасность работы с опасными веществами и моделирования процессов, протекание которых принципиально невозможно в лабораторных условиях.

Таблица

Проблемы, возникающие при проведении лабораторных работ, и решения, предлагаемые виртуальной лабораторией

Проблемы	Решения
Проблема безопасности	▪ Эксперименты, которые включают риски в реальной среде, могут быть безопасно выполнены в виртуальной среде
Отсутствие уверенности в себе	▪ Виртуальные среды не требуют предварительной подготовки лабораторного оборудования
Нехватка оборудования	▪ Виртуальные лабораторные оборудования не рискуют быть сломаны или потеряны

Проблемы	Решения
Слабые стороны метода подтверждения	В лаборатории можно: ▪ выдвигать и проверять гипотезы ▪ делать обобщения; Так же: ▪ нет никакого риска эксперимента по производству неправильных результатов или никаких результатов ▪ Студенты могут свободно проводить исследования в значительной степени в определенных рамках.
Нехватка времени	▪ После эксперимента, можно не тратить время на уборки в виртуальной лаборатории

Так как внедрение компьютерных технологий в обучение (Рис. 2) – объективный и неизбежный процесс, являющийся результатом научно-технического прогресса, то проблема виртуализации обучения, как одного из способов такого внедрения, является действительно актуальной.

Виртуальная лаборатория «представляет собой программно-аппаратный комплекс, позволяющий проводить опыты без непосредственного контакта с реальной установкой и по сравнению с реальной лабораторией, может иногда быть более предпочтительной альтернативой, или просто благоприятными условиями для обучения химии в техническом ВУЗе.

Изучение педагогической литературы по данной проблеме также позволяет отметить, что виртуальная информационно-образовательная лаборатория, соединяя в себе достоинства хорошего учебника с возможностями компьютера, обеспечивает для обучаемого свободу выбора темпа и траектории получения знаний с элементами самообучения и самоконтроля, не заменяя при этом преподавателя в учебном процессе.

К основным достоинствам выполнения лабораторных заданий в условиях виртуальной лаборатории можно отнести (Рис. 3):

- наглядную иллюстрацию и подтверждение справедливости изучаемых законов;

- возможность самостоятельной сборки схем, расчета их параметров и наблюдения за процессами;
- обеспечение полной безопасности проводимых экспериментов;
- возможность индивидуального и многократного выполнения опытов;
- проведение экспериментов исследовательского характера, наблюдение трудноразличимых процессов не лимитированных временными рамками.

Рис. 2 Компьютерные технологии в химии

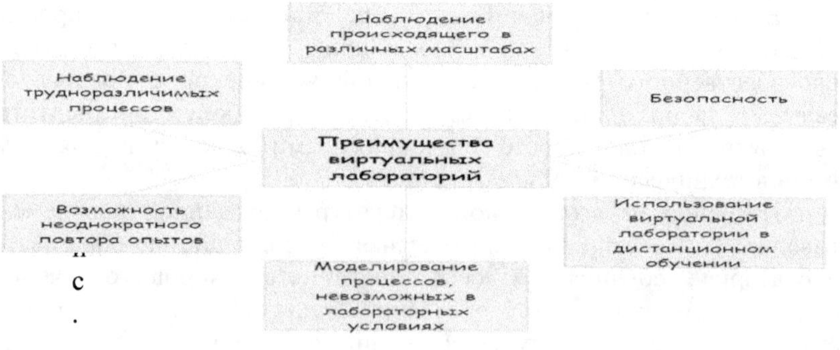

Рис. 3 Преимущества виртуальных лабораторий

Выбор русскоязычных виртулабов, к сожалению, пока невелик, но это вопрос времени. Распространение eLearning среди учеников и студентов, массовое проникновение детализации в учебные заведения так или иначе создадут спрос, тогда и начнут массово разрабатывать современные виртулабы по разнообразным дисциплинам, по примеру ведущих ВУЗов России уже имеющими собственные программные продукты. Уже сейчас есть довольно развитый специализированный портал, посвященный виртуальным лабораториям – Virtulab.Net (Рис. 4,5).

На Virtulab.net представлен большой спектр интерактивных практических работ и опытов по химии. Это 25 тем, работать с которыми можно прямо на сайте. При их создании провели достаточно большую работу по визуализации материала, разработке графики и сбору фотоматериалов. Заявленная интерактивность порой выражается в том, что есть простейшее одноранговое меню: из него можно перейти на страницу с фотографиями и текстом, посмотреть и вернуться обратно.

Рис. 4 Virtulab.net

А другие разделы виртулаба очень даже интересны и полезны: это анимированные, работающие по-настоящему интерактивно, сложно устроенные практикумы с имитацией лабораторных опытов по химии и решением задач.

Вот не полный перечень тем химического виртулаба на Virtulab.Net:

- знакомство с образцами металлов и сплавов;
- растворение железа и цинка в соляной кислоте;
- вытеснение одного металла другим из раствора соли;
- знакомство с образцами природных соединений неметаллов;
- знакомство с образцами металлов;
- знакомство с рудами железа;
- знакомство с соединениями алюминия;
- решение экспериментальных задач по теме «Получение соединений металлов и изучение их свойств»;
- взаимодействие цинка и железа с растворами кислот и щелочей;
- знакомство с образцами металлов и их рудами;
- изучение взаимодействия частиц и ядерных реакций;

- идентификация неорганических соединений.

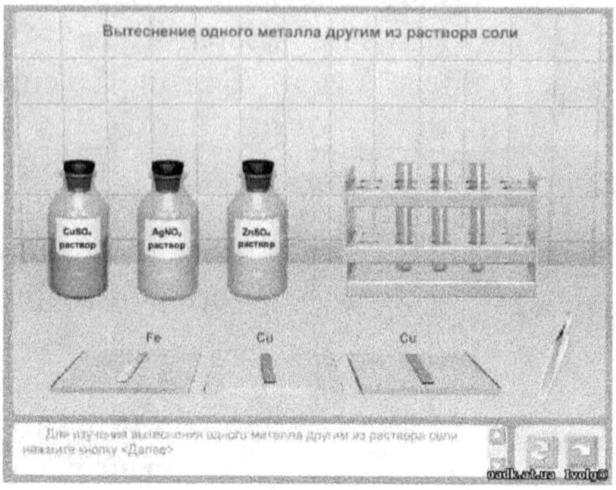

Рис. 5 Virtulab.net (вытеснение одного металла другим из раствора соли)

Данная виртуальная лаборатория по химии представляет собой ряд интерактивных практических работ и опытов. Тематика опытов ориентирована на учебники химии, рекомендованные Министерством науки и образования РФ и использующиеся в большинстве российских школ и ВУЗов.

Особого внимания заслуживает виртуальная лаборатория STAR (Рис. 6).

STAR (Software Tools for Academics and Researchers) – программа Массачусетского технологического института (MIT) по разработке виртуальных лабораторий для исследований и обучения. Использование данного продукта в техническом ВУЗЕ возможно при изучении биохимии. Большинство приложений реализованы в java либо в html и располагаются на официальном сайте программы: http://star.mit.edu.

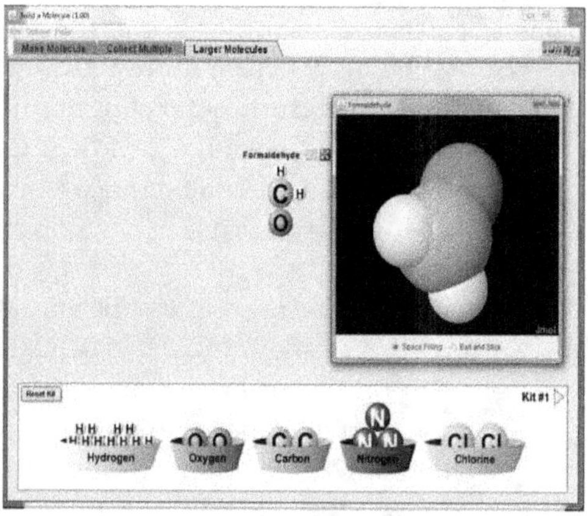

Рис. 6 STAR

Так же заслуживает внимания совершенно уникальный виртулаб по химии – игра Mixed Reception Game – размещен на Chemcollective.Org. Это бесплатный интерактивный практикум, разработанный ChemCollective (Рис. 7). Один из его наиболее интересных разделов – собственная виртуальная лаборатория под названием IrYdium Chemistry Lab. Ее устройство заметно отличается от всех рассмотренных выше проектов. Дело в том, что здесь не предлагаются какие-то определенные, конкретные опыты со своими заданиями. Вместо этого, пользователю предоставлена практически полная свобода действий. В папке среди множества вариантов найдется и русскоязычный вариант химической лаборатории. Вообще на этом интересном, пусть и англоязычном, ресурсе есть целый раздел из нескольких разнонаправленных виртуальных лабораторий по химии, где спектр тем будет варьироваться от химии пищевого продукта до ДНК.

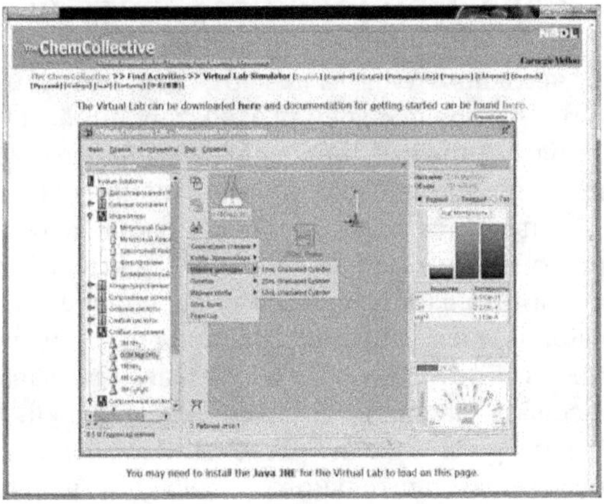

Рис. 7 ChemCollective

Разработка и внедрение виртуальных лабораторий позволяет перейти на новую ступень преподавания, существенно расширяя диапазон учебных задач и обогащая их современным содержанием. Использование виртуальных лабораторий вместо традиционных переводит акцент преподавания из области получения экспериментальных данных, их обработки и наглядного представления в интеллектуальную область научного анализа и детального осмысления полученных результатов.

Ростовцева И.Ф.,
канд.эконом.наук, доцент Астраханского государственного технического университета, г. Астрахань rostovtseva_i@mail.ru
Абдрахимова Р.А.
студентка Астраханского государственного технического университета, г. Астрахань ral6244@mail.ru
Балхаев Д.С.
студент Астраханского государственного технического университета, г. Астрахань
Хасанов С.Б.
студент Астраханского государственного технического университета, г. Астрахань

ВЛИЯНИЕ ЭКОНОМИЧЕСКОГО КРИЗИСА НА СОВРЕМЕННОГО ПОТРЕБИТЕЛЯ

Современные исследователи отмечают, что потребительский рынок России переживает в настоящее время разносторонний и глубокий кризис, протекающий в более сложных условиях, чем предыдущий. Падение потребительской активности крайне негативно сказывается на его восстановлении. Больше всего кризис задел финансовую сторону жизни российских потребителей и в основном представителей среднего класса, тех , кто привык работать, копить деньги и периодически их по- крупному тратить. Наблюдается усиление "рационализации" потребления, при которой отечественные потребители вынуждены отказываться от дорогих товаров, реже посещать магазины и совершать покупки. Кризис заставил россиян сокращать потребительские расходы. Рост цен вынуждает россиян экономить на товарах как длительного спроса, т.е. непродовольственных товарах, так и ежедневного спроса - еде.

Многочисленные исследования подтверждают, что современный потребитель старается реже ходить в магазины и не пытается закупать продукцию впрок. И если раньше россияне старались делать как можно больше покупок «на черный день», то смирившись с мыслью о том, что нынешний кризис продлится долго решили, что бессмысленно совершать «стратегические» покупки. Более того, у большинства потребителей закончились ранее накопленные деньги, а тратить текущие доходы «под ноль» многие не рискуют из-за угрозы потери работы и источников доходов.

Согласно данным, опубликованным "Росстатом", за последние 12 месяцев среднестатистический работающий россиянин стал на 13% беднее. И если в номинальном выражении заработная плата наших соотечественников за год выросла на 1%, достигнув 32 тысяч рублей, то при этом продуктовая корзина подорожала на 23% [2]. Экономические проблемы на себе уже ощутили 39% российских потребителей. Интересно, что подавляющее большинство граждан (а именно 79 %) отметили, что почувствовали рост цен, а 51% заметили девальвацию рубля.

Почти половина опрошенных (43%) признались, что из-за экономических проблем на время кризиса им придется перераспределить семейный бюджет в пользу еды и самого необходимого. 17% заявили, что им придется сократить расходы на еду и товары первой необходимости, причем только 13% опрошенных собираются выращивать овощи и фрукты для собственного потребления.

Следует отметить, что импорт продовольствия падает быстрыми темпами из-за введенного Россией продуктового эмбарго в отношении стран ЕС, США и их союзников. Так, в марте 2015 года из стран дальнего зарубежья в страну было ввезено на 38,8% меньше продовольственных товаров, чем в марте 2014 года.

Также по данным Федеральной таможенной службы за первый квартал 2015 года из-за девальвации рубля ожидаемо провалился импорт из стран дальнего зарубежья. Он составил 37,862 млрд. дол., что на 35,6% меньше показателя января-марта 2014 года [3].

В условиях падения импорта и реальных зарплат (на 9,9% ниже за январь-февраль), низкого роста производства с учетом высокой инфляции (16,9% по итогам марта этого года), как следствие, наблюдается сокращение потребления и изменение его структуры. Печально констатировать тот факт, что россияне и не ждут, что ситуация улучшится в ближайшие 12 месяцев. Как отмечают исследователи, 40% опрошенных негативно оценивают свои перспективы и только 17% - положительно.

Изучение тенденций развития российского потребительского рынка в период кризиса позволило провести исследование в городе Астрахань. Цель исследования заключалась в выявлении как изменились потребительские предпочтения астраханцев в период кризиса. Предметом изучения являлись предпочтения населения г. Астрахани в отношении продуктов питания. В качестве инструментария исследования был выбран опрос экономически активных жителей г. Астрахани старше 18 лет. Исследование проводилось в апреле 2015 года. В анкете использовались как закрытые, так и открытые типы вопросов. Размер выборки составил 150 респондентов.

В ходе исследования изучались аспекты потребительского поведения в отношении изменения потребительских предпочтений в кризис на продукты питания. Респонденты были сегментированы по полу, возрасту и социально-профессиональному статусу. В опросе приняли участие 73,3 % женщин и 26,7 % мужчин, из них подавляющее большинство составили лица в возрасте 31-40 лет (25,3 %) и старше 50 лет (29,3%). Среди опрошенных преобладали категории рабочих (23,75 %) и предпринимателей, включая владельцев бизнеса (17,5 %).

Результаты исследования показали, что кризис также отразился на потребительских предпочтениях и астраханских потребителей. Так, на вопрос «Повлиял ли финансовый кризис на Ваши привычки питания?» 30,7% респондентов ответили, что питаются так же, как и всегда («Кризис протекает для меня практически незаметно»; «Менять свой рацион я не собираюсь»). Однако отказаться от привычных, но дорогостоящих продуктов питания пришлось 48% опрошенных. Большинство из них перестали покупать сыры, колбасы, дорогой алкоголь, рыбу и икру. Кроме того, большинству из них пришлось отказаться и от походов в рестораны и кафе. Согласно результатам опроса, только 21,3% опрошенных значительно изменили свой рацион ради экономии. Респонденты отмечают, что они больше не покупают продукты, без которых, по их мнению, можно обойтись, – соки, фрукты, десерты, мясные и рыбные деликатесы.

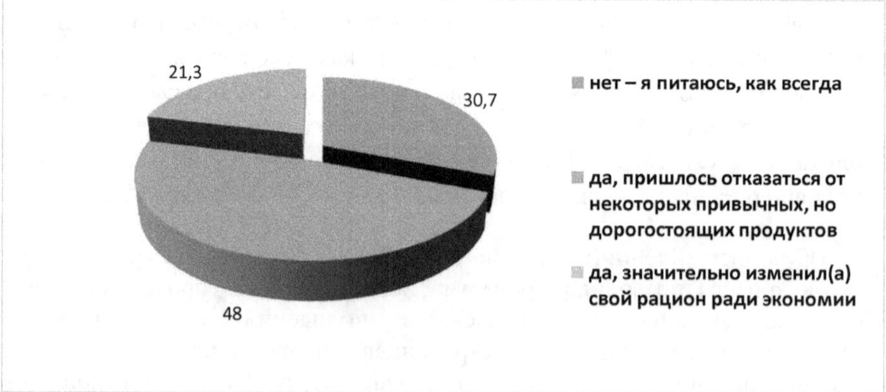

Рисунок 1- Влияние кризиса на привычки питания

Как известно, самой распространенной стратегией поведения российских потребителей является поиск торговых точек, в которых привычные товары стоят дешевле. Однако выявилось, что в целях экономии только 26,7% начали ходить в более дешёвые магазины. Большинство опрошенных (66,7%) покупает продукты там же, где и раньше. Некоторые и до кризиса делали покупки в недорогих магазинах и на продовольственных рынках (26,7 %). Причем такая закономерность проявляется в группе респондентов старшего возраста (более 50 лет).

Некоторые респонденты отмечают, что часть торговых точек отреагировала на финансовый кризис значительным поднятием цен на продукты. «Хожу в тот же магазин, так как более дешёвого поблизости нет, но цены ощутимо выросли – сумма потраченных денег на то же количество продуктов возросла процентов на 15% », – комментируют они.

Исследования показали, что при выборе торговой точки наибольшее количество опрошенных, несмотря на пол, возраст и социально-профессиональный статус, в качестве наиболее значимых факторов указали уровень цен (30, 0 %), широту ассортимента (19, 3 %) и место расположения (17, 3 %). Как показал опрос , те респонденты , которые имеют семью и детей, покупают продукты питания , как и раньше, гораздо чаще (2-3 раза в неделю) и таких - 38, 7 %. Средняя сумма регулярной покупки продуктов питания составляет у большинства (26,8 %) 701-1000 рублей.

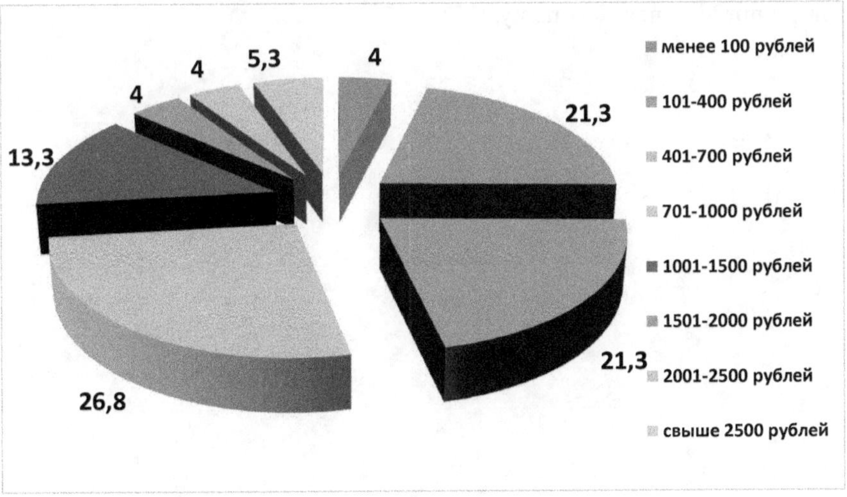

Рисунок 2- Средняя сумма регулярной покупки продуктов питания

Анализ показал, что у большинства опрошенных (32%) доля затрат на продукты питания в денежном доходе семьи составляет 40-50 % , а это очень значительная величина. Причем пожертвовать качеством продуктов, чтобы сократить затраты на питание, готовы лишь 13,3% респондентов. 39,3% астраханцев не готовы в целях экономии жертвовать качеством продуктов. Многие объясняют это тем, что некачественные продукты могут подорвать здоровье: «На эти деньги потом придётся покупать лекарства»; «На здоровье экономить нельзя!». Следует также отметить, что 17,4% опрошенных не смогли ответить на поставленный вопрос однозначно. «На этот вопрос тяжело ответить, так как цена не всегда соответствует качеству, к сожалению», - говорят они.

Таким образом, проведенное маркетинговое исследование помогло реально оценить положение на рынке продуктов питания в городе Астрахани.

Литература

1. Галицкий Е.Б. Маркетинговые исследования. Теория и практика: Учебник для вузов. - 2-е изд., перераб. и доп. - М.: Издательство" Юрайт", 2014. - 570 с.- Серия: Бакалавр. Углубленный курс.
2. Газета. ру. (Электронный ресурс) - http://www.gazeta.ru/business/2015/04/08/6631405.shtml
3. http://mir24.tv/news/economy/12350561

Пионткевич Н.С.
к.э.н., Уральский государственный экономический университет
Долгих Е.Ю.
магистрант, Уральский государственный экономический университет

ПРОБЛЕМЫ РАЗВИТИЯ БАНКОВ С ЗАРУБЕЖНЫМ КАПИТАЛОМ НА ТЕРРИТОРИИ РОССИЙСКОЙ ФЕДЕРАЦИИ

Ключевые слова: банк с иностранным капиталом, банковская группа, кредитная организация, банковский сектор, дочерняя организация, материнская кредитная организация, банковское законодательство

В последние десятилетия Россия активно интегрируется в мировое хозяйство в связи с процессом глобализации, что сопровождается различными изменениями в реальном и финансовом секторах национальной экономики. Не остался безучастным и банковский сектор, а именно наблюдается тенденция усиления присутствия иностранных банков на территории Российской Федерации, которые имеют конкурентные преимущества перед местными кредитными организациями. Тем не менее, подобные банки сталкивается с рядом проблем на территории другой страны. Рассмотрим данную ситуацию применительно к российской практике.

Во-первых, имеющееся банковское законодательство в определенной степени ограничивает деятельность кредитных организаций с иностранным капиталом. Законодательное регулирование осуществляется на основании Конституции РФ, Федерального закона «О банках и банковской деятельности», Федерального закона «О Центральном Банке РФ», Федерального закона «О страховании вкладов физических лиц в банках РФ», Гражданского кодекса РФ и др. Вышеперечисленные законодательные положения не предписывают, но и не запрещают создание на территории России филиалов иностранных банков. Помимо общих требований к созданию кредитных организаций, установлены дополнительные нормативные требования к созданию и деятельности филиалов иностранных банков. Российские правоведы отмечают, что при их выполнении «органы государства по общему правилу не вправе отказывать иностранному банку в создании российского филиала, мотивируя свой отказ нецелесообразностью».

Таким образом, Банк России прекращает выдачу лицензий на осуществление банковских операций банкам с иностранными инвестициями, филиалам иностранных банков при достижении квоты участия иностранного капитала в банковской системе Российской Федерации. Указанная квота рассчитывается как отношение суммарного капитала, принадлежащего нерезидентам в уставных капиталах кредитных организаций, зарегистрированных на территории Российской Федерации. Следовательно, одним из необходимых условий для установления этой квоты является наличие филиалов иностранных банков. Вместе с тем размер квоты участия иностранного капитала в банковской системе Российской Федерации в настоящее время нормативно не определен, что также является результатом проводимой Банком России политики по негласному запрету на создание филиалов иностранных банков на территории Российской федерации. В настоящих реалиях филиалы иностранных банков используют все возможности для уменьшения операционных расходов и обхода части административных барьеров. Например, для филиалов иностранных банков не могут устанавливаться требования по формированию обязательных резервов, что, учитывая существенную разницу в размерах обязательного резервирования в России и других странах, ставит их в предпочтительные условия. Это ведет к неопределенности в правовом регулировании деятельности кредитных организаций, в силу чего это является одним из недостатков сложившейся системы банковского законодательства.

Во-вторых, филиалы известных банковских групп напрямую зависят от своей материнской кредитной организации и четко следуют политике группы. Такие кредитные организации, как голландская Rabobank Groep NV, один из мировых лидеров по автокредитам, Morgan Stanley ушли с российского рынка. О своих намерениях продать дочерние подразделения в Российской Федерации заявили скандинавский Swedbank, британская банковская группа Barclays и бельгийская группа KBC. В другом случае, банк может изменить стратегию своего бизнеса, отдав предпочтение работе с корпоративными клиентами, нежели развитию розничного направления. Один из крупнейших европейских банков HSBC является примером подобной ситуации. Однако материнская кредитная организации может диктовать и более лояльные условия в целях экспансии группы и получения экономической выгоды. В настоящее время ряд кредитных организаций с иностранным участием успешно развивает свой российский бизнес. Наиболее известные дочерние банки зарубежных финансовых институтов – Ситибанк, Райффайзенбанк, ЮниКредит Банк, ОТП Банк. Тарифы и спектр услуг примерно соответствуют уровню федеральных банков, тем самым, делая банки конкурентоспособными на российском рынке.

Третья проблема касается прямых инвестиций в российский банковский сектор. До 2006 г. наблюдался умеренный рост, с 2007 г. – скачкообразный переход на новый уровень. Данный этап был стимулирован заметным ростом российского фондового рынка, что привело к существенному повышению оценки стоимости российских банков. В этой ситуации огромную роль сыграла покупка Societe Generale крупного пакета Росбанка, а также IPO ВТБ и SPO Сбербанка. После указанных событий наступило постепенное замедление, что связано с финансовых кризисом и ухудшением политических отношений Российской Федерации со странами Запада.

В целом на мотивацию иностранных банков влияет не только уровень интеграции между экономикой страны происхождения и страной-объектом инвестиций, но и такие показатели как рост ВВП, уровень инфляции, капитализации местных компаний и др. Логично, что чем лучше выглядят перспективы роста ВВП, тем больше будет шансов для присутствия филиалов иностранных банков на территории Российской Федерации.

Подводя итог, стоит отметить, что существует множество факторов, влияющих на стратегию развития банковских групп на территории России. При этом «принимающая сторона» должна отрегулировать законодательство в области деятельности банков с иностранным капиталом с целью повышения заинтересованности у последних в инвестициях. В то же время для привлечения прямых иностранных инвестиций в местный банковский сектор необходимо создать законодательные преференции. Со стороны иностранных банковских групп необходимо разработать приемлемые тарифы и новые розничные банковские продукты для привлечения клиентской базы, что создаст конкурентную среду в банковском секторе Российской Федерации.

Список литературы

1. Тырышкина И.А. Иностранные банки в России/ И.А. Тырышкина// Банковское дело.-2006. - №5.

2. Мамонов М.Е. Экспансия иностранных банков: анализ и перспективы / М.Е. Мамонов, О.Г. Солнцев // Банковское дело. – 2008.- №10.

3. Сайт интернет-газеты «Экономика»: [Электронный ресурс]. – Режим жоступа: http://www.economica.com/

УДК 65.012.224

Vaisblat Boris I., Oblikshto Ya.V., Danilova G.M.

DATA ABOUT THE AUTHORS
Vaisblat Boris Isaevich
doctor of technical Sciences, Professor of the Department of venture management
25/12 Bolshaya Pecherskaya street, National Research University - Higher School of Economics, Nizhny Novgorod, Russian Federation, 603155
Obolikshto Jana Vladislavovna
senior teacher of the Department "Finance and Credit"
Nizhegorodsky institute of management - The Russian Presidential Academy of National Economy and Public Administration
46 Gagarin Avenue, Nizhny Novgorod, Russian Federation, 603950
e-mail: ya201273@yandex.ru
Danilova Galina Mikhailovna
teacher of the Department "Finance and Credit"
Nizhegorodsky institute of management - The Russian Presidential Academy of National Economy and Public Administration
46 Gagarin Avenue, Nizhny Novgorod, Russian Federation, 603950
e-mail: Galya-Danilova@mail.ru

ADVANCED METHODS OF FORECASTING AND ESTIMATING THE KEY RATES OF COMPANY BUDGET

Abstract One of the effective tools for management of the company is a budgeting system. A developed budget involves the key indicators and characteristics being targets for all the stakeholders. The article contains such terms as “budget reliability” and “budget strain” as criteria for evaluating the company’s budget quality, method proposed to forecast the values of budget strain for the key stakeholders: owners and lenders. The result of using this model in planning is a statement about budget reliability and choice of the best budget among possible options when expertizing the budget data. To implement this method there is no need in special software, and that makes it possible for companies to apply it under limited financial resources.

Key words: strategy, management, budget, stakeholders, evaluation.

The main purpose of management in the company is a balanced long-term growth of business value for all groups of people focused on the business performance - stakeholders. In reliance on the investigated approaches we presumed to give a definition of this term. Stakeholders are the group of people focused on financial and other performance and capable of exerting an impact on it. Stakeholders' targets are always at the level of a long-term strategic partnership with the firm and have to be measured in budgets.

According to business practice the strategy is typically not supported by budgeting, as preparing a budget is a time-consuming and labour-intensive process involving a large quantity of iterance's [1]. Due to this fact the primary focus is on the short-term objectives. Instead, it is essential to realize that every level of task performance has an impact on achievability of the final strategic target. To estimate budget implementation it is essential to reply to the question what the returns from operations are and if the records of economic indicator stay in line with strategic objectives of the company.

We consider one of the pacing items of efficient management to be not an abandonment of budgeting but creation of management model which provides correlation between a strategic target and short-term planning. The system of budgets should not be separated from long-term plans and strategy of the company; and result of a plan implementation should be achievement of strategic objectives.

These problems raise from the fact that the complex composite model of budgeting in the company represents all the key performance indicators for a short-term period ahead, but it is not integrated with the strategy of a company [2]. To integrate them it is essential to keep budgeting procedure up to date. In addition to the complex composite model the simple model is recommended to implement, this model can be applied even before all the budgets have been consolidated. The simple model allows gaining all the key performance indicators without wasting time and effort [3].

Within the strategic long-term planning they formulate performance targets, reaching these targets ought to result in strategic target achievement. At the end of each year it is vital to make plan-to-fact analysis and evaluate deviation. After that the medium-term plan indicators are updated using the analysis data, the horizon of the plan ought to be a rolling one [4]. As a result, the strategy should be implemented in budgets as solving the medium-term and current issues which develop the strategic plan and specificate the state.

To provide the interrelation it is necessary to mark the target values which present the stakeholders' goals and can be used as benchmarks for budgets.

The proper results in companies with multidirectional growth rate, volatile market channels and cyclicality of performance are to be estimated in reliance on expert analysis with account for grade of a failure to achieve the aims. As the amount of stakeholders' target values is a random variable, the actual achievement of targets is a random event with a certain probability characterizing level of confidence in that the proper results will be provided with the developed budget despite the effect of factors. By this means we introduce such a new qualitative parameter of a budget as "budget reliability" which can be used for estimating budget in terms of its ability to provide target achievement. The probability of reaching the target indicators varies within 0 and 1. The closer to 1 the value is, the less effort it takes to reach the goals for the appropriate budget, in other words the less strained the budget is.

The issues about plan strain were raised in the middle of 20-th century by the Soviet economists. According to their opinion, "The plan strain is its compliance with normative requirements. A strained plan is the one which allows to fulfill orders and contracts under conditions of the most sustainable and full utilization of production capacities, material, labor and financial resources. The ratio of strain is measured by comparison between target indicator and standard one" [5].

As a result, the value of difference between the indicator value and 1 is aimed at specifying the efforts spent for obligatory achievement of target goal. The less probability of reaching the target is, the more strained the budget is. It means that the employees have to make more efforts when searching and utilizing resources for the goal achievement [6]. The true meaning of the budget strain ratio is to measure the target goal probability increase to one, when target goal is maintained with mobilization of internal reserves [7]. The budget strain states the level of balance gained when there is an appreciation of such statistical categories as cost standards (consumption indices), level of allocated resources and others. The highest degree of plan strain corresponds to those situations when resources consumption indices values are set with optimistic and pessimistic estimation of resources level.

Let us consider the technique for forecasting the company's budget figures and estimating the budget strain.

Let us assume that the company produces several (n) products and uses several (m) raw materials for this activity. The input data for the calculation are:

- $(PPj_{min}; PPj_{max})$ – interval prediction for purchasing price of j-class of raw materials $(j = \overline{1;n})$;
- SP_i – selling price of i-type of production for the planning period $(i = \overline{1;n})$;
- RM_{ji} – consumption rate of j-class raw material used for manufacturing;
- $(Di_{min}; Di_{max})$ – interval prediction for demand for i-type of production at the price ;
- FC – prediction for fixed costs for the planning period;
- EF – equity funds at the beginning of the planning period;
- O_i – output of i-type of production for the planning period.
- C – collateral;
- $(C_{min}; C_{max})$ - interval prediction for collateral.

The calculation is performed in the following order:

1. On the basis of expert assessments the probability characteristics of purchasing prices are calculated:

$E(PP_j) = \frac{(PPj_{min}+PPj_{max})}{2}$ – expected value;

$Var(PP_j) = \frac{(PPj_{max}-PPj_{min})^2}{12}$ - variance.

2. The expected value and variance of demand are calculated:

$E(D_i) = \frac{(Di_{min}+Di_{max})}{2}$; $Var(D_i) = \frac{(Di_{max}-Di_{min})^2}{12}$.

3. The demand for raw materials is calculated:

$DRM_j = \sum_{i=1}^{n} RM_{ji} * O_i; (j = 1, m)$.

4. The expected value and variance of raw materials costs are calculated:

$E(RMC) = \sum_{j=1}^{m} PP_j * DRM_j$; $\mathrm{Var}(RMC) = \sum Var(PP_j) * DRM_j^2$.

5. The probability characteristics of working capital loan value are calculated. It is obvious that:

$$LV = \begin{cases} RMC - EF, & if\ RMC > EF \\ 0, & if\ RMC \leq EF \end{cases}$$

Then:

$E(LV) = E(W) * \gamma(t1) + \sqrt{Var(W)} * \beta(t1)$;

$Var(LV) = \gamma^2(t1) * Var(W)$,

where $E(W) = E(RMC) - EF; Var(W) = Var(RMC); t1 = \frac{E(W)}{\sqrt{Var(W)}}$;

$\gamma(t1) -$ Laplace's function; $\beta(t1) -$ Gaussian function (hereafter referred to as γ and β).

6. Then the probability characteristics of sales volume are calculated:

$E(SV_i) = E(D_i) - O_i$; $Var(SV_i) = Var(D_i)$; $\lambda_i = \frac{E(SV_i)}{\sqrt{Var(SV_i)}}$;

Let us introduce the intermediate factors:

$a_i = \gamma(\lambda_i)$; $b_i = \sqrt{Var(SV_i)} * \beta(\lambda_i)$.

Then the average sales volume is calculated by the formula:

$E(s_i) = (1 - a_i) * D_i + a_i * O_i - b_i$;

$Var(s_i) = (1 - a_i)^2 * Var(D_i)$.

7. Let us figure the average sales revenue and sales revenue variance:

$E(SR) = \sum SP_i * s_i$; $Var(SR) = Var(s_i) * PP_i^2$.

8. Next, let us figure the direct labor cost:

$DWC = \sum R_i * O_i$,

where R – rate of remuneration.

9. Then let us figure the sum of fixed costs:

$FC = A + C\&A + OC$,

где A – amount of depreciation and amortization; $C\&A$ – clerical and administrative personnel cost; OC – other costs.

10. Next, let us calculate payroll fees and charges:

$$P\ F\&C = r_o * DWC + r_o * C\&A,$$

где r_o – rate of fees and charges.

11. Now it is possible to figure the total costs in the planning period:

$$TC = RMC + P\ F\&C + DWC + FC + r_c * E(LV),$$

where r_c – average interest rate on credit.

$$Var(TC) = Var(RMC) + r_c^2 * Var\ (LV).$$

Note: wage costs consist of the payroll tax payments.

12. At the next stage, it is possible to calculate the projected profit or loss as a profit before tax.

Note: We make the assumption that taxable profit equals the accounting one:

$$P\&L = E(SR) - \text{TC}; \qquad Var(P\&L) = Var(SV) + Var(TC).$$

$$t2 = \frac{E(P\&L)}{\sqrt{Var(P\&L)}}.$$

Next, let us calculate the projected profit or loss:

$$E(P) = E(P\&L) * \gamma(t2) + \sqrt{Var(P\&L)} * \beta(t2);$$

$$Var(P) = \gamma^2(t2) * Var(P\&L).$$

$$E(L) = -E(P\&L) * [1 - \gamma(t2)] + \sqrt{Var(P\&L)} * \beta(t2).$$

13. In the next step we figure the projected value of profit tax:

$$E(PT) = r_{pt} * E(P)\ ; \quad Var(PT) = r_{pt}^2 * Var(P).$$

14. Then we get the average value of the net profit (or net loss) after the loan repayment:

$$NPorNL = E(P) - E(PT) - E(LV);$$

$$Var(NPorNL) = Var(P) + Var(PT) + Var(LV).$$

$$t3 = \frac{E(NPorNL)}{\sqrt{Var(NPorNL)}}.$$

15. Then we calculate the average projected value of net profit, which the owner can count on:

$$E(NP) = E(NPorNL) * \gamma(t3) + \sqrt{Var(NPorNL)} * \beta(t3);$$

$$Var(NP) = \gamma^2(t3) * Var(NPorNL).$$

Having done all the preliminary calculations (points 1-15), we can go directly to the evaluation of budget strain

16. From a perspective of business owners' targets:

A) Let us calculate the probability of failure to achieve the planned net profit:

$P\{NP < NP_0\} = \gamma\left(\frac{NP_0 - E(NP)}{\sqrt{Var(NP)}}\right)$; $\Delta NP = \begin{Bmatrix} NP_0 - NP, & if\ NP < NP_0 \\ 0, & if\ NP \geq NP_0 \end{Bmatrix}$

Then $W_2 = NP_0 - E(NP)$, $\quad Var(W_2) = Var(NP)$.

$t4 = \frac{E(W_2)}{\sqrt{Var(W_2)}}$.

B) Let us figure the amount of failure to achieve the planned net profit:

$\Delta E(NP) = E(W_2) * \gamma(t4) + \sqrt{Var(W_2)} * \beta(t4)$.

C) Let us calculate the percent of failure to achieve the planned net profit:

$\%\Delta NP = \frac{\Delta E(NP)}{NP_0} * 100\%$.

17. From a perspective of creditors' targets:

A) First the probability characteristics of collateral are calculated:

$E(C) = \frac{(C_{min}+C_{max})}{2}$; $\quad Var(C) = \frac{(C_{max}-C_{min})^2}{12}$.

B) Then the average amount by which the lender can count on (Q) is calculated:

$E(Q) = E(P) - E(PT) + E(C)$;

$Var(Q) = Var(P) + Var(PT) + Var(C) - 2K_{P/PT}$,

where $K_{P/PT}$ – the correlation coefficient between profit and profit tax.

C) Let us calculate the credit for returns (CR):

$CR = (1 + r_c) * E(LV)$, $\quad Var(CR) = (1 + r_c)^2 * Var(LV)$.

Then the amount of failure to return credit can be calculated:

$\Delta CR = \begin{Bmatrix} CR - Q, & if\ Q < CR \\ 0, & if\ Q \geq CR \end{Bmatrix}$; $E(q) = CR - E(Q)$;

$Var(q) = Var(Q)$.

$t5 = \frac{E(q)}{\sqrt{Var(q)}}$.

The probability that the lender will not receive the full amount expected is calculated:

$P\{Q < CR\} = P\{Q - CR < 0\}$.

Using intermediate calculations:

$E(B) = E(Q) - E(CR)$; $\quad Var(B) = Var(Q) + Var(CR)$;

$t6 = \frac{E(B)}{\sqrt{Var(B)}}$.

The probability that the lender will not receive the full amount expected: $P\{Q < CR\} = 1 - \gamma(t6)$.

D) Then the amount of failure to return credit is:

$\Delta E(CR) = E(q) * \gamma(t4) + \sqrt{Var(q)} * \beta(t4)$.

E) The percent of failure to return credit is:

$\%\Delta CR = \frac{\Delta E(CR)}{E(CR)} * 100\%$.

To illustrate the proposed procedure let us consider the example of calculation the budget strain rates for purposes of a shareholder and lender of some product company.

Let us suppose that the company produces four types of products. The five types of raw materials are used in production. The interval prediction for purchasing price is shown in Figure 1.

	Raw material				
	1	2	3	4	5
PP min	2,5	0,2	0,08	0,6	20
PP max	2,8	0,25	0,11	0,65	23

Fig.1 Interval prediction for purchasing prices (RUB '000)

Let us set a selling price, output of production, interval prediction for demand and collateral (Figure 2).

	Product				
	1	2	3	4	5
O	6 600	10 600	35 400	7 550	
SP	8	9	4	6	
Dmin	6 600	10 600	35 400	7 550	
Dmax	6 800	10 800	36 300	7 800	
Cmin	100 000				
Cmax	300 000				

Fig.2 Selling price (RUB '000), interval prediction for demand and collateral

The equity funds at the beginning of the planning period equal 100,000 RUB. The consumption rate of raw materials and direct labor costs are shown in the Table 1.

Table 1

Consumption rate of raw materials and direct labor costs

Class of raw materials	**Consumption rate** (RUB '000 per unit)		
	1 type of product	**2** type of product	**3** type of product
1	0,278	0,4	0,6
2	1,927	0	3,89
3	0	0,78	0
4	0	1,28	0
5	0	0,07	0,1
Labor cost	0,017	0,414	0,59

Let us set values: amount of depreciation and amortization – 1.000.000 RUB; clerical and administrative personnel cost – 1.000.000 RUB; rate of fees and charges – 30%; other costs - 1.000.000 RUB.

Let us assume that the main stakeholders are owners and lenders. Then their objectives are:

- the target level of net profit for the owner – 2.000.000 RUB ;
- the target level of returns for the lender – 30%.

Basing on these data let us construct a model of the budget strain evaluation.

Using MSExcel, we can make an estimate for the budget strain resting upon the proposed method:

1. from the owner's point of view:

$P\{NP<NP0\}=$	0,78	- the probability of failure to achieve the planned net profit.
$\Delta NP =$	1217,1	- the amount of failure to achieve the planned net profit, RUB '000.
$\%\Delta NP =$	60,85	- the percent of failure to achieve the planned net profit,%.

2. from the lender's point of view:

$\Delta CR =$	4,205	- the amount of failure to return credit, RUB '000.
$\%\Delta CR =$	0,004	- the percent of failure to return credit, %
$P\{Q<CR\} =$	0,0003	- the probability that the lender will not receive the full amount expected

The data on the strain have to be approved by stakeholders. And if the stakeholders take this degree of risk the rates are fixed as targeted when planning future performance.

In these calculations, the risk of failure to achieve the creditor's aims is minimal, but the interests of the owners are significantly violated, in other words the budget is strained for the owner. In reliance on these data the management of the company should plan corresponding measures/procedures.

In our model we used a limited number of products (4 types) and raw materials (5 titles), but companies try to diversify its activities and produce more products, using, as a result, a larger amount of raw materials.

The features of Excel allow developing a model of the budget strain evaluation for multiproduct manufacturing.

1. First we made automated calculation for 50 commodities and 50 kinds of products by adding features to the required performance.
2. Then, in the Settings menu in the tab "Advanced" removing the check mark from "Show zero in cells that contain zero values," we find that all zero values are hidden.
3. There is the following situation: there are errors in the cells occurring due to the fact that not added values are divided by zero. With the function "if the error is" we define the formula in which the cell when dividing by zero is automatically considered to be empty one. We get the document, in which if you enter additional

values of products or raw materials the values in the cells are calculated automatically.

4. Having the data grouped by rows using the "Group" to see only the most essential lines, we get a finished model (Figure 3):

		Raw material				
		1	2	3	4	5
Interval prediction for purchasing price, RUB '000	*PP min*	2,5	0,2	0,08	0,6	20
	PP max	2,8	0,25	0,11	0,65	23
		Product				
		1	2	3	4	5
Output of production, units	*O*	6 600	10 600	35 400	7 550	
Selling price of production, RUB '000	*SP*	8	9	4	6	
Interval prediction for demand for production, units	*Dmin*	6 600	10 600	35 400	7 550	
	Dmax	6 800	10 800	36 300	7 800	
Interval prediction for collateral, RUB '000	*Cmin*	100 000				
	Cmax	300 000				
Calculations						
Expected value of purchasing price, RUB '000	*E(PP)*	2,65	0,225	0,095	0,625	0,9
The expected value of demand, units	*E(D)*	6 700	10 700	35 850	7 675	
Demand for raw materials	*DRM*	18 112	93 000	8 268	13 568	1 402
Expected value of raw materials costs, RUB '000	*E(RMC)*	79449,06				
Equity funds at the beginning of the planning period, RUB '000	*EF*	100				
Working capital loan value, RUB '000	*E(LV)*	79349,06				
The average sales volume, units	*E(SV)*	6599,024	10599,02	35395,61	7548,78	
The average sales revenue, RUB '000	*E(SR)*	289765,8				
Rate of remuneration	*R*	0,59	0,41	0,02		
Direct labor cost, RUB '000	*DWC*	8948				
Depreciation and amortization, RUB '000	*A*	1000				
Clerical and administrative personnel cost, RUB '000	*C&A*	1000				

Fig.3 Model with no restriction to quantity of products and raw materials

Using the guidelines achieved with expert evaluation, we can develop income and expenditure budget, budgeted balance sheet in which the parameters of investment activity (investment in assets) and the parameters of financial activity (capital raising) are taken into account along with operating activities. The cash flow budget is prepared in the model using the indirect method that helps to register changes of all the crucial balance sheet figures.

To plan the parameters of operating activity we make use of target values achieved as a result of the budget strain evaluation. Hence after little iteration simulating probable changes of figures we may provide the balance meeting the criteria of the aimed parameters [9].

The proposed model comprises bidirectional return coupling with strategic planning (from above) and explicit budget management (from below); reflects the unique features of the company performance and allows to handle the most important factors.

In this way, the proposed method makes an opportunity to forecast the values of budget strain for the key stakeholders and can be employed at planned activities when expertizing the budget data.

References

1. Samochkin V.N., Pronin YU.B. , Logacheva E.N. (and others). Soft business development: efficiency and budgeting. M.: Business, 2002.

2. Obolikshto Ya.V. Budgeting: typical mistakes of approaches and their consequences. Bulletin. T 11. Nizhny Novgorod: NIM RANEPA, 2013. Pp.170-181.

3. Karpov A.E. Budgeting as a management tool. 4th edition. M.: Result and quality, 2007.

4. Strategic management in international development financial institutions / State Corporation "The Bank for Development and Foreign Economic Affairs (Vnesheconombank)" Edited by V. D. Andrianov Moscow Consultbanker Publishing 2012

5. Concise Dictionary of Economic. – M.. 1987

6. Smirnov V.A., Sokolov V.G. Some adaptive characteristics of the plan // Izvestia AN SSSR. 1975. №6. Vol. 2. Ser. Social Sciences. pp.15-25.

7. The concept of socio-economic development of enterprises, branches, complexes. Book 2: monograph / I.M. Podkolzina, Y.E. Klishina, B.I. Vaisblat, Ya.V. Obolikshto [and others]. - Krasnoyarsk: Research and Innovation Center. 2012. Pp. 28-56.

8. Vaisblat B.I. Risk-management. – N.Novgorod, HSE, 2004.

9. Obolikshto Ya.V. Implementing the task of designing a balanced budget model in Excel. Bulletin. T 10. Nizhny Novgorod: NIM RANEPA, 2013. Pp. 223-228.

Reader:
Krasulina O.Y. Head of Department for Finance & Credit, PhD. In Economics, assistant professor, *Nizhegorodsky institute of management - The Russian Presidential Academy of National Economy and Public Administration*
46 Gagarin Avenue, Nizhny Novgorod, Russian Federation, 603950

Лукьянова З.А.
канд. экон. наук, доцент кафедры финансов,
Новосибирский государственный университет экономики и управления
sav6708@yandex.ru
Остапова В.В.
канд. экон. наук, профессор кафедры бухгалтерского учета,
Новосибирский государственный университет экономики и управления
al_ostapov@mail.ru
Овчинникова Ю.А.
студентка экономического факультета,
Новосибирский государственный университет экономики и управления
ovchinnikova_juliett@mail.ru

РОССИЙСКИЙ БИЗНЕС В ПЕРИОД КРИЗИСА: ПРОБЛЕМЫ И ПЕРСПЕКТИВЫ РАЗВИТИЯ

Сложившаяся экономико-политическая ситуация и неблагоприятное развитие нефтегазового сектора оказали влияние не только на девальвацию национальной валюты, но и на все отрасли экономики.

Рост ВВП РФ в 2014 составил 0,5% по сравнению с 2013 годом. Но в то же время, падение рубля может дать новый толчок к развитию экспорта, а политика импортозамещения уже стимулирует развитие отечественных предприятий и местных рынков.

Анализ состояния нынешней экономической конъюнктуры и ее влияние на российский бизнес свидетельствует о следующих фактах в экономике страны:

- введение ограничений на импорт ряда продуктов позволило снизить конкуренцию между импортными и отечественными товарами;
- рост цен на потребительские продукты сдерживается значительными переходящими запасами;
- снижение ставок банков по корпоративным кредитам делает кредит более доступным для российских предпринимателей [1, 30];
- повышение налоговой нагрузки негативно отражается на российском бизнесе, что приводит к банкротству части предприятий [2].

В современных условиях бизнес сталкивается с проблемой инвестиционного спада в экономике. Инвестиционный климат во многом неблагоприятен для предпринимателей: госрегулирование ужесточается, а спрос внутри страны снижается, что приводит к закрытию множества малых и средних предпринимателей. Таким образом, закрытие внешних рынков капитала снизило ресурсную базу банков, а рост премий за риск повысил стоимость заемных средств предприятий. Темпы прироста инвестиций в основной капитал с начала года колебались в отрицательной области.

Введение продуктового эмбарго, ставшего частью санкционного пакета, направленного на борьбу с антироссийской пропагандой, стимулирует развитие местных рынков через импортозамещение. Кроме того, кризис может стать удачным временем для заключения выгодных сделок, которые при нормальном развитии экономики оказались бы невозможными.

В настоящее время наблюдается переориентация российского бизнеса на сотрудничество с Азиатско-Тихоокеанским регионом. В связи с этим происходит перераспределение направлений предприятий на территории страны. Однако пока азиатский рынок существенно уступает западным рынкам по масштабам и эффективности.

Существуют три способа выхода из кризисного состояния экономики:

- гуманитарное стимулирование (снижение ставок и насыщение рынка дешевыми деньгами);

- увеличение государственных расходов на науку будет способствовать развитию научно-технического прогресса в России;

- снижение налоговых ставок для предпринимательства и бизнеса будет способствовать сокращению налоговой нагрузки и ускорению темпов роста экономики. Кроме этого, предоставление права субъектам РФ снижать ставки налога для налогоплательщиков, применяющих УСН с объектом налогообложения «доходы», с 6% до 1%, а также снижать ЕНВД с 15% до 7,5%.

Предложенные в Антикризисном плане России на 2015 год меры будут способствовать развитию малому и среднему бизнесу в сложные времена, создадут возможности для появления новых малых предприятий, в первую очередь, связанных с инновациями. Антикризисный план России на 2015 год включает следующие пункты:

- усиление финансовой поддержки импортозамещения и экспорта в различных отраслях несырьевых продуктов, в том числе и технологий;
- улучшение государственного финансирования малого и среднего предпринимательства, снижая налоги и другие финансовые издержки.
- привлечение государственных инвестиций, в том числе и в оборонзаказы;
- обеспечение инфляционных издержек усилением компенсации незащищенным слоям населения (пенсионеры, многодетные семьи);
- снижение бюджетных расходов на неэффективные затраты;
- повышение устойчивости банковской системы Российской Федерации.

Таким образом, на основе мер Антикризисного плана РФ увеличить в два раза предельные значения выручки для малого и среднего предпринимательства, расширяет возможности для их участия в государственных и муниципальных программах господдержки.

Программа государственной поддержки развития малого и среднего бизнеса, разработанная до 2020 года, включает развитие инфраструктуры: технопарков, производственных площадок, введение налоговых каникул для отдельных отраслей, создание особых условий для регионов опережающего развития — Сибири и Дальнего Востока. Создание в Крыму особой экономической зоны с налоговыми льготами и свободным таможенным режимом позволит инвесторам снизить издержки на треть по сравнению с другими регионами.

Кроме этого, одним из наиболее значимых способов, позволяющих выравнивать уровень социально-экономического развития регионов страны, является развитие регионального кредитного рынка, который мобилизует свободные денежные ресурсы региона и значительно увеличивает суммарный капитал, вкладываемый в реальный сектор экономики, а также создает конкурентные преимущества территории [3, 6].

Инвестиционные вложения имеют специфику неопределенности. Основные меры по защите от кризиса и поддержке финансового и реального секторов экономики должны быть обусловлены увеличением поддержки программ кредитования и инвестирования малого, а также инновационного бизнеса. В современных условиях выйти бизнесу на новый качественный уровень будет способствовать увеличению доли малого и среднего бизнеса на рынке.

Таким образом, при обеспечении достаточного уровня финансирования бюджета станет полноценной поддержка отечественного малого и среднего бизнеса по вышеперечисленным направлениям и будет способствовать повышению эффективности развития российского бизнеса в период кризиса.

Литература (источники):

1. Лукьянова З.А., Гоманова Т.К. Strategy of development of the credit market taking into account the requirements of the banking system - Глава 2. Стратегия развития кредитного рынка с учетом требований банковской системы Sustainable economic development of regions. Monograph,Volume,4, 2014 (коллективная монография), с. 29-31
2. Лукьянова З.А., Гоманова Т.К. Перспективы развития малого бизнеса в Новосибирской области. Проблемы современной науки и образования», №9(27), 2014
3. Гоманова Т.К., Лукьянова З.А. Кредитный рынок: региональный аспект. – Уфа: Издательство «Инфинити». 2013. – с. 152

Солодухин К.С.
профессор, д.э.н.
Зав. лабораторией стратегического планирования
Владивостокского государственного университета экономики и сервиса
Морозов В.О.
ассистент кафедры математики и моделирования
Владивостокского государственного университета экономики и сервиса

НЕЧЕТКИЙ SWOT-АНАЛИЗ УНИВЕРСИТЕТА НА ОСНОВЕ ТЕОРИИ ЗАИНТЕРЕСОВАННЫХ СТОРОН[1]

Системы поддержки принятия решений в социально-экономических системах на основе нечеткой логики активно развиваются в сферах, относящихся к оперативному и тактическому уровням управления. Нечетко-множественный инструментарий решения стратегических задач развит значительно слабее. При этом, большинство известных нечетко-множественных методов и моделей стратегического управления практически не применимы в условиях стейкхолдерского менеджмента, поскольку они не предназначены для ситуаций, в которых имеется несколько «центров власти» с конфликтующими целями и сферами интересов, которые не могут быть разделены точными границами.

Важной задачей организации успешного процесса принятия стратегических решений является предоставление средств оперирования нечеткой, размытой информацией, учета субъективных представлений и ощущений всех участников стратегического процесса (стейкхолдеров) [1, 2, 5-10].

Одним из самых распространенных методов, оценивающих внутренние и внешние факторы, является SWOT-анализ. Ранее нами был предложен «стейкхолдерский» SWOT-анализ, позволяющий анализировать (не только качественно, но и количественно) в комплексе внутренние и внешние факторы социально-экономической системы с точки зрения интересов каждого отдельного стейкхолдера и целей самой системы [3, 4, 6-10]. С другой стороны, нами была предложена нечеткая модификация SWOT-анализа, апробированная на примере региона (Камчатского края) [11]. В данной работе представлена нечеткая модификация «стейкхолдерского» SWOT-анализа, апробированная на примере государственного университета.

Предлагаемая методика состоит из трех этапов.

На первом этапе производится исследование внутренней среды социально-экономической системы, а именно выявление слабых и сильных сторон. В качестве количественных оценок сильных и слабых сторон

[1] Исследование выполнено при финансовой поддержке РГНФ в рамках научного проекта № 15-32-01027.

деятельности используются следующие показатели: воплощение i-й характеристики с точки зрения k-ой группы заинтересованных сторон (ГЗС) (нечеткое число, определенное на множестве целых чисел (шкале баллов) от -5 до 5), важность i-й характеристики (нечеткое число, определенное на множестве целых чисел от 0 до 10), ранг i-й характеристики (произведение воплощения и важности).

Второй этап заключается в исследовании внешней среды системы и выявлении возможностей и угроз. В качестве количественных оценок возможностей и угроз используются следующие показатели: вероятность появления j-го фактора (четкое число от 0 до 1), значимость j-го фактора (нечеткое число, определенное на множестве целых чисел от 0 до 10), характер влияния j-го фактора (для возможностей равняется 1, для угроз – -1).

На третьем этапе производится сопоставление сильных и слабых сторон системы и факторов внешней среды. В качестве количественных оценок используется возможность социально-экономической системы за счет i-й сильной стороны воспользоваться j-й благоприятной возможностью (или противостоять j-й угрозе) или наоборот (нечеткое число от 0 до 1 для сильных сторон и от -1 до 0 для слабых).

Экспертная оценка внутренней и внешней среды вносится в таблицу 1.

Таблица 1

Сопоставление факторов внутренней и внешней среды (форма для экспертов)

	Важность сильной/слабой стороны (N)	Возможности	Угрозы
Вероятность появления (P)		P_j	P_j
Значимость возможности/угрозы (Y)		$Y^k{}_j$	$Y^k{}_j$
Сильные стороны	$N^k{}_i$	$a^k{}_{ij}$	$a^k{}_{ij}$
Слабые стороны	$N^k{}_i$	$a^k{}_{ij}$	$a^k{}_{ij}$

В данной форме $a^k{}_{ij}$ – степень влияния внутреннего i-го внутреннего фактора на j-ый внешний фактор (то есть возможность системы за счет i-й сильной стороны воспользоваться j-й благоприятной возможностью или противостоять j-й угрозе или, соответственно, способность i-й слабой стороны препятствовать реализации j-й возможности или повысить негативные последствия j-й угрозы); k – номер группы заинтересованных сторон.

Далее формируется итоговая сопоставительная матрица для каждой группы заинтересованных сторон. Оценки экспертов в клетках $a^k{}_{ij}$ транспонируются в параметры $A^k{}_{ij}$ по формуле:

$$A^k_{ij} = a^k_{ij} \cdot Y^k_j \cdot P_j \cdot N^k_i .$$

Затем производится оценка конкретных благоприятных возможностей и угроз, сильных и слабых сторон по формулам:

$$N_i^{k'} = \sum_j A_{ij}^{k'} \ ; \ Y_i^{k'} = \sum_i A_{ij}^{k'} \ .$$

Динамическая оценка стратегического потенциала социально-экономической системы относительно k-ой группы заинтересованных сторон рассчитывается как:

$$S^k = \sum_i \sum_j A_{ij}^{k'} \ .$$

Интегральная динамическая оценка стратегического потенциала системы может быть рассчитана по формуле:

$$S = \sum_{k=1}^{n} w_k \cdot S^k \ ,$$

где w_k – вес (значимость) k-ой группы заинтересованных сторон.

В завершении SWOT-анализа оценивается общее состояние деятельности социально-экономической системы во внешней среде с позиции каждой ГЗС и в целом в системе. Для этого значения всех оценок итоговой сопоставительной матрицы каждой ГЗС суммируются по квадрантам, а затем суммируются соответствующие квадранты с учетом значимости групп. Таким образом, в зависимости от сочетания сил, слабостей, возможностей и угроз можно оценить состояние среды деятельности системы.

Проиллюстрируем применение описанной методики на примере Владивостокского государственного университета экономики и сервиса (ВГУЭС).

В работах [6, 9] выделяются пять групп заинтересованных сторон вуза: «Бизнес-сообщество», «Сотрудники», «Клиенты», «Внешние партнеры», «Общество и государство». В ходе анализа внутренней среды ВГУЭС были выделены сильные и слабые стороны по отношению к данным группам. Список сильных и слабых сторон для каждой ГЗС представлен в таблице 2.

Таблица 2

Факторы внутренней среды ВГУЭС

Сильные стороны	Слабые стороны
ГЗС «Бизнес-сообщество»	
Специализация вуза на «бизнес-образовании» Практико-интегрированное обучение Международные стажировки профессорско-преподавательского состава (ППС) и студентов Материально-техническая база (МТБ) Прозрачность вузовских процессов и доступность информации Квалификация ППС	Количество выпускников ВГУЭС на ведущих должностях в организациях Сотрудничество с реальным сектором экономики в сфере консалтинга

ГЗС «Сотрудники»	
Вовлеченность в процесс стратегического управления вузом МТБ Имидж вуза Инфраструктура вуза Динамика развития вуза Квалификация сотрудников и ППС	Эффективность организационной культуры Корпоративная культура
ГЗС «Клиенты»	
МТБ Электронный кампус Инфраструктура вуза Практико-интегрированное обучение Клиентоориентированный подход в работе с абитуриентами Современные образовательные технологии Многоступенчатая система подготовки Система интеграции иностранных студентов	Система оценки преподавателя студентами Комфортность общежитий
ГЗС «Внешние партнеры»	
МТБ Наличие образовательного округа Многообразие форм и уровней образовательных программ Практико-интегрированное обучение Квалификация ППС Имидж университета	Спектр научных направлений Организационная культура
ГЗС «Общество и государство»	
Количество разработанных разноуровневых образовательных программ Безопасность и комфортность обучения, проживания и отдыха МТБ и информационная база Прозрачность вузовских процессов и доступность информации Практико-интегрированное обучение Соответствие качества образования международным стандартам Работа студентов по специальности на последнем курсе	Соответствие спектра образовательных программ спросу на трудовые ресурсы Спектр научных направлений

В ходе анализа внешней среды ВГУЭС были сформированы возможности и угрозы в отношениях с каждой ГЗС. Перечень факторов внешней среды представлен в таблице 3. Отметим, что один и тот же фактор может выступать одновременно и как угроза, и как возможность. При этом, его значимость как угрозы может не совпадать с его значимостью как возможности.

Таблица 3

Факторы внешней среды ВГУЭС

Возможности	**Угрозы**
ГЗС «Бизнес-сообщество»	
Развитие экономики региона Изменение потребности бизнеса в специалистах с высшим образованием Отток на Запад из ДВ региона готовых специалистов, абитуриентов Создание игорной зоны Создание Свободного порта Владивосток	Отток на Запад из ДВ региона готовых специалистов, абитуриентов Изменение потребности бизнеса в специалистах с высшим образованием
ГЗС «Сотрудники»	
Развитие международного (в том числе, межвузовского) сотрудничества Изменение критериев мониторинга высшей школы Обострение конкуренции на рынке образовательных услуг (ОУ) Изменение образовательных технологий Реформирование научной сферы	Сокращение количества вузов Изменение критериев мониторинга высшей школы Изменение нормативов штатной численности сотрудников Обострение конкуренции на рынке ОУ Отток на Запад из ДВ региона абитуриентов Изменение образовательных технологий Реформирование научной сферы
ГЗС «Клиенты»	
Изменение государственной политики по привлечению иностранных студентов Развитие системы дополнительных образовательных программ Развитие сотрудничества «вуз – бизнес-сообщество» Обострение конкуренции на рынке ОУ Изменение образовательных технологий Развитие международного (в том числе, межвузовского) сотрудничества	Сокращение спроса на выпускников отдельных специальностей на рынке труда Сокращение количества вузов Обострение конкуренции на рынке ОУ Несоответствие ожиданий работодателей и знаний и компетенций выпускников Снижение реальных доходов отдельных групп населения
ГЗС «Внешние партнеры»	
Рост населения края вследствие создания Свободного порта Владивосток и развития экономики региона Изменение образовательных технологий Обострение конкуренции на рынке ОУ	Снижение реальных доходов отдельных групп населения Сокращение количества вузов Изменение образовательных технологий Обострение конкуренции на рынке ОУ
ГЗС «Общество и государство»	
Развитие экономики региона Реализация государственных программ Создание Свободного порта Владивосток Изменение образовательных технологий Сокращение количества вузов Обострение конкуренции на рынке ОУ Реформирование научной сферы	Снижение реальных доходов отдельных групп населения Сокращение количества вузов Обострение конкуренции на рынке ОУ Несоответствие ожиданий работодателей и знаний и компетенций выпускников Сокращение спроса на выпускников отдельных специальностей на рынке труда Реформирование научной сферы

В результате проведенных расчетов была получена стратегическая матрица ВГУЭС. Данная матрица приведена в таблице 4.

Таблица 4

Стратегическая матрица ВГУЭС

ГЗС	Вуз	Внешняя среда		Сводная оценка
		Преобладают возможности	Преобладают угрозы	
Бизнес-сообщество	преобладают сильные стороны	<-64,4; 27,9; 204,9>	<-19,3; 36,1; 179,2>	<-260,8; 48,3; 488,0>
	преобладают слабые стороны	<-98,6; -6,5; 69,1>	<-78,5; -9,2; 35,1>	
Сотрудники	преобладают сильные стороны	<-29,6; 34,8; 183,6>	<-19,5; 38,8; 171,1>	<-226,4; 46,4; 420,8>
	преобладают слабые стороны	<-90,3; -12,7; 35,5>	<-87,0; -14,5; 30,6>	
Клиенты	преобладают сильные стороны	<-11,8; 50,0; 214,8>	<-25,7; 67,0; 313,8>	<-274,7; 86,0; 624,2>
	преобладают слабые стороны	<-90,2; -11,2; 40,8>	<-147,0; -19,8; 54,8>	
Внешние партнеры	преобладают сильные стороны	<-6,8; 14,8; 64,0>	<-29,7; 26,9; 131,7>	<-131,1; 32,1; 255,4>
	преобладают слабые стороны	<-31,0; -4,0; 16,9>	<-63,6; -5,6; 42,8>	
Общество и государство	преобладают сильные стороны	<-49,0; 29,1; 191,7>	<-59,0; 36,5; 216,5>	<-288,2; 54,2; 532,5>
	преобладают слабые стороны	<-84,4; -4,4; 62,9>	<-95,8; -7,0; 61,4>	
ВГУЭС	преобладают сильные стороны	<-161,6; 156,6; 858,7>	<-153,2; 205,3; 1012,3>	<-1181,2; 267,0; 2320,9>
	преобладают слабые стороны	<-394,5; -38,8; 225,2>	<-471,9; -56,1; 224,7>	

На основании расчетов выделены наиболее:

– сильные стороны ВГУЭС, позволяющие использовать открывающиеся перед университетом возможности и противостоять угрозам внешней среды;

– слабые стороны ВГУЭС, препятствующие использованию возможностей внешней среды и усиливающие угрозы;

– благоприятные факторы внешней среды;

– опасные угрозы внешней среды.

В отношениях с ГЗС «Бизнес-сообщество» наиболее сильной стороной является «Специализация вуза на «бизнес-образовании» с оценкой <-3,3; 17,0; 73,7>; наиболее благоприятный внешний фактор – «Создание свободного порта Владивостока» с оценкой <-39,0; 6,4; 66,8>; наиболее слабая сторона – «Сотрудничество с реальным сектором экономики в сфере консалтинга» с оценкой <-56,6; -10,8; 9,6>; самой опасной угрозой является «Отток на Запад из ДВ региона готовых специалистов, абитуриентов» с оценкой <-16,9; 2,9; 35,1>.

В отношениях с ГЗС «Сотрудники» наиболее сильной стороной является «Имидж вуза» с оценкой <-1,6; 17,5; 67,9>; наиболее благоприятный внешний фактор – «Международное сотрудничество» с оценкой <-37,7; 12,8; 89,2>; наиболее слабая сторона – «Корпоративная культура» с оценкой <-62,8; -15,7; 1,3>; самой опасной угрозой является «Сокращение количества вузов» с оценкой <-43,0; 9,7; 82,4>.

В отношениях с ГЗС «Клиенты» наиболее сильной стороной является «Материально-техническая база» с оценкой <2,3; 24,0; 89,9>; наиболее благоприятный внешний фактор – «Развитие системы дополнительных образовательных программ» с оценкой <-22,0; 16,5; 86,5>; наиболее слабая сторона – «Комфортность общежитий» с оценкой <-60,4; -12,2; 8,9>; самой опасной угрозой является «Сокращение спроса на выпускников отдельных специальностей на рынке труда» с оценкой <-18,1; 3,8; 35,5>.

В отношениях с ГЗС «Внешние партнеры» наиболее сильной стороной является «Квалификация профессорско-преподавательского состава» с оценкой <-1,9; 9,5; 36,8>; наиболее благоприятный внешний фактор – «Рост населения края вследствие создания Свободного порта Владивосток и развития экономики региона» с оценкой <-29,8; 10,8; 72,9>; наиболее слабая сторона – «Спектр научных направлений» с оценкой <-37,0; -9,6; 2,1>; самой опасной угрозой является «Сокращение количества вузов» с оценкой <-11,0; 4,3; 29,4>.

В отношениях с ГЗС «Общество и государство» наиболее сильной стороной является «Практико-интегрированное обучение» с оценкой <-10,2; 12,7; 64,3>; наиболее благоприятный внешний фактор – «Создание Свободного порта Владивостока» с оценкой <-35,2; 9,0; 75,6>; наиболее слабая сторона – «Соответствие спектра образовательных программ спросу на трудовые ресурсы» с оценкой <-43,3; -5,7; 14,9>; самой опасной угрозой является «Снижение реальных доходов отдельных групп населения» с оценкой <-22,4; 0,5; 24,6>.

Найдем нормированные площади отрицательной и положительной частей фигур, образованных функциями принадлежности сводных оценок. Для ГЗС «Бизнес-сообщество», «Сотрудники», «Общество и государство» нормированные площади отрицательной и положительной частей равны 0,29 и 0,71, соответственно; для ГЗС «Внешние партнеры» – 0,27 и 0,73; для ГЗС «Клиенты» – 0,23 и 0,77. Для общей интегральной оценки нормированная площадь отрицательной части равна 0,22, положительной – 0,78. Полученные результаты свидетельствуют о сложившейся благоприятной в целом внешней среде для ВГУЭС.

Литература

1. Бондаренко Е.Е., Солодухин К.С. Особенности стратегического анализа интернет-компаний с позиций теории заинтересованных сторон //

Современные проблемы науки и образования. – 2014. – №4. – Режим доступа: www.science-education.ru/118-14194 (дата обращения: 02.04.2015).

2. Дьяконова М.В., Микулинская А.А., Солодухин К.С. Методика определения стратегической ориентации организации, позволяющей осуществлять оптимальное взаимодействие со стейкхолдерами // Современные проблемы науки и образования. – 2014. – № 4. – Режим доступа: www.science-education.ru/118-14070 (дата обращения: 04.04.2015).

3. Лавренюк К.И., Рахманова М.С., Солодухин К.С. Анализ конкурентного потенциала региона на основе количественной модели VRIO (на примере Камчатского края) // Современные проблемы науки и образования. – 2014. – № 6. – Режим доступа: www.science-education.ru/120-16481 (дата обращения: 04.04.2015).

4. Мазелис Л.С., Морозов В.О. Методика SWOT-анализа рисков региона в разрезе основных макроэкономических показателей социально-экономического развития (на примере Камчатского края) // Современные проблемы науки и образования. – 2014. – № 6. – Режим доступа: www.science-education.ru/120-16329 (дата обращения: 04.04.2015).

5. Попова А.О., Солодухин К.С. Оценка допустимости стратегии муниципального образования на основе теории заинтересованных сторон (на примере Анучинского муниципального района Приморского края) // Современные проблемы науки и образования. – 2014. – № 3. – Режим доступа: www.science-education.ru/117-13753 (дата обращения: 04.04.2015).

6. Рахманова М.С. Разработка методов инновационного стратегического анализа вуза на основе теории заинтересованных сторон: дис. ... канд. экон. наук. – Владивосток, 2009.

7. Рахманова М.С., Лавренюк К.И. Методика SWOT-анализа муниципального образования на основе теории заинтересованных сторон // Территория новых возможностей. Вестник Владивостокского государственного университета экономики и сервиса. – 2012. – №5 (18). – С. 200-211.

8. Солодухин К.С. Стратегическое управление вузом как стейкхолдер-компанией. – СПб.: Изд-во Политехн. ун-та, 2009.

9. Солодухин К.С., Рахманова М.С. Инновационный стратегический анализ вуза как стейкхолдер-компании // Экономические науки. – 2009. – № 1 (50). – С.236-242.

10. Солодухин К.С., Рахманова М.С. Инновационная технология стратегического анализа организации на основе теории заинтересованных сторон // Научно-технические ведомости СПбГПУ. – 2009. – № 2, том 1. Экономические науки. – С. 102-111.

11. Солодухин К.С., Морозов В.О. Анализ стратегического потенциала территории на основе нечеткого SWOT-анализа // Современные вызовы контроллингу и требования к контроллеру. – 2015. – С. 245-252. – Режим доступа: http://www.controlling.ru/symposium/.

Ларичева К. Н.
кандидат экономических наук
Киркорова Л. А.
доктор экономических наук, профессор
Лаптева Н. Г.
кандидат сельскохозяйственных наук, доцент
Петрова А. С.
кандидат сельскохозяйственных наук
Новгородский государственный университет имени Ярослава Мудрого

МОДЕРНИЗАЦИЯ ТРАДИЦИОННЫХ СЕЛЬСКИХ ПРОМЫСЛОВ КАК ФАКТОР УСТОЙЧИВОГО РАЗВИТИЯ СЕЛЬСКИХ ТЕРРИТОРИЙ

В России на протяжении многих десятилетий основным доминирующим направлением развития сельских территорий являлся аграрный подход. Однако, не все виды деятельности на селе связаны только с сельским хозяйством. В современных условиях повышение эффективности сельской экономики можно достичь преимущественно за счет развития инновационных подходов, получающих конечное выражение в новых видах конкурентоспособных услуг, продукции, технологий. Поиск и использование инноваций при необходимой диверсификации сельской экономики является актуальной проблемой. Развитие новых технических и организационно-технологических проектов могут дать дополнительный импульс для социально-экономического развития сельских территорий. В представлениях современного общества о российской деревне прочно утвердился приоритет аграрной функции как основного вида деятельности в сельской местности. Однако, мировой опыт свидетельствует, что в развитых странах сельская местность и сельское хозяйство становятся все более многофункциональными, в чем и состоит залог устойчивого развития. Идет постоянный поиск новых подходов к ведению сельскохозяйственной деятельности. Во всем мире растет число ферм, занимающихся альтернативным (нетрадиционным) сельским хозяйством. Разведение страусов, улиток, лягушек, акселеративное кролиководство является для России необычным бизнесом. Однако, с каждым годом число подобных ферм увеличивается. Рост альтернативного сектора деятельности в аграрном секторе позволит рационально и более эффективно использовать ресурсный потенциал сельских территорий, увеличить занятость и уровень доходов сельского населения, снизить безработицу, остановить миграционные процессы из сельской местности, сохранить места расселения и др.

Необходимость развития стандартных направлений ведения традиционных сельских производств и промыслов рассматривается в трудах российских исследователей (Беляев Е.А., Бюллер Е.А., Пашкова Н.С., Align Рознина Н.В., Рувиль В.С., Смирнова Е.Е., Филиппова Е.Н., Ходова З.С. и др.). Однако альтернативные способы ведения сельских промыслов в России мало изучены и не нашли широкого практического применения. В этой связи, актуальность исследования определяется поиском путей эффективного использования ресурсов сельских территорий, особенно биологических, что существенно влияет на процессы реализации многофункциональности сельского хозяйства и устойчивого развития сельской местности. В современных условиях необходимо развивать не только аграрное производство, но и другие виды деятельности, которые позволят более полно использовать природно-ресурсный потенциал сельских территорий.

Большинство российских исследователей в своих работах акцентируют внимание на необходимости развития стандартных направлений традиционных сельских производств и промыслов. За основу нами взята классификация сельских подсобных производств и промыслов Филипповой Е.Н., согласно которой к традиционным сельским промыслам относятся – охота, рыбалка и сбор дикорастущего растительного сырья [2, 140]. Наряду с традиционными, необходимо развивать и альтернативные направления, в связи с чем, предлагается традиционные сельских промыслы модернизировать.

Модернизация заключается в качественном изменении подхода к ведению традиционных сельских промыслов, в обновлении промысловых объектов, а также в переориентации деятельности в области сельских промыслов к современным требованиям и условиям диверсификации сельских территорий. Идея модернизации сельских промыслов базируется на адаптации знаний отечественного и зарубежного опыта альтернативных способов ведения промыслов, основанных на эффективном использовании биологических ресурсов, в связи с чем, к модернизированным сельским промыслам предлагается отнести альтернативные нестандартные направления ведения традиционного сельского промысла, такие как: вольерное содержание и разведение диких копытных животных, организация рыболовного промысла, культурных рыбоводных хозяйств, производство дикорастущего сырья растительного происхождения и др.

Инновационно-ориентированный подход модернизации традиционных сельских промыслов возможен только на основе инновационного использования биологических ресурсов, которое предполагает комплексное и рациональное использование сельскохозяйственных угодий, земель лесного фонда и биоресурсов животного мира. Однако для организации новой отрасли потребуются и технологические, и продуктовые инновации, что в итоге приведет к обновлению сфер жизни человека - к социальным инновациям. Мировой опыт подтверждает, что будущее сельских территорий тесно связано с развитием альтернативных видов экономической деятельности. Исторический опыт развития сельских территорий стран ЕС: от решения проблемы продовольственной безопасности, до комплексного и диверсифицированного развития села, весьма полезен для России. Адаптация к российским условиям накопленных в ЕС знаний и практических навыков в области развития сельских территорий позволит выстроить собственную систему комплексных мер устойчивого развития сельского хозяйства и других отраслей сельской экономики.

Альтернативные сельские промыслы на основе инновационного использования биологических ресурсов способны оказать комплексное положительное воздействие на устойчивое развитие сельских территорий, которое заключается в социальном, экономическом и экологическом эффекте. Социальный эффект проявляется в сохранении существующих и создании новых рабочих мест, увеличении доходов местного сельского населения. Деятельность модернизированных промыслов будет направлена не только на массовое спортивное увлечение, но и являться важным источником жизнедеятельности населения близлежащих поселков и деревень, при этом создается мультипликационный эффект, действие которого основано на механизме распространения: создавая рабочие места для воспроизведения и добычи биоресурсов, создаются рабочие места в системе торговли, ее переработки и по цепочке в других соприкасающихся отраслях. Экономический эффект хозяйствующих субъектов заключается в получении прибыли от предоставления услуг, товарной продукции, конкурентоспособного деликатесного сырья; увеличении объемов сбыта региональной продукции, что приведет также к повышению экономической эффективности деятельности местных предприятий и пополнению местных бюджетов. Экологический эффект выражается в более рациональном использовании природных ресурсов территории и т.д.

Таким образом, модернизацию традиционных сельских промыслов, необходимо рассматривать как важный фактор устойчивого развития сельских территорий, позволяющий эффективно использовать имеющиеся биологические ресурсы и оказывающий влияние на уровень социально-экономического развития, что позволяет в дальнейшем развивать альтернативные виды деятельности в агропромышленном комплексе и получать новые виды продукции и услуг [1].

Литература:

1. Ларичева К.Н. Развитие традиционных сельских промыслов на основе инновационного использования биологических ресурсов (на

примере Новгородской области): дис. канд. экон. наук: 08.00.05 / Ларичева Кристина Николаевна. – Великий Новгород, 2014. – 199 с.

2. Филиппова Е.Н. Сельские подсобные производства и промыслы, как экономическая категория / Е.Н. Филиппова // Вестник Алтайского государственного аграрного университета. – 2012. - №2. – С. 140-144.

Крестин П.А.
студент 4 курса кафедры экономики, Финансово Технологической академии, г. Королев, МО.
krestinp@mail.ru

АНАЛИЗ СОВРЕМЕННЫХ ФАКТОРОВ СПРОСА НА РЫНКЕ НЕДВИЖИМОСТИ

Отдельную благодарность за предоставленные аналитические данные и советы по написанию статьи хочу выразить генеральному директору компании ООО «Contact Real Estate»- Попову Д.Л., а также директору департамента городской недвижимости- Воронкову Д.Н., и директору по развитию и главному аналитику компании- Антропову В.В.

Объектом исследования является рынок недвижимости Москвы и Московской области.

Цель работы: На основании имеющихся данных о спросе на недвижимость за 2014 год, выявить основные факторы, влияющие на изменения спроса.

Научная новизна работы заключается в следующем: Выявлены факторы, непосредственно влияющие на изменение спроса на рынке недвижимости Москвы и Московской области в 2014 году.

Первый фактор, влияющий на изменение спроса на рынке недвижимости в 2014 году, это- первая волна санкций и последовавший после нее резкий всплеск спроса в марте.

На протяжении 2014 года внешние факторы успели дважды вызвать ажиотаж вокруг недвижимости. Первая волна ажиотажа пришлась на начало 2014 года и длилась с января по середину апреля. Это результат реакции людей на геополитическую ситуацию связанную с присоединением Крыма и ухудшение отношений с западными странами. Тогда в равной мере повысилась активность как инвестиционных покупателей, так и людей, поспешивших побыстрее купить квартиру из-за ажиотажного спроса и не уверенных в стабильности будущих периодов. В результате 2014 год стал рекордным по количеству сделок на первичном рынке. И за первые три месяца рост спроса на жилье составил от 30% до 100% в зависимости от сегмента.

Ниже представлен график изменения спроса.

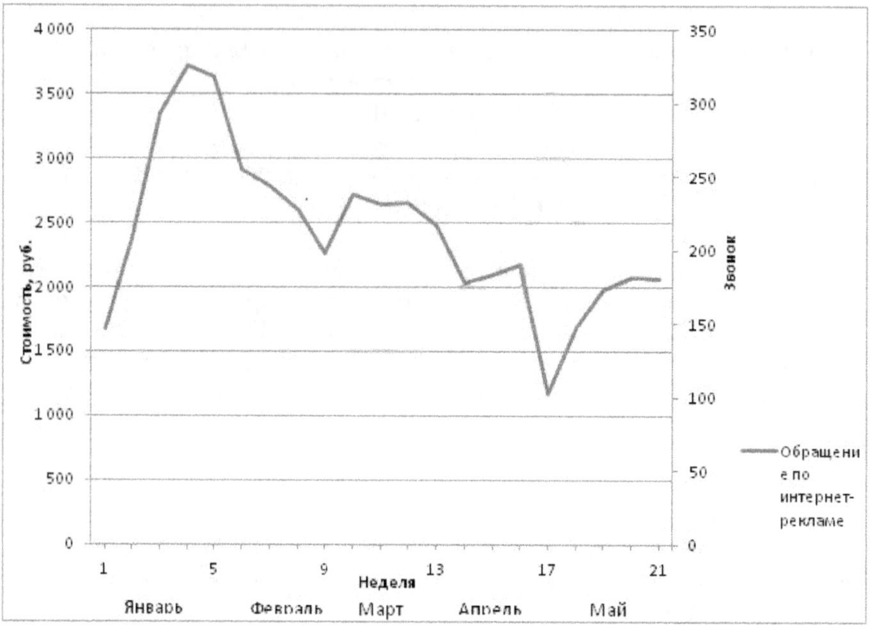

Рисунок 1- График изменения спроса на основе подсчета обращений по интернет рекламе

Особенностью графика является то, что его разработало маркетинговое агентство media108 на основании подсчета входящих обращений в компанию по покупке недвижимости. Таким образом они зафиксировали увеличение спроса в первые 3 месяца с последующим снижением в мае. [1]

Всплеск спроса – это на первый взгляд положительное явление. Однако, как показывает практика, любая искусственная активизация рынка, вызванная ажиотажем, обычно непродолжительна и чревата исчерпанием спроса будущих периодов. Как только ситуация нормализуется или люди к ней привыкают, спрос падает, что произошло и в рассматриваемом периоде времени. По итогам апреля было зафиксировано 40-процентное падение спроса на вторичную недвижимость по сравнению с мартом.

Следующим по значимости фактором, влияющим на спрос, является повышение Центробанком ключевой ставки.

В 2014 году главный банк страны повышал ключевую ставку пять раз, в результате чего в конце декабря она достигла 17%. Уже в этом году это привело к сокращению рынка ипотечного кредитования, который, в зависимости от сегмента, формирует 40-60% сделок на первичном рынке жилья. Банки ужесточили требования к заемщикам и сократили количество выдаваемых кредитов.

Сбербанк повысил ставки по базовым ипотечным продуктам, а также прекратил принимать заявки на неликвидную недвижимость — строительство жилого дома, загородную недвижимость, гаражи.

Также он увеличил ставку по вновь принимаемым заявкам на базовые продукты ипотечного кредитования до 16% годовых в рублях. «ВТБ 24» также поднял ставки по ипотеке— как по новым, так и по ранее поданным заявкам- до 14,95%. Необходимо заметить, что на два госбанка приходится более 70% выдаваемой ипотеки.

У частных банков ставки выросли сильнее сразу после повышения ключевой ставки ЦБ: от 17%.

Такие меры негативно скажутся на застройщиках. В этом году доля ипотечных сделок на рынке новостроек у ряда крупных застройщиков впервые достигла 40%, а по некоторым объектам — 80%. В первом полугодии доля ипотечных сделок в продажах компании ПИК составила 37%, у «Мортона» доля продаж в кредит была к лету около 40%, у «Главмосстрой-недвижимости» по объектам эконом-класса — 75-80%.

Следует подытожить, что строительство жилья эконом-класса сильно зависит от ипотечного спроса, и, если он резко упадет, то некоторые компании могут не достроить начатые объекты. А также рост ключевой ставки скажется на потребительской активности.

Третьим важным событием на рынке недвижимости стало падение курса рубля по отношению к доллару и евро, которое, с одной стороны, вызвало еще один всплеск спроса на квартиры под конец года, а с другой, привело к повышению застройщиками цен на 15-20%. Вторая волна ажиотажа на рынке недвижимости началась в ноябре и достигла своего апогея в декабре 2014 года на фоне беспрецедентного обвала рубля. Она оказалась даже более сильной и более эмоциональной, чем первая. По сути, рынок недвижимости захлестнула паника, и большинством людей двигало желание купить хоть что-нибудь, чтобы спасти деньги.

Основная проблема, с которой столкнулся рынок- невозможность платить за покупку или аренду жилья пропорционально доллару. В связи с этим, большинство продавцов перешло в рубли или зафиксировало курс, а те предложения, которые пытаются привязаться к доллару, как правило, не продаются.

По этой причине цены на квартиры в Москве в долларовом выражении показывают ощутимый минус. Так, долларовый индекс стоимости жилья в столице, рассчитываемый аналитическим центром www.irn.ru, снизился за 2014 год на 25% и составил к концу года менее 3.500$ за метр. [2]

Что касается рынка элитной недвижимости, то в сегменте первичной недвижимости в ЦАО рост рублевых цен был не столь резким, что способствовало более активному снижению стоимости в валюте. Если в начале прошлого года средняя стоимость кв.м. составляла 500,5 тыс. руб., то по итогам декабря этот показатель был зафиксирован на уровне 574 тыс. руб. Таким образом, рост составил 14,7%. Цены же в долларах за 12 месяцев ушедшего года снизились на 30,3%.

Табл. 1. Рост цен м2 на рынке элитной недвижимости

№ п/п	Январь 2014	Декабрь 2014	рост
Средняя стоимость $м^2$	500,5 тыс. руб.	574 тыс. руб.	14,7 %
Средняя стоимость $м^2$	14,75 тыс. $	10,29 тыс. $	-30,3 %

По мнению Дениса Попова, генерального директора ООО «Contact Real Estate», уже в 1-м квартале на первичном рынке снизится покупательская активность, поскольку вторичный рынок оттянет на себя спрос за счет дисконтов от собственников.

На основании аналитических данных, представленных в следующих графиках следует проанализировать, как менялся спрос в течение всего года. Также увидим тенденцию повышения рублевой стоимости квадратного метра и понижения долларовой стоимости на конец года в разных сегментах рынка.

Ниже изображен график динамики стоимости 1 кв.м. на рынке вторичного жилья. Продолжившийся рост курса доллара США и высокий уровень спроса в декабре оказались определяющими факторами, повлиявшими на ценовую ситуацию. Как можно увидеть на графике, средняя стоимость кв. м на вторичном рынке столицы в декабре оказалась выше ноябрьской на 2,1% и составила 212,2 тыс. руб. А в долларовом выражении потеряла более 15% от значений прошлого месяца и составила $3 805. При этом, по сравнению с началом года средняя стоимость кв. м в рублях выросла на 12,3%, а в долларах США упала на 32%.

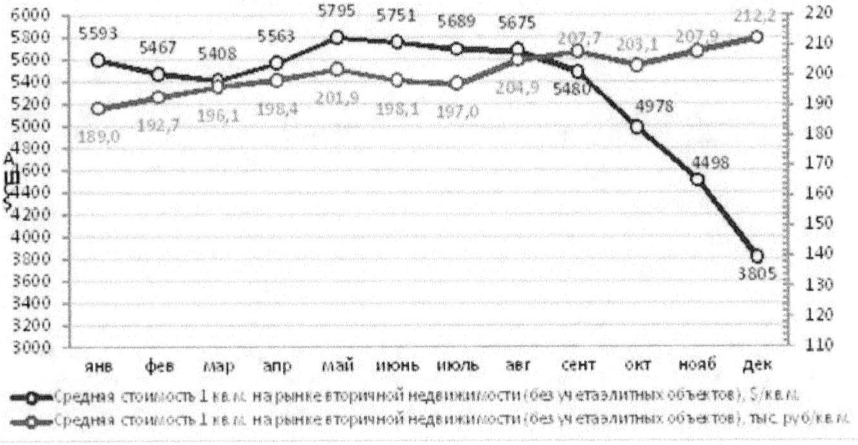

Рисунок 2- Динамика стоимости 1 кв. м. на рынке вторичного жилья

В декабре аналитики нескольких компаний по продаже недвижимости отметили продолжение роста стоимости кв. м в рублях. Таким образом, динамика стоимости кв.м. в новостройках Москвы, показанная на графике, следующая: рублевая цена за кв.м. выросла до 224,8 тыс.руб, а долларовая снизилась и стала составлять 4030 $.

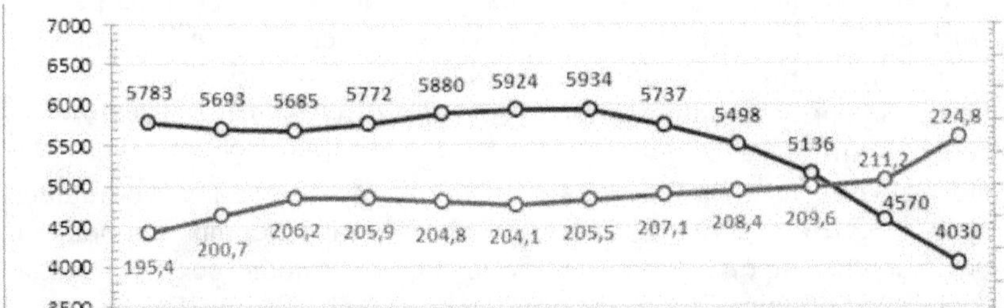

Рисунок 3- Динамика стоимости кв.м.в новостройках Москвы

На следующем графике представлена динамика средней стоимости кв.м. новостроек Новой Москвы. Стоит отметить что как и в предыдущих графиках, наблюдается такая же тенденция. В декабре средняя цена кв. м в рублях повысилась и составила 92 443 руб. В связи с ростом курса доллара США, снижение долларовой стоимости кв. м в декабре привело к установлению цены в 1 692 $.

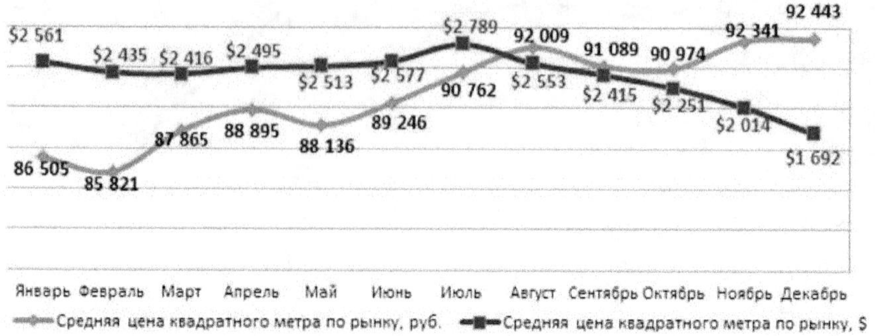

Рисунок 4 – Динамика средней стоимости кв.м. новостроек Новой Москвы

Таким образом, можно проследить, что рублевая стоимость квадратного метра в различных сегментах рынка росла, а долларовая снижалась.

Отдельным фактором, по мнению специалистов, стоит отметить законодательные нововведения (переход на кадастровую оценку при налогообложении и увеличение с трех до пяти лет срока, по истечении которого квартиру можно продать, не выплачивая НДФЛ).

Следующий фактор, влияющий на формирование спроса на рынке недвижимости –это падение стоимости нефти. Падение стоимости нефти привело к уникальной ситуации на вторичном рынке жилья в России: цены на недвижимость одновременно достигли рублевого максимума и долларового минимума.

По итогам декабря средняя стоимость предложения составила 195,1 тыс. рублей и 3498 $ за кв. м. Разнонаправленная коррекция стоимости жилья происходит на фоне продолжающегося с начала минувшего года обновления минимумов цен на нефть: в декабре средняя стоимость барреля нефти Brent составила $ 57,5, в нынешнем январе показатели вплотную приблизились к минимальным месячным значениям 2008 г.

В таблице наглядно представлена зависимость падения цены за кв.м. в долларах от падения цены на нефть. Также обратно пропорционально мы видим рост кв.м. в рублевом эквиваленте.

Табл.2- Зависимость падения цены $м^2$ от цены на нефть

Месяц	Индекс стоимости кв.м. в Москве в рублях в 2014 г.		Цена на нефть URALS, долларов (на конец года)	Цена кв.м. в баррелях
	В долларах	В рублях		
Июнь	4927	169735	114,7	43
Июль	5017	173789	108,4	46
Август	4988	180067	102,8	48,5
Сентябрь	4863	184308	93,1	52
Октябрь	4667	190414	83,5	56
Ноябрь	4263	196440	75	57

Специалисты отрицают прямую зависимость российского рынка недвижимости от цен на нефть, но указывают на косвенную связь этих факторов. Как говорят эксперты, универсальной формулы, которая бы определяла подобную взаимосвязь, нет. При этом конъюнктура нефтяного рынка является фундаментальным фактором для российской экономики, и сфера недвижимости как составная часть общей экономической системы в некоторой степени находится под ее воздействием.

Цены на нефть определяют платежеспособный спрос и стоимость жилья посредством сочетания целого ряда факторов:

1. условия и объем жилищного кредитования покупателей, в т.ч. ипотечного; количество и доля ипотечных сделок;
2. денежная база;
3. изменение курсов валют;
4. темпы роста ВВП, промышленного производства, уровень занятости;
5. инфляция и дефляция.

При этом наиболее явной оказывается корреляция цены на нефть и долларового ценового индекса рынка недвижимости. Падение стоимости нефти ведет к ослаблению российской валюты и, как следствие, снижению долларовых цен на жилье. Очевидно, что динамичный сырьевой рынок реагирует на негативные тенденции более резко, нежели сравнительно инертный рынок жилья.

Приходится признать, что в прошедшем году рынок недвижимости России находился под давлением геополитических и макроэкономических факторов, представленных на схеме. Все эти обстоятельства изменяли спрос и цену на недвижимость на протяжении всего года. 2014 год выдался очень нестабильным. Экономическая и политическая ситуации на протяжении года по-разному влияли на спрос в различных сегментах недвижимости. По итогам года можно сделать следующее заключение:

1. Во- первых рынок столкнулся с увеличением ажиотажного спроса связанным с влиянием макроэкономических факторов в начале года. Следующий всплеск, вызванный обвалом рубля, был отмечен в конце года;
2. Во- вторых на колебания спроса и цены повлияло снижение цены на нефть, повышение ключевой ставки и нестабильная ситуация связанная с политикой на Украине;
3. В- третьих, цены на недвижимость в 2014 году перестали привязываться к доллару из-за нестабильного курса валют, и начали переходить к рублевым расчетам.

Список литературы

1. www.media108.ru
2. www.irn.ru
3. www.kre.ru (Аналитика за 2014 год)

Романов А.А.
аспирант кафедры гражданского права и процесса
Юридической школы Дальневосточного федерального университета,
Управляющий партнер Консультационной группы «Верно»

ПРЕДСТАВИТЕЛЬСТВО В ГРАЖДАНСКОМ ПРОЦЕССЕ В РОССИИ И СТРАНАХ ОБЩЕГО ПРАВА: ТЕЗИСЫ СРАВНИТЕЛЬНОГО ИССЛЕДОВАНИЯ

Институт представительства в гражданском процессе в науке гражданского процессуального права Российской Федерации в настоящее время имеет весьма актуальное значение в связи с предлагаемыми изменениями условий допуска представителей к участию в судебных процессах в виде установления так называемой монополии профессиональных представителей или адвокатов на указанный вид деятельности. Различные и крайне разносторонние мнения представителей юридического сообщества на отмеченную проблему обуславливают необходимость, в том числе, компаративного исследования данного вопроса.

Представляется, что опыт стран семьи общего права, как одних из ярких представителей существования адвокатских корпораций (как профессиональных юридических сообществ) и допуска к участию в судебном процессе исключительно членов такового сообщества, может оказаться полезным при рассмотрении доводов в пользу введения подобных правил регулирования указанных отношений в отечественном государстве.

Представительству в суде и ведению дел в суде через представителей посвящена глава 5 Гражданского процессуального кодекса Российской Федерации [1, 5].

В соответствии со ст. 48 ГПК РФ закон позволяет гражданам вести свои дела в суде лично или через представителей. Дела организаций в суде могут также вести их представители [1, 5].

Как указывает ст. 49 ГПК РФ, представителями в суде могут быть дееспособные лица, имеющие надлежащим образом оформленные полномочия на ведение дела, за исключением лиц, указанных в статье 51 ГПК РФ, а именно: судей, следователей и прокуроров, за исключением случаев участия их в процессе в качестве представителей соответствующих органов или законных представителей [1, 5].

При этом, в силу положений ст. 53 ГПК РФ, полномочия представителя должны быть выражены в доверенности, выданной и оформленной в соответствии с законом [1, 5].

Таким образом, действующее законодательство России предоставляет право быть представителем в гражданском процессе любому дееспособному лицу, имеющему надлежаще оформленную доверенность на представительство интересов в суде. Каких-либо иных критериев допуска не установлено, за исключением ограничений, предусматриваемых ст. 2 Федерального закона № 63-ФЗ от 31.05.2002 г. (в ред. от 02.07.2013 г.) «Об адвокатской деятельности и адвокатуре в Российской Федерации» в части регулирования правил оказания юридической помощи адвокатами иностранных государств [2, 1] и ограничений по занимаемой должности, согласно ст. 51 ГПК РФ. Из поименованных норм ГПК РФ следует, что законом не установлены какие-либо профессиональные критерии к представителю в суде, равно как отсутствует и требование о наличии у представителя юридического образования.

В дореволюционной России существовал аналог современной адвокатуры – институт присяжных поверенных. Условиями получения статуса и звания присяжного поверенного являлись наличие высшего юридического образования, 5-летняя служба по судебному ведомству или состояние в течение 5 лет помощником присяжного поверенного, согласие совета присяжных поверенных или суда, наблюдающих за деятельностью присяжных поверенных.

В отношении регулирования института представительства в странах общего права, во-первых, следует отметить, что в Англии, как прародительнице общего права, установлено правило о допуске исключительно профессиональных представителей к участию в суде. Историческим правом выступать в суде обладали только барристеры, и до сих пор в Англии сохраняется профессиональное разделение судебных юристов: общий контроль в отношении дела осуществляют солиситоры, которые делегируют определенные функции, в частности представление интересов клиента в суде барристерам [3, 7]. Однако, в силу проведенных в Англии реформ, затронувших судебную систему, грань между статусом барристера и солиситора начинает стираться. Немаловажную роль в этом играет финансовый аспект, ибо клиент, имея право по общему правилу обратиться только к солиситору, который уже сам передает дело барристеру, по сути оплачивает работу двух специалистов, что, несомненно, увеличивает стоимость юридических услуг.

Соединенные Штаты Америки, как государство, исторически реципировавшее общее право, имеет сходное регулирование в отношении правил допуска представителя к участию в судебном процессе.

Аналогично Англии, правом на представительство в судебном процессе и участии в нем в США наделяется адвокат. При этом традиционное для Англии разделение юристов на барристеров и солиситоров в США отсутствует.

Исключительная сложность правовой системы США, прецедентное право и престиж профессии обуславливают требования к профессиональному судебному представителю.

Выпускник юридического вуза вместе с дипломом и степенью не обретает безусловного права заниматься адвокатской практикой. Для получения права на занятие адвокатской практикой необходимо пройти дополнительную аттестацию. При успешном прохождении аттестации, так называемой “bar examination”, право заниматься адвокатской практикой предоставляется только на территории того штата, где собирается практиковать кандидат в адвокаты.

Кроме того, в каждом штате создана ассоциация адвокатов штата и в большинстве штатов установлено обязательное членство в ассоциации для всех лиц, допущенных к адвокатской практике [4, 216].

Закон о юридических профессиях 1966 г. Сингапура также устанавливает требование об участии в судебных процессах «квалифицированных лиц», под которыми понимает адвоката или солиситора. При этом, данный закон в качестве критериев допуска предусматривает такие условия как достижение возраста 21 года, наличие хорошего поведения (репутации), прохождение стажировки, успешное прохождение экзаменационных испытаний и получение диплома о юридическом образовании в любом университете Сингапура [5, 1].

Таким образом, иностранный правопорядок, основанный на общем праве, предусматривает участие в судебном процессе в качестве представителя исключительно субъекта, обладающего юридическим образованием, соответствующего определенным цензам и имеющего профессиональный статус адвоката или аналогичных ему, что подтверждается включением такового представителя или в реестр адвокатов или в состав членов профессионального адвокатского сообщества.

При этом наличие указанных выше требований обусловлено историческими традициями стран англо-саксонской правовой традиции, а также сложностью и запутанностью самого общего права, основанного, прежде всего, на прецедентах, что требует надлежащей образованности и квалификации специалиста, осуществляющего представительство в суде.

Литература:

1. "Гражданский процессуальный кодекс Российской Федерации" от 14.11.2002 N 138-ФЗ (ред. от 06.04.2015 г., с изм. и доп., вступ. в силу с 01.05.2015) /СПС Консультант Плюс.
2. Федеральный закон от 31.05.2002 N 63-ФЗ (ред. от 02.07.2013) "Об адвокатской деятельности и адвокатуре в Российской Федерации" /СПС Консультант Плюс.

3. Система гражданского процесса в Англии: судеб. Разбирательство, медиация и арбитраж / Нил Эндрюс; пер. с англ.; под ред. Р.М. Ходыкина; Кембриджский ун-т. – М.:Инфотропик Медиа, 2012. С.7.
4. Адвокатская деятельность: Учебно-практическое пособие / Под общ. ред. канд. юр. наук В.Н. Буробина. - Изд. 2-е, перераб. и допол. - М.: «ИКФ «ЭКМОС», 2003. С. 216.
5. Legal Profession Act – Cap. 161 // URL: http:// http://statutes.agc.gov.sg/aol/search/display/view.w3p;page=0;query=DocId%3A%225dd4c39e-610a-475e-ba7b-260ace00872a%22%20Status%3Apublished%20Depth%3A0;rec=1;whole=yes

Васильев А.А.
доцент, кандидат юридических наук
Каковиди В.А.
студентка 2 курса юридического отделения Армавирской государственной педагогической академии
Теличко О.В.
студентка 2 курса юридического отделения Армавирской государственной педагогической академии

ОСОБЕННОСТИ РЕГУЛИРОВАНИЯ ПРЕДПРИНИМАТЕЛЬСТВА В БЕЛЬГИИ

Развитие социальной экономики в целом и института социальных предприятий в частности являются важной политической задачей в Бельгии. Это касается развития новых организационно-правовых форм экономической деятельности, создание предприятий для профилактики социальной изоляции. Социальные предприятия представлены практически во всех основных видах деятельности – здравоохрание, социальное обеспечение, туризм, банковское дело и страхование, сельское хозяйство, торговля, культура и образование.

Политика поддержки социального предпринимательства важна в Бельгии. Социальные предприятия функционируют практически во всех секторах экономики (здравоохранение, социальная защита, банковская сфера, страхование, сельское хозяйство, туризм, торговля, образование…) Исходя из последних исследований, 10% компаний ЕС являются социальными с численностью сотрудников более 20 миллионов. В Бельгии в социальных организациях заняты 15.7% от всех работающих в Бельгии.

Так как Бельгия является федеральным государством, меры политической поддержки в основном региональная. Но существует законодательная база на федеральном уровне.

Политика социальной поддержки берет начало в конце 1980х в регионе Валлония. Там было дано определение социальной поддержки (экономики). В регионе Фламанд дано другое определение, которое обозначает социальное предприятие как предприятие, которое базируется на следующих принципах: 1. Приоритет занятости, а не капиталу; 2. Принятие демократических решений; 3. Социальное интегрирование; 4. Прозрачность (подотчетность); 5. Качество; 6. Надежность (устойчивость развития).

Федеральный уровень

В 1999 году правительство Бельгии приняло ряд законодательных уточнений для поддержки социального предпринимательства (федеральное законодательство распространяется на все регионы Бельгии).

- Типы организаций для социальных предприятий

1. Кооператив

Доля и количество совладельцев может меняться.

Два вида: общества с ограниченной ответственностью и с неограниченной, но солидарной ответственностью (это должно быть указано в уставе организации).

Кооператив может быть принят CNC (Национальный совет сотрудничества). Преимущество этого заключается в том, что у таких организаций существуют налоговые преимущества (например, первые 125 инвестированных евро освобождены от налогов). CNC является консультационным органом.

2. Общество с социальной конечной целью (SFS).

В 1996 был принят закон, позволяющий организациям существовать как социальное предпринимательство.

SFS должна удовлетворять главным требованиям к социальному предприятию (отсутствие заработка как основной цели, принятие демократических решений, выгода (не только материальная) для ее сотрудников) Существуют различные формы SFS: кооперативное общество, акционерное общество и общество с ограниченной ответственностью. Если, например, SFS занимается помощью пожилым, инвалидам и т.д., то доходы от этой деятельности освобождаются от налогов. Если она дополнительно занимается коммерческой деятельностью, то эти доходы уже облагаются налогами без льгот. Также SFS освобождается от предпринимательских взносов по следующей шкале: на 100% 1ый год, на 75% 2ой год, на 50% 3ий год, • 25% 4ый год.

3. Предприятие интеграции

В Валлонском регионе предприятие интеграции это предприятие, субсидируемое из регионального бюджета, целью которого является социальное и профессиональное вовлечение малоквалифицированных безработных. В Регионе Фландрия предприятие интеграции в течение 3х лет после запуска пользуется большими льготами, так как оно способствует трудоустройству лиц из «группы риска» и их последующей интеграции в нормальную экономику.

4. Некоммерческая организация

- не имеет права на коммерческую деятельность и предоставление дивидендов ее учредителям. Но учредители могут направлять прибыль на образование, а также профессиональное развитие сотрудников.

• Политическая стратегия

1. Налоговая политика: НДС снижен до 6%

2. Государственный заказ. Для госзаказов помимо сроков и цены могут принимать во внимание следующие критерии: социальные условия; социальные приоритеты; этика и окружающая среда

3. Субсидии

Например, выделены субсидии 57 инициативам в рамках программы борьбы против бедности. В рамках социальной адаптации, фонд CPAS оплачивает либо полностью, либо частично получение профессии. CPAS при этом должна доказать, что эта профессия востребована и люди будут трудоустроены. Субсидии на покрытие предпринимательских взносов для предприятий интеграции, а также субсидирование зарплат людей, которые работают в этих предприятий. Цель: люди (безработные и из группы риска) после работы в предприятии интеграции через определенный срока могут спокойно выйти на рынок труда.

4. Дотация

Стимулирует людей, которые нелегально работают на дому, работать на дому и при этом числиться в штате компании. Дотация направлена на снижение уплаты этих людей налогов.

5. Борьба с бедностью

Цель: гарантировать достойное существование малоимущим гражданам. Поощрение организаций, поддерживающих людей, живущих за чертой бедности: сэконд хэнды, столовые и др социальной ответственности предприятий.

Региональный уровень - Валлония

Принят законодательный акт, указывающий принципы социальной экономики: служба обществу выше финансовых целей; самоуправляемость; принятие демократического решения; первенство людей и работы над капиталом в распределении доходов.

Валлония предоставляет помощь социальным организациям интеграции. Например, торговым организациям, которые нанимают низкоквалифицированных безработных для производства товаров и их реализации. Также помогает организациям, которые стажируют людей без опыта работы и с низкой профессиональной квалификацией, это дает им возможность последующего выхода на рынок труда.

Также активно поддерживаются организации, которые в приоритетном порядке нанимают инвалидов.

Литература:

1. Конституция Бельгии 1831 г. // Спс Консультант Плюс
2. Королевское постановление Бельгии от 7 февраля 2007 года "Об установлении платежного баланса, внешнего положения, статистики международной торговли, прямых инвестиций Бельгии" // http://pravo.hse.ru/
3. Постановление Министерства финансов Бельгии от 8 января 2010 года об одобрении регламентов Национального банка Бельгии // http://pravo.hse.ru/
4. Гульбекян М., Вайнер В. Опыт развития социального предпринимательства в Бельгии // http://www.social-idea.ru/
5. Ившина И.Н. Федерализация как способ изменения формы государства // История государства и права. 2014. N 19. С. 32 - 36.

Васильев А.А.
доцент, кандидат юридических наук
Матвеева В.В.
студентка 2 курса юридического отделения Армавирской государственной педагогической академии
Дмитренко В.
студентка 2 курса юридического отделения Армавирской государственной педагогической академии

ПОДДЕРЖКА НАЧИНАЮШЕГО ПРЕДПРИНИМАТЕЛЬСТВА В НИДЕРЛАНДАХ

Нидерланды - государство в Западной Европе, граничащее с Германией и Бельгией, омываемое Северным морем. Столица - г. Амстердам. Официальный язык - нидерландский и фризский, в сфере международного бизнеса также широко используется английский. Валюта - евро. Помимо основной территории в состав Королевства Нидерландов входят также самоуправляемые территории в Карибском море - Аруба, Кюрасао и Синт-Маартен (до 2010 года составлявшие единую автономию - Нидерландские Антильские острова). По форме правления Нидерланды являются конституционной (парламентской) монархией. Правовая система Нидерландов принадлежит к романо-германской правовой семье, главным источником права является законодательство.

Нидерланды имеют высокоразвитую многоотраслевую экономику и инфраструктуру. На 2013 год страна занимает 17-е место в рейтинге самых экономически свободных стран (по данным The Heritage Foundation) и 18-е место в мире по размеру ВВП за 2012 год (по данным Всемирного Банка). Нидерланды являются одной из признанных юрисдикций по регистрации холдинговых компаний. В стране расположены головные офисы ряда мультинациональных и европейских корпораций.

В международном налоговом планировании голландские компании, как правило, используются для владения активами (в частности, акциями/долями компаний, объектами недвижимости) и получения дохода от них или их отчуждения, а также для выдачи займов, предоставления прав на объекты интеллектуальной собственности.

Юридическая форма вашей компании определяет финансовые риски, которые Вы несете в случае появления долгов или обязательств. Она также определяет тип налогов, которые Вам придется платить.

Правительство Королевства Нидерландов проводит активную политику по поддержке национальных производителей и экспортеров продукции для обеспечения стабильности национальной экономики.

Основу национальной экономики Королевства Нидерландов составляет предпринимательство. Это предполагает всемерную поддержку малого и среднего бизнеса путем реализации следующего пакета мер.

1. Поддержка начинающего бизнеса:

фонд стартового капитала для начинающего предпринимательства в области технологий (Seed-facilities),

программа субсидирования материально-технической базы и экспертного сопровождения проектов в области технологий (SKE),

предпринимательство и образование,

профессиональная подготовка без отрыва от производства(субсидии),

микрокредитование

Мера создана для начинающих предпринимателей, которым требуется кредит или первоначальная помощь. Микрофинансирование понимает под собой кредит до 35000 евро с одновременным оказанием консультационной помощи или наставничества. Имеется два варианта предоставления микро-финансирования в зависимости от места получения кредита;

кредитование малого и среднего бизнеса (МСБ) под поручительство государства (BMKB)

Предприятия МСБ могут рассчитывать при получении кредита на обеспечение займа государством в размере 80% (указанное процентное отношение увеличено со ставки в 60% и введено в действие 27 марта 2010 года). Максимальная сумма кредита установлена в размере 250000 евро. Предполагается, что установление умеренного предела по кредиту при высокой ставке государственных гарантий позволит обратиться за займами максимальному количеству представителей МСБ.

С 1 апреля 2010 г. для МСБ предоставляются консультационные услуги по вопросам получения кредита в офисах банковских учреждений, в специальной службе поддержки, а также в создаваемом интернет-ресурсе;

гарантии по финансированию предпринимательства (GO).

Крупные и средние предприятия могут получать кредиты на сумму от 1,5 до 150 млн евро под гарантии государства в размере 50%, срок которой составляет 8 лет.

С 9 марта 2010 г. указанная мера распространена на компании строительного сектора, которые могут получать кредиты на сумму от 1,5 до 50 млн евро. Данная мера также применяется к проектам, находящимся в стадии разработки;

займы начинающим предпринимателям, венчурный капитал

Предприятия или лица, которые вложили средства в начинающий бизнес, могут воспользоваться «правилами тети Агаты», которые представляют собой налоговые льготы владельцам венчурного капитала;

кредитование малого и среднего бизнеса в области судостроения под поручительство государства (BS);

безопасность малых предприятий (VKB).

Правительством выделено 14 млн евро на субсидирование малого бизнеса для оснащения средствами безопасности и наблюдения. Первоначально максимальная сумма субсидии составляла 10000 евро. 31 марта 2010 года размер субсидии снижен до 1000 евро в целях увеличения количества малых предприятий, которые могут воспользоваться зарезервированным бюджетом. Выделение субсидии происходит на основании запроса.

помощь выхода на рынки развивающихся стран (FOM);

предоставление помощи индивидуальным предпринимателям.

Указанная мера направлена на поддержку индивидуальных предпринимателей, которые столкнулись с временными финансовыми трудностями. Финансовая помощь оказывается на основании постановления «О предоставлении помощи индивидуальным предпринимателям»;

система гарантий банковских вкладов

Малый бизнес может обратиться за помощью по вопросу государственных гарантий банковских вкладов, которые предоставляются Центральным банком Королевства Нидерландов. Эта мера распространяется на случаи неплатежеспособности банков и на случаи невозможности получения средств по вкладам. Каждый банковский вклад банков, зарегистрированных в Нидерландах, обеспечивается гарантией государства в размере 100000 евро;

правила добровольного списания основных средств (амортизационные отчисления).

Литература:

1. Архипова А.Г. Принципы европейского договорного страхового права // Вестник гражданского права. 2014. N 4. С. 221 - 256.
2. Быканов Д.Д. Снятие корпоративной вуали по праву США, Нидерландов и России // Галкова Е.В. Правовое регулирование эмиссии ценных бумаг по российскому праву и праву зарубежных стран (сравнительно-правовой аспект). - М.: Статут, 2014. 240 с.акон. 2014. N 7. С. 71 - 80.

Васильев А.А.
доцент, кандидат юридических наук
Вартанян Х.
магистрант Армавирской государственной педагогической академии
Вартанян М.
студентка 3 курса юридического отделения Армавирской государственной педагогической академии

ОРГАНИЗАЦИЯ ПРЕДПРИНИМАТЕЛЬСТВА В ЛЮКСЕМБУРГЕ

Великое Герцогство Люксембург - государство, расположенное в самом центре Западной Европы - оно граничит с Францией, Бельгией и Германией. Столица - г. Люксембург. Численность населения - около полумиллиона человек. Официальные языки - французский, немецкий, люксембургский. Кроме того, широко используется английский язык, а в некоторых отраслях имеется и русскоговорящий персонал.

Люксембург представляет собой конституционную монархию, при этом реальная исполнительная власть принадлежит правительству. Правовая система Люксембурга относится к континентальной (романо-германской) правовой семье. Являясь членом (и одним из учредителей) Европейского Союза, Люксембург также интегрирован практически во все международные структуры - еврозону, Шенгенское соглашение, Совет Европы, ОЭСР, ВТО. В то же время, Люксембург - одна из наиболее благополучных стран Европы с высоким уровнем жизни, стабильной социальной и политической системой.

Ключевыми секторами экономики Люксембурга являются финансы, страхование, коммуникации, IT, транспорт и логистика, сталелитейное производство, торговля. Люксембург, будучи крупнейшим финансовым центром, является одним из мировых лидеров по объёмам активов, находящихся в управлении банков (их число составляет около 150) и инвестиционных фондов (более 3000). Кроме того, в стране создана благоприятная среда для компаний, занимающихся холдинговой, страховой, лизинговой деятельностью, управлением интеллектуальной собственностью.

Основным источником корпоративного права Люксембурга является Закон о коммерческих компаниях 1915 г. (в действующей консолидированной редакции). Наиболее распространенными организационно-правовыми формами коммерческих компаний Люксембурга являются SA (société anonyme) - открытая компания с ограниченной ответственностью (акционерное общество), и SARL (société à responsabilité limitée) – общество с ограниченной ответственностью.

В законодательстве Люксембурга признаны шесть основых типов коммерческих компаний: Открытая публичная компания с ограниченной ответственностью (SA); Частная компания с ограниченной ответственностью (Sarl); Товарищество (SNC); Товарищество с ограниченной ответственностью (SCS); Товарищество с ограниченной ответственностью (SCA); Кооперативная компания (SC).

Первые два типа наиболее распространены. Однако при более тщательном рассмотрении оказывается, что каждый отдельный тип компаний имеет ряд налоговых и корпоративных преимуществ.

Открытой публичной компании с ограниченной ответственностью (Public Limited Company или SA) и Частной компании с ограниченной ответственностью (Private Limited Company или Sarl): Public Limited Company (SA); Private Limited Company (Sarl).

С 1992 года стало возможным для частного лица одному учреждать Частную компанию с ограниченной ответственностью (Sarl) (по-французски, - Societe a Responsabilite Limitee Unipersonnelle).

В Люксембурге также имеется возможность создания:

• Товарищества с неограниченной ответственностью (General Partnership);

• Групп (европейского) экономического интереса ((European) Economic Interest Groups).

• С 1 октября 2004 года в Люксембурге существуют также такие типы компаний как Европейская компания (European Company) и Европейская кооперативная компания (European Cooperative Company).

По виду деятельности или статусу компании подраздеяются на три группы: Холдинговые компании; Инвестиционые компании; Компании по операциям с недижимостью.

В Люксембурге существуют два вида статуса холдинга:

• холдинговая компания Holding 1929

• холдинговая компания SOPARFI

Любая компания может считаться Холдингом 1929 (Holding 1929). Специальное требование, зафиксированное в уставных нормах объединения, определяет этот статус. Обычно Холдинг 1929 принимает форму Открытой публичной компании с ограниченной ответственностью (SA). Но иногда этим требованиям отвечает Частная компания с ограниченной ответственностью (Sarl).

Что касается компании SOPARFI, то это так называемый смешанный холдинг (об их особенностях см. отдельные статьи).

В Люксембурге существуют три вида статуса инвестиционной компании:

Инвестиционные фонды могут быть организованы в форме партнёрства, но обычно они учреждаются в виде (1) Компании по инвестициям в основной капитал (SICAF) или в переменный капитал (SICAV). Недавно новый закон определил различные возможности создания (2) Инвестиционных компаний рискового капитала (SICAR). Тот же закон обеспечивает возможность учреждения (3) компаний по секьюритизации (Securitization Vehicule - SPV).

Третий вид статуса компаний - Корпорации по операциям с недвижимостью (Real Estate Corporation или Societe civile immobilier).

Люксембургская компания часто используется профессиональными инвесторами, организациями - инвесторами или частными инвесторами в целях приобретения недвижимого имущества в Люксембурге или за границей. Наиболее привлекательной страной для инвестиций является Франция, где Договор по избежанию двойного налогообложения позволяет Люксембургской компании (не имея постоянного базирования во Франции) владеть недвижимостью и быть полностью освобожденной от налогов на доход от аренды и на доход от прироста капитала.

Возможны также и другие структуры, применимые ко многим другим странам. Например, по всему Европейскому сообществу применяется следу-ющая схема:

Можно создать первую компанию, которая приобретёт строение в упо-мянутой стране. Первая компания фондирована на уровне 15% от средств, необходимых для приобретения.Затем учреждается вторая компания для то-го, чтобы внести остальные 85% необходимых средств. Эта вторая компания в ипотечном порядке (залог) обеспечивает средства для первой компании.

Поскольку обе компании находятся в одном владении или в органичной связи (директива по процентам – роялти > 25%), то за вычетом процента по залогу (85%) налогооблагаемая база первой компании, рассчитанная на ос-нове дохода от аренды здания, уменьшается (без каких – либо налогов на дивиденты).

Перед тем как образовать компанию, не нужно получать официальное разрешение, но закон всё же требует, чтобы у коммерческих компаний неко-торых типов имелась лицензия на ведение деловой активности (business creation permit), которую можно получить в Министерстве Торговли и кото-рая выдается с учетом заслуг и профессиональной квалификации.

Литература:

1. Андрианова И. Ликвидация юридических лиц по законодательству Люксембурга // «Слияния и Поглощения» 4 (110) 2012
2. Люксембург, Описание юрисдикций // http://www.gestion-law.com/09/205/
3. Путеводитель по налогам. Практическое пособие по налогу на прибыль // Спс Консультант Плюс.
4. Саркисянц А. Центральный банк как мегарегулятор // Бухгалтерия и банки. 2013. N 9. С. 49 - 57.

Васильев А.А.
доцент, кандидат юридических наук
Арустамян Э.Д.
студентка 3 курса юридического отделения Армавирской государственной педагогической академии
Имамова Т.
студентка 3 курса юридического отделения Армавирской государственной педагогической академии

РЕГИСТРЦИЯ ПРЕДПРИНИМАТЕЛЬСКОЙ ДЕЯТЕЛЬНОСТИ В ЛЮКСЕМБУРГЕ

Правовая структура в Люксембурге прагматична и либеральна.

Для осуществления предпринимательской деятельности в Люксембурге необходимо пройти ряд шагов:

Шаг 1: предварительные условия

Прежде чем подать заявку на получение разрешения на ведение предпринимательской деятельности, потенциальные кандидаты должны убедиться в том, что они соответствуют следующим условиям:

1. достойное профессиональное поведение;
2. профессиональная квалификация, соответствующая запланированному виду деятельности:
3. коммерческая деятельность (включая промышленную деятельность);
4. свободные профессии;
5. ремесленное производство;
6. место ведения деятельности - Люксембург; разрешение на ведение предпринимательской деятельности выдается только при наличии помещения в Люксембурге, имеющего инфраструктуру, соответствующую характеру и масштабу указанной деятельности;
7. эффективное и постоянное управление бизнесом со стороны держателя разрешения на ведение предпринимательской деятельности с соблюдением следующих требований:
8. личное осуществление эффективного управления компанией на регулярной, ежедневной основе (удаленность места проживания может повлечь за собой отказ в выдаче разрешения); постоянное присутствие третьего лица, даже если оно уполномочено управлять бизнесом, не компенсирует отсутствия держателя разрешения на ведение предпринимательской деятельности;
9. причастность к бизнесу (в качестве владельца, партнера, акционера или работника компании, получающего заработную плату);
10. исполнение налоговых и деловых обязательств: руководитель компании в своей прошлой или текущей предпринимательской деятельно-

сти не должен был уклоняться от исполнения своих налоговых и деловых обязательств, независимо от того, велась ли подобная деятельность от его собственного имени или от имени компании, управляемой указанным лицом.

Шаг 2: разрешение на ведение предпринимательской деятельности

Большинство видов коммерческой деятельности, ремесленное производство и некоторые свободные профессии требуют получения разрешения в Главной Дирекции по вопросам малого и среднего предпринимательства Министерства экономики Люксембурга.

Подача заявления на получение разрешения на ведение предпринимательской деятельности

Для занятия некоторыми свободными профессиями требуется получение специального разрешения.

Прежде чем въехать в Люксембург, граждане третьих стран должны подать заявку на получение временного вида на жительство вместе с заявкой на получение разрешения на ведение предпринимательской деятельности. Граждане ЕС имеют право на свободное перемещение по территории ЕС. Они могут работать и проживать в любой стране ЕС.

Компании, работающие в Европейском союзе, могут оказывать временные или разовые услуги на территории Люксембурга без каких-либо разрешений. Тем не менее, ремесленники и производители из стран ЕС должны направить соответствующее уведомление в Главную Дирекцию по вопросам малого и среднего предпринимательства Министерства экономики Люксембурга до начала своей деятельности.

Шаг 3: учреждение и регистрация

Независимо от организационно-правовой формы, компании, работающие в Люксембурге, должны быть зарегистрированы в Торговом реестре Люксембурга.

Шаг 4: регистрация в управлении социального обеспечения

Держатель разрешения на ведение предпринимательской деятельности должен зарегистрироваться в Объединенном центре социального обеспечения (Centre commun de la sécurité sociale - CCSS) в качестве владельца собственного бизнеса или наемного работника.

Регистрация в качестве владельца собственного бизнеса

Регистрация в качестве наемного работника

Прежде чем регистрировать нанятых работников, компания должна зарегистрироваться в качестве работодателя.

Шаг 5: регистрация в налоговых учреждениях

Для уплаты НДС компании, работающие в Люксембурге, должны зарегистрироваться в Управлении земельной регистрации и имущества (Administration de l'enregistrement et des domaines – AED).

Для этого необходимо обратиться в Управление прямого налогообложения Люксембурга (Administration des contributions directes – ACD).

Регистрация для уплаты налога на добавленную стоимость (НДС)

Управление прямого налогообложения Люксембурга отправляет компаниям запросы об уплате корпоративного подоходного налога по почте.

Компания финансового участия SOciete de PARticipation FInanciere (SOPARFI) имеет статус холдинговой компании, которая в отличие от холдинговой компании Holding 1929 имеет полное право пользоваться преимуществами, предоставляемыми Договорами об избежании двойного налогообложения (Double Tax Treaties), а также директивами ЕС.

Компания SOPARFI может вести такую же деятельность, как и компания Holding 1929, но также и «связанную» деятельность (connected activity), такую как управление долевым участием, финансированием, операциями с недвижимостью и т.д., или же реальную производственную деятельность, отвечающую целям, указанным в уставе компании.

Таким образом, компания SOPARFI может заниматься деятельностью холдингового характера, а с другой стороны, деятельностью, которая облагается НДС. Это называется – смешанный холдинг. Структура SOPARFI полностью соответствует Директиве ЕС по холдингам.

Дивиденты, полученные резидентной компанией (например, SOPARFI), освобождаются от налогов:

• Компании SOPARFI должна принадлежать мимнимум 10% дочерней компании (или 1,25 млн. Евро в инвестициях);

• Дочерняя компания может быть резидентной или нерезидентной, но на неё распространяется тот же налоговый режим (минимум 11% - ый корпорационный налог);

• Дочерняя компания должна находиться в собственности компании SOPARFI в течение не менее 12 месяцев.

Для освобождений от налогов на доход, полученный от ликвидаций, действуют те же правила.

Литература:

1. Андрианова И. Ликвидация юридических лиц по законодательству Люксембурга // «Слияния и Поглощения» 4 (110) 2012
2. Архипова А.Г. Принципы европейского договорного страхового права // Вестник гражданского права. 2014. N 4. С. 221 - 256.
3. Путеводитель по налогам. Практическое пособие по налогу на прибыль // Спс Консультант Плюс.

Васильев Н.Г.
кандидат философских наук, доцент заведующий кафедрой гуманитарных и информационных дисциплин
Сирин С.А.
кандидат философских наук, доцент кафедры судебной медицины с основами правоведения
Хаперская А.О.
студентка Иркутского Государственного Медицинского Университета

ФИЛОСОФИЯ И ПРАВО

В отличие от морали, право – продукт более поздней истории. Оно возникает примерно в то же время, что и философия. Непосредственной предшественницей права является мораль, с которой у права очень много общих и совпадающих черт. Как и мораль, право есть совокупность всевозможных правил и норм, регулирующих поведение людей в обществе. Структура норм права во многом сходна со структурой моральных норм: они состоят из диспозиции, указывающей на признаки аморального или преступного деяния, и гипотезы, содержащей указания на условия ее применения. Есть, конечно, и различия между этими двумя нормами. Например, в отличие от морали, правовая норма всегда содержит еще и санкцию, т.е. правовые последствия нарушения данной нормы. Если несоблюдение норм морали не влечет за собой принудительного наказания за аморальный поступок, то соблюдение норм права поддерживается силой государственного принуждения. Нормы права являются обязательным для всех и часто принимают форму закона, исполнение которого обеспечивается соответствующими мерами со стороны государства. Имея это в виду и, подчеркивая классовый характер права, Маркс определял право, как волю господствующего класса, возведенного в закон. Перефразируя Маркса, можно сказать, что право есть возведенная в закон воля государства.

Практически все формы общественных отношений, так или иначе, регулируются правом. Область экономических отношений регулируется гражданским, трудовым, финансовым, земельным и другими видами хозяйственного законодательства. Отношения, складывающиеся в сфере политики и государства, регламентируются государственным, административным, конституционным правом. Отношения, между различными государствами получают соответствующее закрепление и отражение в международном праве. Посягательства на собственность во всех её разновидностях, на жизнь и здоровье людей и т.д. находят отражение в уголовном праве. Право неотделимо от государства и непосредственно с ним связано. Именно государство обеспечивает действенность права, обязательность его исполнения всеми юридическими и физическими лицами.

На первый взгляд может показаться, что между правом и философией нет ничего общего, так не схожи они между собой. Однако при более глубоком сопоставлении права и философии обнаруживается не мало общего между этими двумя формами общественного сознания

Право всегда, еще с древности, привлекало философов своей исключительной ролью в регулировании социальных связей людей, в установлении необходимого порядка в государстве. С полным основанием можно утверждать, что научная разработка проблем государства и права началась в недрах античной философии. Платон и Аристотель могут заслуженно считаться не только великими философами, но и основателями самой науки о государстве и праве. Во всяком случае, они заложили основы философии и права. Их работы, написанные, кстати говоря, в наиболее зрелый период их творчества, не потеряли своего значения и до сих пор. И в средние века, и в новое и новейшее время, и в наши дни право является той сферой общественной и государственной жизни, которая привлекла наиболее пристальное внимание философской мысли. Более того, философский анализ сущностей и форм права приобретал для многих выдающихся мыслителей прошлого и настоящего первостепенное значение и оказывался фундаментом новых философских построений. Достаточно в этой связи сослаться на знаменитую работу Гегеля «Философия права», в которой обосновываются гениальные идеи о гражданском обществе, о субъективном и объективном праве, о правосознании и т.д. Философское осмысление права помогло ему глубже и основательнее проанализировать многие вопросы теории познания, в частности соотношения разума и воли, разума и чувств, «хотения» и мышления.

Изучение юридических законов и устанавливаемого с их помощью правового порядка уже в античные времена позволило прийти к выводу о существовании законов, присущих самой природе, всему окружающему миру, космосу. Именно тогда юридический термин «закон» стали использовать для закономерных связей в природе. Например, древнегреческий философ и математик Пифагор учил, что в космосе, как и в общественной жизни, проявляют себя необходимые правила, которые подобно юридическим законам привносят в мир порядок и устраняют хаос. Еще более определенно высказывал подобные мысли Гераклит. Именно ему принадлежит заслуга применения юридического термина «закон» для обозначения природных закономерных связей. Отмечая этот факт, советский исследователь творчества Гераклита Ф.Х. Кессиди писал: «Гераклит распространил правовые нормы на космическую сферу бытия» его глазах космос – высшая система правовых норм, воплощение закономерности и необходимости»[1].

Можно с полным основанием утверждать, что все основные понятия права невозможно уяснить без обращения к философии. Нельзя, к приме-

---

[1] Кессиди Ф.Х. Философия и эстетические взгляды Гераклита Эфесского. М.1963 [с. 39]

ру, такие определяющие категории правовой теории, как субъективное и объективное право, правовые отношения и правовое сознание, объективная истина, процесс и многие другие понять и надлежащим образом осмыслить, минуя философию. Невозможно проникнуть в тайну преступных деяний, не адресуясь к философской антропологии, к внутреннему миру человека, к духовной стороне человеческого бытия. Душа, воля, ум, чувства, воображение – все это не отвлеченные понятия для юриспруденции. Без них немыслимо понимание правового сознания, правовой психологии и идеологии - наиболее существенных элементов права. Еще сложнее разобраться с содержанием и структурой процессуального права без опоры на философские знания. Все следственные действия, направленные на раскрытие преступления, установление вины, выявление отягчающих или смягчающих обстоятельств и т.п. требуют знания и применения теории судебных доказательств, а это в свою очередь, предполагает изучение форм познавательной деятельности, философских и общенаучных методов познания. Уместно в этой связи вспомнить Шерлока Холмса, блестяще применявшего в своей сыскной практике метод дедукции, с помощью которого ему удавалось раскрывать самые запутанные преступления.

Термин «закон» как в русском языке, так и в греческом и латинском языках, как впрочем и во многих, если не во всех древних и новых, употребляется для обозначения, с одной стороны, юридических, а с другой, необходимых существенных отношений, возникающих независимо от человеческой воли в природе и в обществе.

Такое использование одного и того же слова для обозначения неодинаковых понятий имеет внутренние причины, первоначально им обозначались религиозные установления, имевшие общеобязательный характер. У евреев, например, жреческий кодекс так и именовался – «закон Моисеев» В Древней Греции законом назывались обычаи и традиции, а впоследствии правовые нормы, исходящие от государственной власти.

Основанием для применения юридического термина по отношению к объективным законам – природы и общества было совпадение многих черт, присущих юридическим законам и тем отношениям, на которые впоследствии стал распространяться рассматриваемый термин. Например, закон, устанавливаемый государством, призван обеспечить известный порядок: граждан, должностных лиц и государственные учреждения он обязывает действовать соответствующим образом.

Отвлекаясь от природы и источников необходимости юридического закона, можно – утверждать, что юридический закон, как и любой закон, действующий в природе и обществе, необходим. Он необходим, во-первых, в том смысле, что все те, к кому он обращен, обязаны соблюдать его предписания. Необходимость проявляется, во-вторых, в том, что нарушение этого предписания влечет, за собой ответственность, на которую указано в санкции закона. Наконец, он необходим как средство реализации или защиты определенных целей и интересов.

Одной из наиболее важных черт любого закона, в том числе и юридического, является наличие в нем силы, способной удерживать и поддерживать при определенных условиях определенное требование. Хотя принудительная сила юридического закона находится не в нем самом, а вне его, тем не менее, он, безусловно, ею обладает. На страже выполнения юридического закона стоит принудительная сила государства. Впрочем, и внутри самого юридического закона имеется принудительность отношений между гипотезой, диспозицией и санкцией.

Наконец, как и всякий закон, юридический закон действует в определенных условиях. Гипотеза юридического закона и есть, например, указание на те условия, при которых применяется соответствующее правило поведения, в отличие от диспозиции, содержащей само веление нормы. Формулировка юридического закона, так же как и формулировка научного закона, носит условно – гипотетический характер. Гипотеза может иметь, как и в научном законе, форму придаточного предложения, начинающуюся словом "если", или принять другую форму, в которой, однако, мы всегда обнаружим указание на условие.

Как видим, по форме основные черты юридического закона совпадают с тем, что мы называем объективными научными законами, что и послужило основанием переноса юридического термина на природные и социальные отношения.

Как и научные законы, социальные нормы и прежде всего моральные юридические, являются своеобразной материализацией теоретических знаний о социальной действительности. Например, в условиях первобытного общества небольшое количество соответствующих правил было единственной формой отражения устойчивых повторяющихся отношений в обществе, способом познания общественных условий, природы общественной жизни. Чем более содержательными и разнообразными являются социальные нормы, тем выше осознание тех условий, в которых применяются эти нормы, ибо в них подытоживается сумма знаний о социальной действительности, происходит трансформация этого знания, экономического, политического, иного опыта в нормативные морально – правовые предписания.

Отражение социальной действительности и ее объективных законов с помощью права происходит в различных формах, но во всех случаях в них имеется как бы в потенции будущий результат или цель, которая должна быть достигнута в случае исполнения или неисполнения предписания правовой нормы. Поэтому правовые нормы выражают не столько наличное состояние, а долженствование, состояние которое должно возникнуть в случае реализации нормы права.

Вот тут-то и возникает довольно сложная проблема, связанная с истинностью правовой нормы. Дело в том, что содержание целей, для осуществления которой формулируется и принимает законную силу та или иная правовая норма для разных людей, разных слоев общества, партий и т.д. может быть и обычно бывает различной.

Для одних данная цель, выраженная в законе желательная, для других нет. Для одних исполнение закона, регулирующего те или иные общественные отношения, приветствуется, является положительным, желательным, для других – отрицательным, нежелательным. В силу этой разноречивости интересов юридические нормы могут быть и зачастую бывают, особенно в неустоявшемся, переходном обществе крайне противоречивыми, несогласованными и в известном смысле неистинными. В этих условиях сама система правовых норм оказывается дисгармоничной, содержащей нормы прямо противоположного характера. Незачем говорить, что все это губительно действует на общее отношение населения к праву, способствует разрастанию правового нигилизма.

Мы можем в этом плане с полным основанием говорить об истинности или неистинности тех или других правовых норм. Истинными нормами будут те, которые в максимальной степени способствуют достижению общих для всех граждан данного государства и членов данного общества благ, повышает их благосостояние, укрепляет государство, увеличивает безопасность граждан и защищает их от произвола властей, противоправных злых действий или даже намерений. Другими словами, истинными должны быть признаны те юридические нормы, которые способствуют уменьшению зла и увеличивают добро, или, во всяком случае, направлены к этому. Истинное право – право, основанное на справедливости, вытекающее из глубины действительных, подлинных ценностей, на которых покоится общественная и государственная жизнь.

Содержание законов, их соответствие действительным целям гармоничного существования всех членов общества, а следовательно, их истинность в решающей степени определяется состоянием правового сознания данного общества. То или иное отношение к праву зависит от уровня зрелости, духовности, культуры носителей правового сознания.

Прав замечательный русский философ и правовед И.А.Ильин, полагавший, что каждый человек независимо от своего мировоззрения, национальной принадлежности, от того, знает ли он или не знает о своем правосознании, имеет его. Правосознание является неотъемлемой частью его личности. «Каждый из нас, - пишет И.А.Ильин, - имеет правосознание совершенно независимо от того, знает он об этом или нет, заботится о нем, очищая его, укрепляя и облагораживая, или, наоборот, пренебрегает им. Нет человека без правосознания; но есть множество людей с пренебреженным, запущенным, уродливым или даже одичавшим правосознанием. Этот духовный орган необходим человеку, он участвует так или иначе во всей его жизни, даже и тогда, когда человек совершает преступления, притесняет соседей, предает свою родину и т.д.: ибо слабое, уродливое, продажное, рабское, преступное правосознание остается правосознанием, хотя его душевно-духовное строение оказывается неверным, а его содержание и мотивы - ложными или дурными.[2]

В марксистской философии, как известно, правовое сознание рассматривается как одна из форм общественного сознания наряду с шестью другими его формами: политической, моральной, религиозной, эстетической, научной и философской. Характер и особенности того или иного правового сознания целиком и полностью определяется общественным бытием. "Каково общественное бытие, таково и общественное сознание" - вот знаменитая формула марксизма, которая считалась единственно правильной, единственно научной.

Применительно к правовому сознанию она звучала так: "Правовое сознание определяется общественным бытием". Кроме того, для характеристики правового сознания и права в целом использовалась схема, построенная на отношениях базиса и надстройки.

При этом под базисом понимался экономический строй данного общества, а в надстройку включались политические, правовые и другие взгляды и соответствующие этим взглядам учреждения. Согласно этой схеме, базис определяет возникновение и развитие надстройки.

«Каков базис, такова и надстройка» - другая формула, подобная предыдущей. Согласно этой формуле, правовое сознание есть надстроечная категория, а потому оно определяется характером экономических отношений, базисом данного общества. В свою очередь, правовое сознание, будучи надстроечной категорией, взаимодействует с базисом, способствует его укреплению или, наоборот, разрушению.

Подобная схематика и прямолинейность послужила теоретическим фундаментом того разгула субъективизма и правового нигилизма, который в конец концов привел нашу страну к распаду и тем бедам, которые мы в настоящее время переживаем. Хотелось бы подчеркнуть, что правовое сознание не есть нечто такое, что в одинаковой мере свойственно всем членам данного общества. Правовое сознание различных групп населения существенно отличается друг от друга, так что нельзя утверждать, что существует какое – то единое правовое сознание в социалистическом обществе и разделенное на два противоположных правовых сознания антагонистическое общество.

На самом деле, правовое сознание является слишком сложным общественным явлением, чтобы его можно было уложить в прокрустово ложе классового деления или в пресловутую схему «материальное - идеальное».

Если уж говорить о различных носителях – субъектах правового со-

---

[2] Ильин И.А. Путь к очевидности. М., 1993. [251]

знания, то в первую очередь надо будет выделить правовое сознание тех, кто принимает законы – правовое сознание законодателей, тех, кто приводит эти законы к исполнению, кто проводит их в жизнь (различного рода государственные чиновники, судьи, прокуроры, работники других правоохранительных органов) и, конечно, правовое сознание основной массы населения – простых граждан, непосредственных исполнителей законов.

Субъективизм и возникающий из него, порожденный им, правовой нигилизм, по-разному обнаруживают себя во всех этих трех носителях правового сознания, хотя, конечно, и имеют между собой много общих черт и взаимодействуют между собой.

В первую очередь он является следствием правового сознания тех, кто принимает законы. От правосознания законодателя в решающей степени зависит, каким будет и по букве и по духу принятый закон. Если лица, принимающие закон, руководствуются идеями справедливости, добра, исполнены любви к тем, кому адресуется закон, исполнены заботой об укреплении и процветании общества и государства, от имени которого они принимают закон и на укрепление интересов которого эти законы направлены, то принимаемые законы, возможно, будут ближе к истине, чем те, которые принимаются невежественным и бездуховным законодателем. Все это возможно лишь в том случае, если законодатель помимо профессиональных знаний, знаний о сущности общественной жизни придерживается не узкопрофессиональной, партийно – классовой позиции, а выражает интересы общества в целом в той мере, в какой это максимально возможно. Уровень духовной культуры законодателей будет определять и характер правосознания, а следовательно, отразится и на степени «истинности» принимаемых правовых актов. Субъективизм законодателя, порожденный невежеством и партийной односторонностью и бездуховностью, вызовет и несовершенство закона, придаст ему ущербность, а, следовательно, и негативное к нему отношение со стороны граждан.

Если в самом несовершенном и пристрастном законе закладывается отрицание моральных и духовных ценностей, то, естественно, и в том звене, которое призвано применить закон, заставить его работать, то есть в среде государственных чиновников, судей, прокуроров, полицейских и других работников правоохранительных служб этот воплотившийся в правовые нормы нигилизм получает практическое воплощение и превращается в произвол, или, как в последнее время стало модным говорить, в правовой беспредел.

Постепенно негативное отношение к праву возрастает, усиливается; в конечном счете, негативизм законодателя и государственных чиновников выливается в негативизм широких масс, миллионов граждан, относительно легитимного поведения, которых эти нормы и принимались. Нигилизм захватывает все слои общества и, в конечном счете, парализует всю общественную и государственную жизнь.

Правовой нигилизм граждан государства питается, конечно, не только несовершенством закона и произволом чиновников. Вышедшие из больного правосознания властвующих, правовые нормы адресуются к предполагаемому здоровому правосознанию граждан, запрещая или обязывая сделать их что-то, предоставляя право поступить так или иначе, то есть поступить в соответствии с намерением властвующих.

Однако правовое сознание населения, зараженного ядом негативизма и пристрастным, субъективистским, партийно-классовым духом существующих законов, не только не уменьшает негативного отношения общества к праву, но наоборот, усиливает его, ослабляя тем самым правовую систему в целом, расшатывая общество, приближая его к социальному распаду и гибели.

О родстве философии и права в какой – то мере может говорить и тот общеизвестный факт, что многие выдающиеся философы (Лейбниц, Спиноза, Бэкон, Юм, Маркс, Ленин) высшее образование получали на юридических факультетах университетов.

Все отмеченные выше и неотмеченные точки пересечения философии и права, свидетельствуя об их близости и общих моментах, вместе с тем, подчеркивают и несовпадение этих форм общественного сознания.

Прежде всего, они не совпадают по степени общности, широте охватываемых ими задач. Философия, как уже неоднократно отмечалось, в орбиту своих познавательных интересов включает не только общественную среду, но и среду природную. Объектом ее изучения является и сам человек, его внутренний мир, его чувственная и рациональная познавательная деятельность. В отличие от этого предмет права ограничен сферой общественных связей, да и в самой этой сфере не все регулируется правом. Право есть лишь небольшая часть общественной жизни и, как таковая, сама выступает объектом философского осмысления.

Проведем еще одну различительную линию между философией и правом. Философия в многообразии и разнообразии мировых явлений стремится отыскать некоторые общие закономерные связи между ними, отыскать объединяющее, организующее начало.

На философии, помимо всего прочего, лежат две, только ей характерные, обязанности: *теоретико – познавательные и мировоззренческие.* Эти обязанности, повторяем, свойственны только философии. В задачу права ни гносеологические, ни мировоззренческие функции не входят.

Конечно, право, будучи одной из наиболее значимых форм общественного сознания, связано с осуществлением познавательного и мировоззренческого процессов. Право не только регулирует присущими ему средствами общественные связи людей, но и приобщает людей к духовным источникам жизни. Великий русский философ и правовед И.А.Ильин, подчеркивая эту задачу права и правосознания, писал: «Человеку невозможно не иметь правосознания; его имеет каждый, кто сознает, что на свете есть другие люди…Жизнь человека и вся судьба его слагается при участии правосознания и под его руководством… Только духовный состав человека может решать столкновение человеческих притязаний на основе идеи права, исходя из подлинной воли к объективному благу ».[3]

Философия, как мы знаем, тоже приобщает человека к духовному, и это роднит ее с правом. Но в праве духовное объективируется в соответствующих нормаль и предписаниях, а затем уже отображается правосознанием. В обязанности права не входит теоретическое освоение духовного. Философия же по своей природу, по своим функциям и предназначению стремится раскрыть сущность самого этого духовного и выразить его в надлежащих понятиях и соответствующей форме.

Сопоставляя, далее, философию и право, следует подчеркнуть, что философия сугубо теоретическая отрасль знания. Главная цель философии – поиск философских истин с помощью логических форм и приемов, т.е. путем опять – таки теоретических построений.

Право же, по большей части, выполняет прагматическую, утилитарную, чисто практическую задачу. Право создается для решения практических вопросов, возникающих в обществе. Оно отражает общественное бытие не с помощью умозрительных спекуляций, не в виде теоретических постулатов и гипотетических высказываний, а путем создания обязательных для исполнения предписаний и норм, в форме закона. Юридический закон – обязательное для исполнения правило; он строго очерчивает рамки поведения людей в конкретных правовых ситуациях, выход за которые воспрещен. Юридический закон не может оцениваться под углом зрения его истинности или ложности, соответствия или несоответствия реальной действительности, как это имеет место в философии или науке.

Конечно, помимо чисто прикладной, практической стороны права в нем есть и теоретическая часть. Право – это не только система правовых норм, законов, регулирующих поведение людей в обществе, но и наука, изучающая правовые нормы и их проявление в различных сферах общественной жизни. Существует большое количество различных юридических наук, которые в своей совокупности составляют особый вид научного сознания – правоведение. В этой своей части право подобно философии представляет собой особую теорию, пользующуюся всем набором теоретических, а в некоторых случаях и эмпирических методов.

Наконец, отметим, что право и в своей практической ипостаси, и как особая научная теория может выступать (и выступает) объектом философского анализа В своем стремлении отобразить природную и общественную реальность, а также сущность самого человека, как познающего субъекта, философия включает в поле своего зрения, в своих теоретиче-

[3] И.А.Ильин. О сущности правосознания. Соч. т.5, М.1995, [155,355]

ских исканий и право во всем его многообразии. Философский анализ права традиционно именуется философией права, над проблемами которого трудились практически все выдающиеся философы прошлого и настоящего. С их легкой руки возникли и получили развитие многочисленные правовые и политические школы, такие, например, как школа естественного права, историческая школа прав и т.д.

Соотношение философии и права, конечно, к названным выше особенностям, к тем общим и специфическим чертам, о которых сказано в этой статье не сводится.

Литература

Сирин С.А. «Правовой нигилизм и социальная философия: опыт критического исследования» Иркутск, 1995

www.ingramcontent.com/pod-product-compliance
Lightning Source LLC
Chambersburg PA
CBHW070852180526
45168CB00005B/1786

* 9 7 8 1 5 1 4 1 8 6 2 2 0 *